空间再塑

高铁、大学与城市

王媛 著

上海人民出版社

目　录

第一章

中国区域发展的有形之手

第一节　解密“中国奇迹”：有为的地方政府

改革开放以来，作为转型经济体的中国在经济、科技、文化等领域取得了惊人的增长和成就，被誉为“中国奇迹”。张五常（2008）在《中国的经济制度》一书中曾作以下的比喻：“一个跳高的人，专家认为不懂得跳。他走得蹒跚，姿势拙劣。但他能跳八尺高，是世界纪录。这个人一定是做了些很对的事，比所有以前跳高的做得更对。那是什么原因？”这里的“跳高的人”指代中国，“专家”意指西方经济学家，“世界纪录”指的是耀眼于全球的高速经济增长。相较于东欧和苏联的失败，“走得蹒跚、姿势拙劣”的中国究竟做对了什么？这是理论界一直在探寻的谜题。在探索答案的过程中，一个重要的观点是，中国做对了经济主体的激励——市场化改革做对了市场参与者的激励，而政治制度安排做对了地方政府的激励。

近年来颇具影响力的新政治经济学理论从政府官员激励的视角剖析了地方政府在经济发展中扮演的角色。在中国的政治体制下，经济分权为地方政府创造了管理地方经济的自由裁量权，而政治集权下的官员考核体系为地方官员创造了围绕经济增长的职业晋升激励。财政分权的理论基础可追溯到1957年的蒂伯特（Tiebout）模型，可称之为第一代财政分权理论（张军，2007）。这一模型强调了信息在公共品供给有效性中的关键作用。其基本逻辑是，居民和企业在行政区间的自由流动能够确保其公共品偏好通过“用脚投票”显示出来。与中央政府相比，地方政府对辖区内的公共品需求更具信息优势，因此，由地方政府提供公共品能够更好地满足异质性需求。为了竞争流动的税基以实现辖区内财政收入最大化，地方政府将竞相改善公共品供给。在此经典理论的基础上，分权对于经济增长的作用开始得到学者重视。以钱颖一、许成钢等学者为代表的开创性研究提出了中国经济分权的组织保证。组织结构可区分为 M 型（Multidivisional）和 U 型（United）两类。在前一种组织模式下，组织分解为较为独立的单位，而后者将组织分解为专业化、无法独立存在的单位（Maskin 等，2000）。研究指出，苏联的政治组织体制更接近 U 型结构，而改革后的中国更接近 M 型结构（Maskin 等，2000）。M 型组织通过单位（即地方政府）之间的标尺竞争形成了有效的激励模式，在中国改革开放后的经济腾飞中扮演了关键作用。20 世纪 80 年代的财政分权改革进一步为地方政府创造了管理地方经济的自由裁量权。从图 1.1 展示的地方财政支出（收入）占全国财政支出（收入）比重的演变可以发现，改革开放后地方政府逐渐成为公共经济事务的主要承担者，且其重要程度逐年提高。到 2022 年，地方财政支出占全国财政支出的 86%，地方财政收入占比超过 50%。在第一代财政分权理论的基础上，新政治经济学研究者不再局限于公共品供给的话题，而是将财政分权思想与地方官员的个体激励联系起来，强调了向地方的分权以及以经济增长为核心的官员考核体系，促成了地方围绕着经济增长而展开激烈的竞争竞赛（Li 和 Zhou，2005），推动了城市化和基础设施建设。在不同的发展阶段，地方政府对于地方经济的干预模式经历了若干转变，可总结为以下 4 种模式：

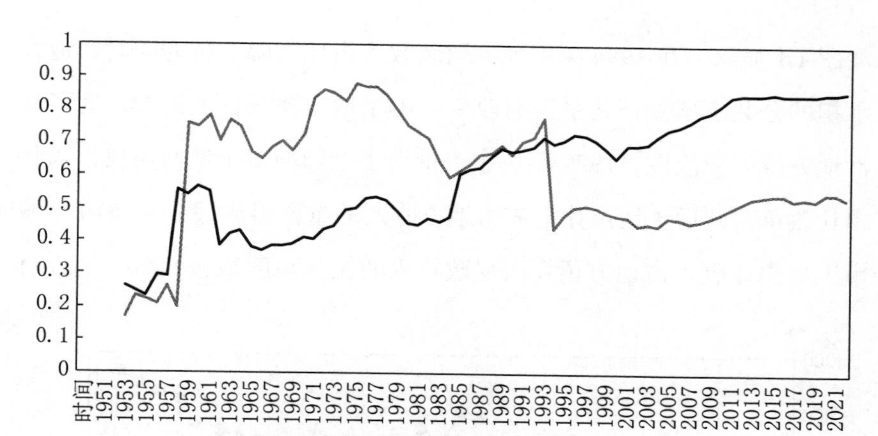

图 1.1 地方政府财政收入（支出）占全国财政收入（支出）比重演变

数据来源：CEIC 全球经济数据库。

1. 作为“企业家”的地方政府：1980—1994 年

20 世纪 80 年代的财政包干制度明确划分了中央和地方政府的财政责任，赋予了地方政府更多的财政自主权和发展空间。地方政府通过控制地方企业获得剩余利润，形成了保护市场的财政联邦主义（周黎安，2017）。作为地方财政收入的重要来源之一，在这一时期，乡镇集体企业的崛起成为中国经济发展的重要动力。图 1.2 显示了中国乡镇企业数量的演变过程，从中可以发现乡镇企业的兴起与财政包干制度紧密相关。20 世纪 80 年代起，乡镇企业数量经历了迅速增长，直至 1994 年到达发展的峰值。据中国劳动统计年鉴数据，1994 年全国共有乡镇企业 2.2 千万多家，员工人数达到 1.2 亿人，营业收入达到 2.3 万亿元。此后，乡镇企业的数量经历了断崖式下滑。图 1.3 展示了集体企业的发展演变——中国城镇集体单位就业人数及其占全国城乡就业比重在改革开放后开始加速，直至 1994 年后进入迅速下滑态势。此间发生的重要制度转变是分税制改革。分税制改革后，地方政府的财政收入主要来自国家税收的分配，且财政分成上收了大部分的企业税收收入，这使得地方政府失去了直接干预企业经营的动力。然而，如图 1.1 显示，在 1994 年后地方财政收入占比大幅下降的同时，地方承担的公共支出责任几乎没有改变。由于地方缺乏自主税源，为了激活地方政府积极性，1999 年后中央推动了全国城市土地使用权市场化出让改革，此后土地出让金成为地方收入的重要组成部分。2010 年城市土地出让收入占地方预算内财政收入的比重一度高达 68%。地方财

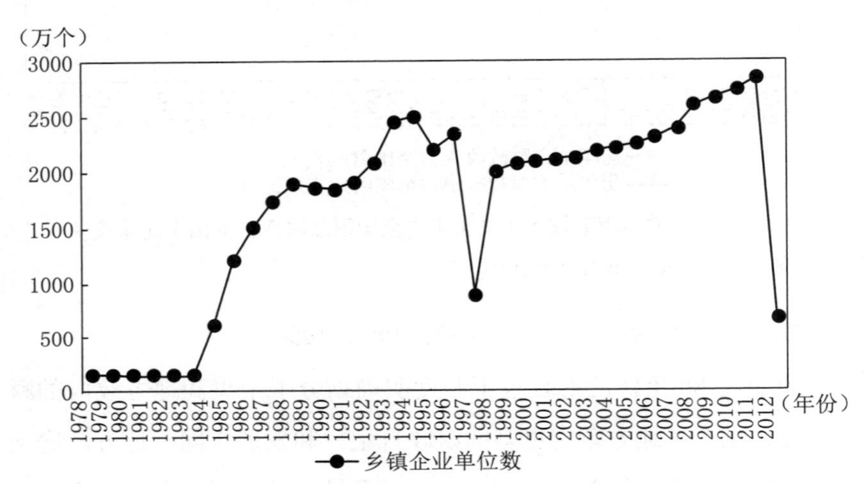

图 1.2　中国乡镇企业单位数演变

数据来源：《中国劳动统计年鉴》，中国统计出版社。

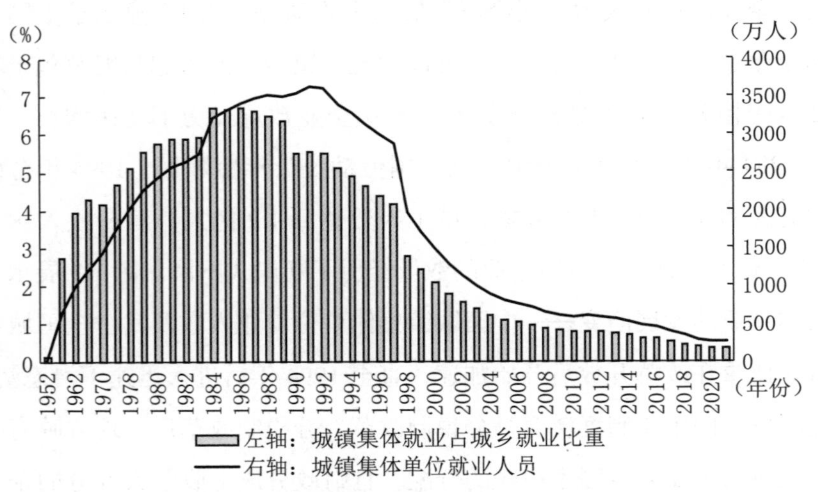

图 1.3　中国城镇集体单位就业人员及占比演变

数据来源：国泰安数据库。

政高度依赖于土地收入的现象称为“土地财政”，在这一背景下，地方政府干预地方经济的模式也进入了新的阶段。

2. 经营土地的地方政府：1994—2008 年

1994 年分税制改革后，地方政府的工作重心由经营企业转变为经营城市，其中土地经营是关键的实施手段。图 1.4 总结了地方政府通过经营土地实现城市经济增长的行为逻辑。土地管理法和城市规划法明确规定，农村集体用地不能直接用于城市用途，而必须经过城市政府征收方能转变为城市建设用地。在城市建设用地使用权市场上，各地城市政府以廉价的工业用地吸引高度流动的工业投资，从而形成经济集聚的初始动力（陶然等，2009）；在商住用地市场上，服务业和房地产业企业竞争稀缺的土地资源，推高土地使用权价格，构成了城市基础设施投资的财政保障。值得注意的是，在这一过程中，吸引企业投资仍然是地方政府关注的重心。从财政动机的角度，这与中国地方税制结构偏重于企业税收有关。如图 1.5 显示，中国地方税收的三大支柱为增值税、营业税（2016 年后营改增改革）和企业所得税，均与企业投资有关。相较而言，如图 1.6 所示，美国地方税收（州）的主体是销售税、物业税和收入税，均与居民经济活动有关。因此，从财政收入最大化角度出发，美国地方政府更能吸引居民尤其是富有阶层定居，而中国地方政府更能吸引大型企业进驻辖区。从官员晋升激励的角度，由于中国长期以来的官员考核体系以 GDP 为主要指标，吸引企业投资与地方官员自身的职业晋升也是激励相容的。依托土地资源并围绕着招商引资的目标，各地展开了大规模的开发区建设。开发区的主要目的是利用土地优惠、税收减免等方式吸引企业集聚，从而利用其溢出效应带动地区经济发展。事实上，开发区也是全球欠发达地区或国家常用的吸引外来投资的手段。据 2019 年的世界投资报告统计，在全球 146 个经济体中，5 年间开发区个数从 4000 个上升至 5400

个，引资效应显著。在多数地区，开发区政策在中国工业化初期呈现了积极效果（Wang，2013）。然而，在低廉的用地成本下，中国的开发区扩张出现了严重的效率问题，土地低效率利用、空置等问题严重。由此，2003 年起中央开始了全国层面的开发区清理整顿，此次整顿共

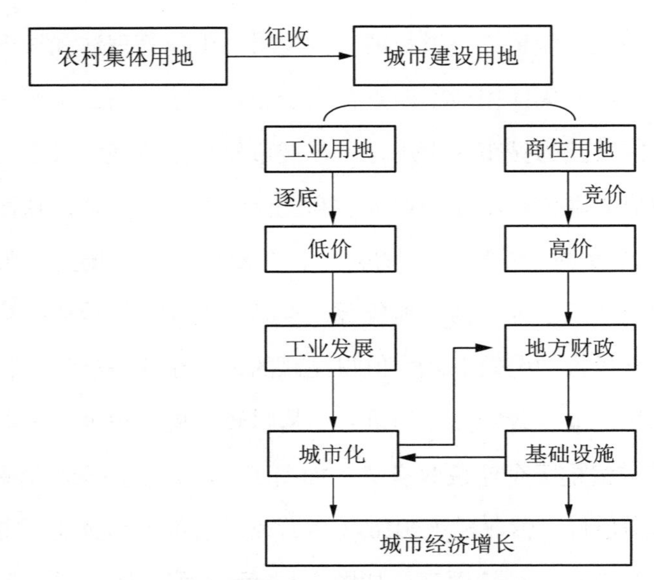

图 1.4　地方政府经营土地的运作模式

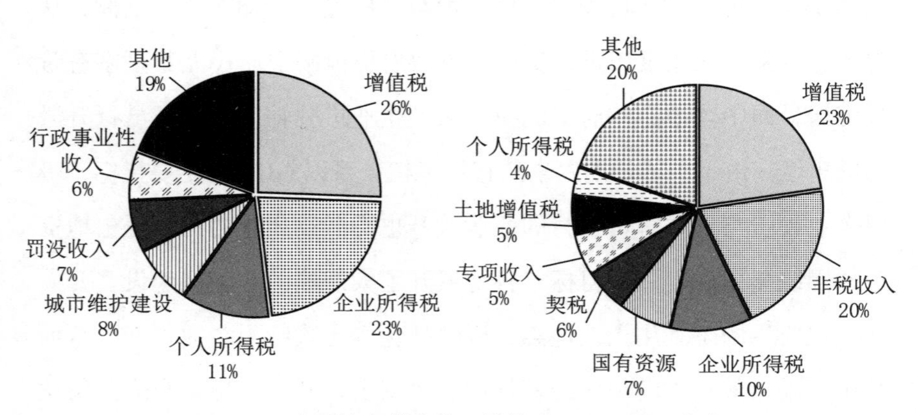

图 1.5　中国地方税收收入结构（2000—2020 年）

注：左图为 2000 年数据，右图为 2020 年数据。

数据来源：国研网。

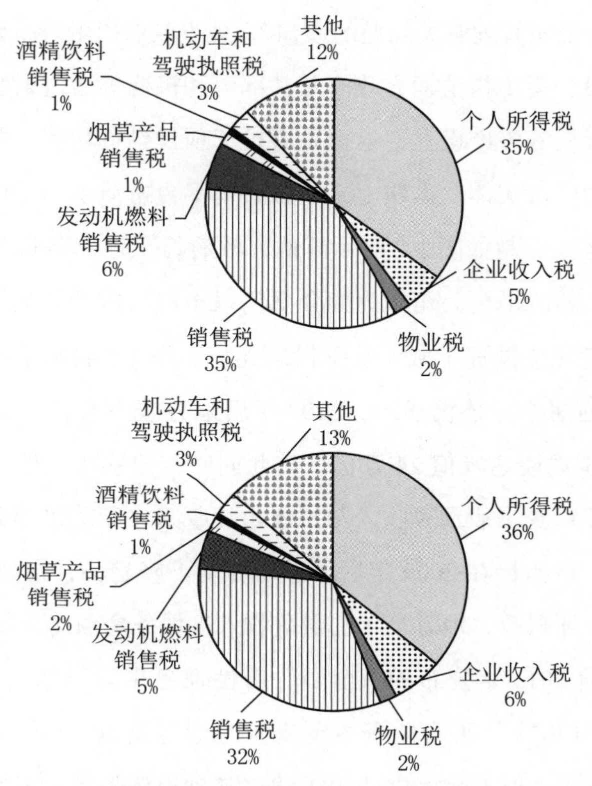

图 1.6 美国地方（州）税收收入结构（2000—2020 年）

注：上图为 2000 年数据，下图为 2020 年数据。
数据来源：国研网。

清理出各类开发区 6741 个，规划用地面积 3.75 万平方公里，超过了全国当时城镇建设用地总面积。

3. 作为“金融家”的地方政府：2009—2014 年

21 世纪初期以来，中国的快速城市化释放了大量购房需求，促成了高速上涨的房地产市场。作为基础资产的土地显示出巨大的金融价值。2008 年全球次贷危机后，中国推出了一揽子刺激计划，即“四万亿”刺激计划，其中一万亿来自中央财政，其余需要地方政府自行筹集。在此背景下，中央政府鼓励地方借助融资平台吸引银行借贷来支持刺激计划（Chen 等，2020）。根据 2010 年《国务院关于加强地方政府融资平台公司管理有关问题的通知》，地方政府投融资平台公司（如各地的城投公司）指由地方政府及其部门和机构等通过财政拨款或注入土地、股权等资产设立，承担政府投资项目融资功能，并拥有独立法人资格的经济实体。本质上，地方融资平台扮演了“土地银行”的角色，其运作机制如图 1.7 所示。地方政府将土地储备作为资产注入平台公司，随后平台公司作为中介部门以土地为抵押品从银行获得贷款，最后将资金投资于城市基础设施建设。图 1.8 展示了中国地方债发展规模的演变。数据显示，2009 年后地方政府性债务余额发展迅速，2014 年规模达峰值 24 万亿。与此同时，分别用一般预算收入除以债务余额以及一般预算收入与土地出让收入之和除以债务余额衡量偿债能力，该指标在 2009 年后亦呈现波动下降趋势，在 2014 年，即使考虑了土地财政，地方当年的财政收入占债务余额比重仅为 0.33%。根据审计署 2013 年公布的《全国政府性债务审计结果》，全国融资平台共计 7170 个，平台融资主要来源是银行贷款（51%）和城投债（11%）。大部分地方政府借债用于城市基础设施投资，据统计，地方债务余额中约 35% 的债务用于市政投资，24% 用于交通运输建设。根据审计署 2013 年公布的 36 个地区的地方债务情况，承诺以土地出让收入为偿债来源的债务余额占地区债务余额的 55%。借助地方融资平台，地方政府以土地抵押为杠杆撬动城市发展所需资金，形成了新的城市发展模式。这一模式的突出表现是，城市基础设施投资的加速扩张（如图 1.9）以及各地新城新区建设的兴起。2013 年发改委统计显示，156 个地级以上城市中 145 个明确提出新城新区建设，共规划了 255 个新城新区，平均规划面积占现有城市建成区面积一半以上。根据常晨和陆铭（2017）搜集的数据，2014 年全国 281 个地级以上城市中有 272 个有在建或建成的新城新区，平均每个城市有 2.5 个新城。其中，80% 的新城是 2008 年后规划设立的，加总规划面积 6.63 万平方公里，规划人口1.93亿人。

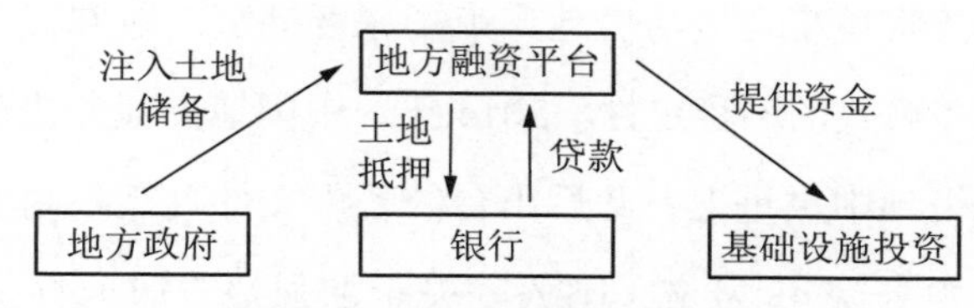

图1.7　地方政府融资平台

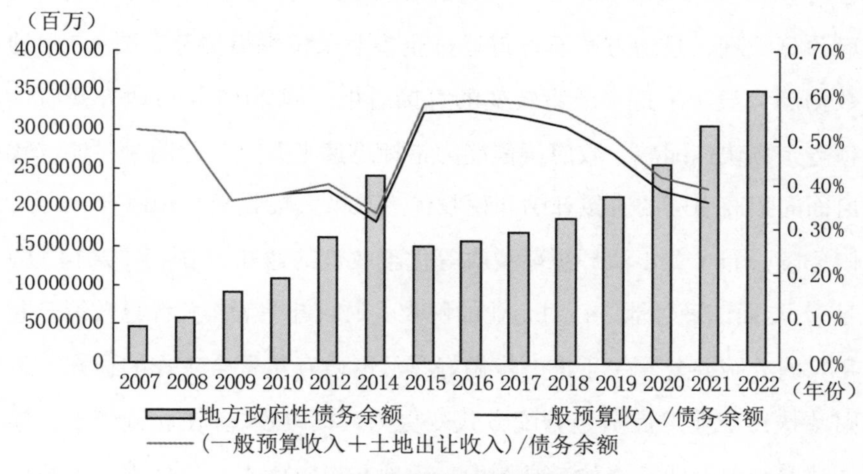

图1.8　地方政府性债务余额演变

数据来源：CEIC全球经济数据库。

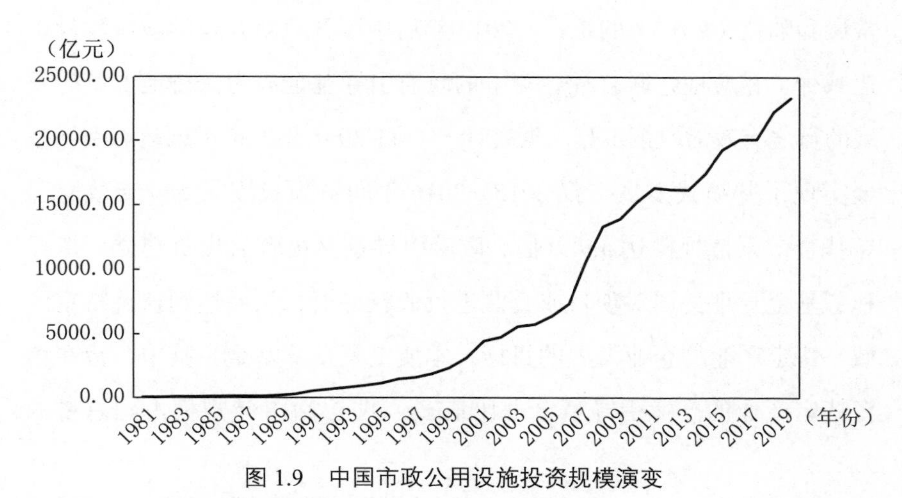

图1.9　中国市政公用设施投资规模演变

数据来源：中国城市统计年鉴。

4. 作为“风投家”的地方政府：2015 年至今

地方债务将城市发展与房地产市场深度绑定，地方官员的晋升激励加剧了这一模式的不稳定性。2014 年，中国地方债务快速膨胀带来的危机隐患得到中央重视，此后出台的若干文件直接限制了地方政府举债能力。国务院 43 号文《国务院关于加强地方政府性债务管理的意见》（国发［2014］43 号）明确指出，地方政府性债务应纳入相应政府预算管理，且地方政府不得通过企事业单位举借债务。图 1.7 中的数据趋势显示了这一政策转变的直接后果，即 2015 年后地方政府性债务余额快速缩减，政府偿债能力指标迅速上升。与此同时，地方政府面向招商引资的直接补贴和税收优惠政策大幅收紧。2014 年 12 月，国务院公布《关于清理规范税收等优惠政策的通知》（国发［2014］62 号），全面清理各地方针对企业的税收、财政补贴等相关优惠政策。同年《国务院办公厅关于进一步做好盘活财政存量资金工作的通知》将财政扶持产业发展资金分配方式变更为“拨改投”。在此背景下，地方政府吸引企业投资的工具箱中，土地与税收优惠、信贷支持、补贴等纷纷弱化或失效，导致了地方政府干预经济的模式开始转型。根据常晨和陆铭（2017）的统计，2013 年后中国各地新开建的新城数量迅速减少。相应地，联合社会资本的政府引导基金成为扶持地方产业发展的行之有效的政策工具。据统计①，自 2015 年以来中国政府引导基金实现了井喷式发展，仅 2015—2016 年间就新成立了 564 支政府引导基金，累计规模达 5.9 万亿。政府引导基金由政府出资建立，依托私募基金管理公司对项目或企业进行股权融资，从而达到扶持特定区域、特定产业的企业发展的目标，本质上是私募基金。其中，旨在培育特定产业的产业引导基金占比最多，截至 2018 年规模占到总量的

---

① 国泰君安证券：《政府产业引导基金全景图：政策、发展、投向》，2018 年 7 月 31 日，https://www.sohu.com/a/244713067_700722。

55%。相较于补贴、土地与税收优惠等方式，政府引导基金具有以下优势：第一，可以利用市场寻找优质投资项目，从而克服地方政府实施产业政策面临的信息不完全问题；第二，政府和社会资本共同投资，能够实现风险共担；第三，政府出资以及政府信用撬动社会资金，能够解决新兴企业和新兴产业面临的资金困难。在这一模式下，出现了若干在招商引资方面成绩卓越的明星风投城市。例如，安徽省合肥市在 2016 年与京东方签订了战略合作协议，共同打造全球领先的新型显示产业集群。为了吸引京东方的投资，合肥市政府在产业引导基金中出资 30 亿元，成立了合肥新型显示产业基金。该基金用于支持京东方在合肥的建设和发展，包括研发、生产和销售等各个环节。2017 年与蔚来汽车签订了战略合作协议，共同推动新能源汽车产业的发展。为了吸引蔚来的投资，合肥市政府在产业引导基金中出资 20 亿元，成立了合肥新能源汽车产业基金。依靠京东方和蔚来的成功，合肥市在面板和汽车产业链上的产值增加迅速，带动了地方产业发展，成为基金招商的“合肥模式”。然而，政府引导基金模式在实践中仍面临着效率

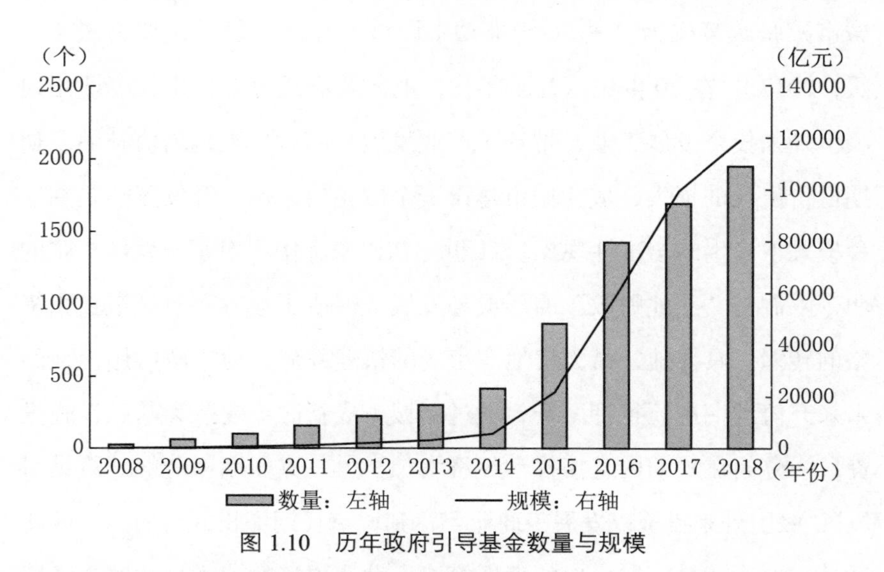

图 1.10　历年政府引导基金数量与规模

数据来源：国泰君安证券研究，私募通数据库。

隐患，即政府与社会资金的利益诉求和风险态度有差异，前者以资本安全为主，而后者追求更高的回报。这意味着政府角色与“风投家”的身份本质上是矛盾的。而且，为了发展本地产业，政府引导基金的政策限制颇多，多要求标的项目是本地企业，若在本地难以找到优质项目，则将出现资金利用效率低下的问题。

第二节　区域发展中的地方政府角色

接下来我们聚焦于地方政府干预地方经济的两种具体表现：新城发展与产业干预。我们将讨论上述政府行为如何形塑了我国城市内部空间结构的发展以及区域之间的经济联系。

一、城市发展中的地方政府

在土地垄断、财政分权、为增长而竞争背景下，地方政府主导的城市扩张政策成为过去 30 年推动中国城市经济增长的重要力量（王媛，2017）。在 20 世纪八九十年代，地方政府通过低价出让工业用地吸引外来投资发展工业，带动了产业发展。随后的土地增值补贴了初期低价出让的损失，成为城市建设资金的主要来源。开发区热是在这种模式下产生的全国性现象。21 世纪初以来，中央对于开发区扩张的明令限制与“土地财政”的形成与发展，促成了地方政府城市扩张策略的转型。具体地，借力房地产市场的快速发展，地方政府用土地的未来升值预期进行抵押融资，通过新城（或新区）建造和基础设施投资，一方面在短期内直接拉动经济增长，另一方面期望能够“筑巢引凤”，吸引外来投资以发展工商业，达到城市长期增长的目的。郊区新城是在上述背景下衍生出的发展模式。发达国家的若干全球城市区域已趋成熟，全球城市、二级节点城市、节点城市周围的郊区新城成为互动良好的有机整体，确保了全球城市区域的持续经济活力和竞争力。与此同时，发展中国家正在经历快速城市化，未来仍会有大量人口进入城市，现阶段的中心城市已面临拥堵、污染等“大城市病”，如何建设郊区新城来疏解中心城市人口，并保持与中心城市的经济联系、增强都市圈经济活力、培育全球城市区域，是许多发展中国家政府面临的核心问题。

近年来，交通网络与信息技术的发展、区域间经济壁垒的破除，深刻推动了经济要素跨区域流动，也带动了新一轮劳动分工与产业发展的空间重组。随着资源在中心城市集聚，城市空间进一步扩张，客观上要求经济要素在城市空间内重新配置。在理论上，关于城市的均衡规模过大还是过小、是否需要政府干预的学术争论一直在进行，目前较为一致的结论是：自组织机制下（即市场主导）形成的城市规模易正向偏离其社会最优状态，即均衡城市规模超过有效城市规模（Henderson 和 Venables，2009）。这是由于集聚具有正外部性，企业间的协调失败（coordination failure）使得新城市难以形成，导致现有城市规模过大。大型城市运营商（或地方政府）能够起到协调各方经济主体的作用。利用空间均衡模型可以证明，在新城建设初期，以土地租金最大化为目标的大型城市运营商主导城市开发有助于达到有效的城市规模（Henderson 和 Becker，2000）。这种外部干预的有效性在本质上源于经济集聚的正外部性，即企业在新城的边际社会产出超出边际回报，此时，新城地租划归城市运营商可以确保一种协调机制——城市运营商将利用经济补贴吸引正外部性企业入驻新城，从而形成新城的集聚动力，企业入驻带来的正外部性收益将反映在地租上升，弥补了城市运营商在初期的补贴损失，从而使得新城的发展具有可持续性。上述过程可以用图 1.11 简要表示。从美国的城市发展经验来看，负责开发与运营城市的大型开发商在新城建设中发挥了重要作用（Garreau，2011）①。

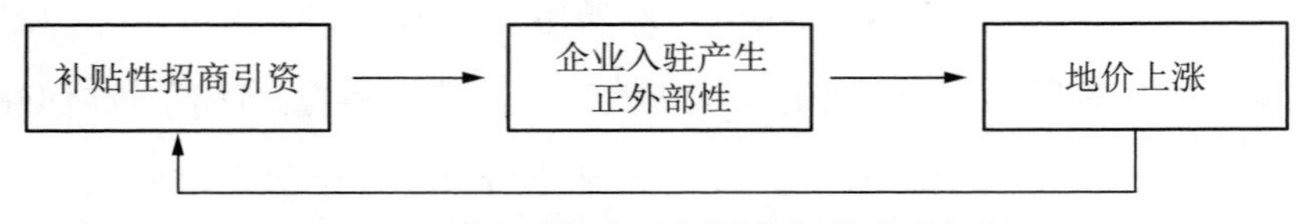

图 1.11　地方政府主导新城发展的实现机制

在中国的制度安排下，地方政府扮演了土地收入最大化的城市运营商的角色（Lichtenberg 和 Ding，2009），这一制度特征确保了图 1.13 中新城发展机制的可持续性。经典的城市经济学模型验证了著名的亨利·乔治定理（Henry George Theorem），即若城市的经济集聚是由纯公共品引起，当城市达到最优规模时，总地租将等于公共品支出。在这种情况下，土地单一税对于纯公共品的提供是有效的（Arnott 和 Stiglitz，1979）。因此，中国的土地财政，即亨利·乔治所倡导的土地单一税，可以为新城发展提供有效的制度保证。但是，由于新城发展是一个长期过程，资金投入与回收的长短期错配问题十分明显，目前多数新城的资金运作是以短期房地产发展反哺长期产业发展。后文将更细致分析这一问题。

在国家政策上，《国家新型城镇化规划（2014—2020）》明确提出了“推动特大城市中心城区部分功能向卫星城疏散”。随着近年来区域一体化发展已上升至国家战略，郊区新城进一步成为疏解中心城市人地压力、调整区域经济结构和空间结构的重要途径。结合京津冀一体化发展战略，北京市近年来已着手若干举措。2015 年《中共北京市委北京市人民政府关于贯彻〈京津冀协同发展规划纲要〉的意见》明确提出，“2020 年（北京）中心城区力争疏解 15% 人口”。以疏解北京

① 关于美国规划史中新城新区的相关资料，参见 https://www-personal.umich.edu/—sdcamp/timeline.html。

城市中心功能、建设通州行政副中心为目标，2019 年 1 月北京市政府正式迁址通州区。2017 年位于河北省、距离北京约 100 公里的雄安新区设立，这个新区的设立旨在分担北京市的非首都功能，促进京津冀协同发展，打造中国未来的发展引擎，其发展规划上升至国家战略。设立以来，政府在基础设施建设、产业发展、环境保护和科技创新等方面进行了大量的投资和推进。2019 年《中共中央国务院关于支持河北雄安新区全面深化改革和扩大开放的指导意见》出台，支持北京国有企业总部及分支机构向雄安新区转移，支持雄安新区吸引北京创新型、高成长性科技企业疏解转移。

在全国层面，类似的实践已大范围实施，新城建设被列入大部分城市的发展规划。据陆铭等（2018）的统计，全国 281 个地级以上城市中 272 个城市有在建或已建设完成的新城新区，规划面积加总达 6.63 万平方公里，规划人口达 1.93 亿人。由于郊区新城建设涉及大量城市建设资金投入，客观上加剧了近年来的地方债问题，部分城市出现了新城扩张脱离实际需求的问题，这一问题近年来得到政策决策层和社会舆论的普遍关注。例如，受到媒体关注的鄂尔多斯康巴什新城，始建于 2005 年，其建设背景是 2005 年前后的资源价格大涨，带动了区域房地产开发投资。新城规划面积 150 万，规划人口达 100 万，而彼时鄂尔多斯市政府驻地所在的东胜区的建成区面积仅为 27 平方公里，人口 23 万。美国《时代周刊》在 2010 年的报道《中国鄂尔多斯：一座现代鬼城》使康巴什新城背负上了“鬼城”的名片，这一称谓也凸显出部分新城新区的土地城镇化速度远超人口城镇化的普遍现实。

为了迅速导入人口以促进新城发展，新城建设通常以大型公共设施投资为主要推动力。21 世纪初以来，伴随着房地产市场发展以及土地金融扩张，地方政府的城市建设预算约束软化，地方政府得以用房地产和土地的未来升值预期进行抵押融资，用以支付新城公共设施建设的成本。如交通枢纽建设、高校搬迁、政府行政机构搬迁等大型公共设施投资能够迅速为郊区新城导入人口，形成新城发育的原始动力。通过“筑巢引凤”吸引外来投资，达到产业发展和新城持续增长的目标。以大学城和高铁新城为代表，公共设施投资主导的新城发展的运作机制可以总结为图 1.12。在 1999 年中央的高校扩张政策下，大学城建设一方面响应了高校用地扩张的需求，另一方面高校聚集可能对城市经济发展产生正向的溢出效应。因此，2000 年后大学城日益成为重要的城市扩张形式。据笔者统计，自 2000 年至 2015 年底，全国 337 个地级市（包含直辖市、地区）已建成 151 个大学城，其中高等教育园区 100 个，职业教育园区 51 个，平均规划面积为 12.47 平方公里，距地级市中心平均为 15 公里，最远的达 140 公里。高铁新城是另一类常见的新城模式。2004 年国务院批准实施《中长期铁路网规划》以来，中国高速铁路建设加速。截至 2015 年底，高速铁路营运里程达 1.9 万公里，规划 2025 年达到 3.8 万公里。由于老旧火车站在技术标准上不适合停靠高速列车，所以多数设站地区需新建高铁站。据笔者统计，截至 2016 年底已通车高速铁路沿线客运站共 519 个，分布在 177 个地级市（包含直辖市、地区），其中新址设站 438 个，旧站原址改造 81 个。客观上由于高速铁路要求线路尽量平直，加之市中心用地紧张，新站多设置在主城区以外。高铁站距离所在县市中心平均为 10 公里，最远达 95 公里。依托大学或高铁，多地政府主导规划建设了新城或新区。根据中国城市建设年鉴，2013 年地级市（市辖区）建成区面积平均为 133 平方公里，即平均半径约为 6.5 公里。不论大学城或高铁新城均远离城市中心。已有文献分析了开发区对于城市发展的效应，但鲜有研究分析政府主导的新城建设对于城市发展的意义。新城建设可能从两方面对城市发展产生影响：一方面，影响城市内部经济要素的空间分布；另一方面，影响城市整体经济发展。基于城市经济学理论，本书将采用大量微观地理数据，利用大学城和高铁新城建设的政策实验，从城市、企业、居民、土地等维度系统评估地方政府主导的新城建设对于城市发展的效应及机制。

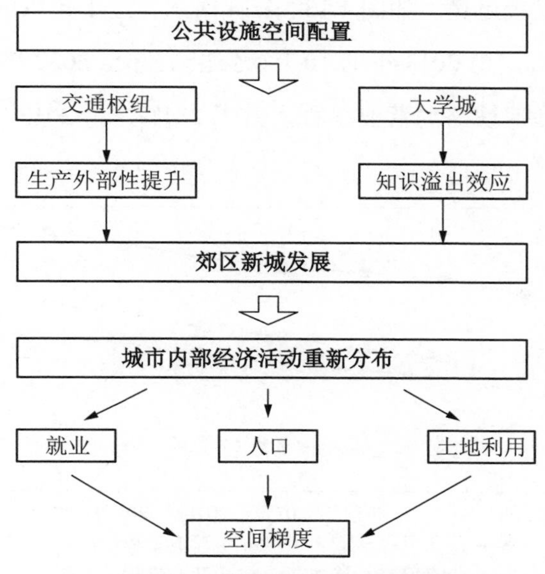

图 1.12　公共设施投资导向的新城发展模式

二、区域间经济联系中的地方政府

2020 年 10 月，《中共中央关于制定国民经济和社会发展第十四个五年规划和二〇三五年远景目标的建议》(后简称《十四五规划建议》)明确提出了“畅通国内大循环”的要求。在国际国内经济新形势下，形成高度整合的国内统一市场对于充分利用大国规模优势并形成以国内大循环为主的双循环新发展格局至关重要。商品与要素在区域间的自由流动是资源空间配置效率优化的前提，也是实现区域协调发展的基础。现实中，作为疆域辽阔的大国，资源在区域间的空间流动首先面临着巨大的地理障碍。为了破除地理的有形壁垒，发挥交通网络的市场一体化效应，党的十九大提出了交通强国的发展目标。国家发展改革委发布的《2019 年新型城镇化建设重点任务》指出，“强化交通运输网络支撑，发挥优化城镇布局、承接跨区域产业转移的先导作用，带动交通沿线城市产业发展和人口集聚”。近年来，中国交通技术和交通网络发展迅速。如图 1.13、1.14 所示，近十年中国铁路营业里程上升了 50%，由 2013 年的 10.3 万公里上升至 2022 年的 15.5 万公里。其中，高速铁路的营业里程上升了 281%，由 2013 年的 1.1 万公

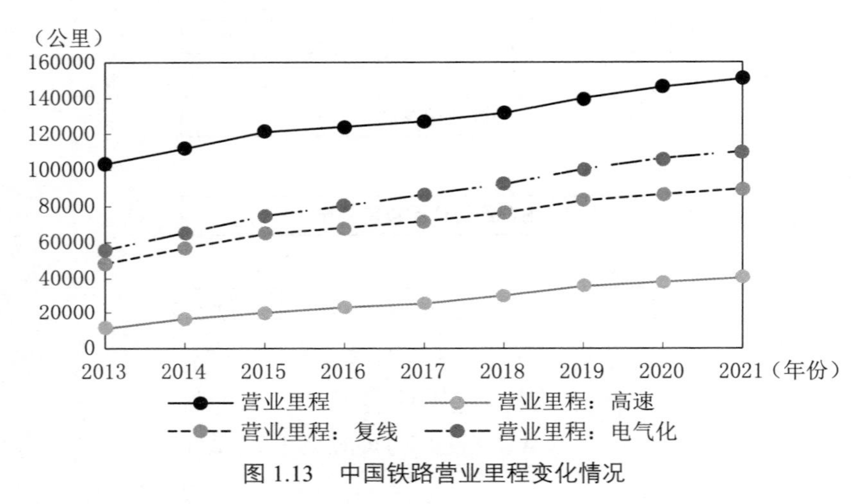

图 1.13 中国铁路营业里程变化情况

数据来源：CEIC 全球经济数据库。

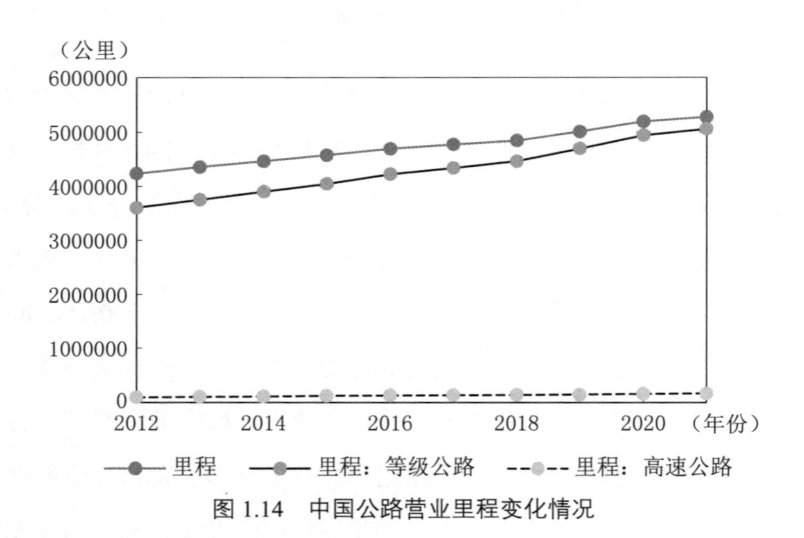

图 1.14 中国公路营业里程变化情况

数据来源：CEIC 全球经济数据库。

里上升至2022年的4.2万公里；公路里程上升了25%，由2012年的近424万公里上升至2021年的528万公里，其中高速公路里程上升了76%，由2012年的9.6万公里上升至2021年的近17万公里。

交通网络的扩张和交通技术的发展大大降低了区域间的贸易成本、沟通成本和信息成本，带来了新一轮资源在空间上的重新整合。但在此过程中，不可忽视的另一重要因素是跨越行政区的无形壁垒。据国务院发展研究中心课题组2006年的报告，2003—2005年，中国外贸出口占15%，省际贸易占36%，省内贸易占49%。世界银行在2006年的报告《中国政府治理、投资环境与和谐社会》中提出，现代货运网络的发展受到地方保护主义的阻碍，各城市可通过严格的审批手续限制外来货车的进入，造成了区域间运输成本的提升。

考虑到地方政府之间的利益诉求冲突，国内的制度性贸易成本并不独见于中国。例如，有学者发现了加拿大、美国的国内贸易中存在显著且日益增长的行政边界效应（Agnosteva等，2019；Crafts和Klein，2014）。事实上，这种地方保护现象是分权体制不能回避的一个问题。在高度分权的财政体制下，城市政府对辖区内的经济事务具有很大的自主权。与此同时，中国地方官员的职业前景由上级政府决定，并且晋升在很大程度上取决于地方经济表现（Li和Zhou，2005；Xu，2011）。由于干部考核制度采取相对绩效评估的形式，地方官员围绕着经济增长展开激烈的横向竞争，对区域间经济联系乃至区域间的要素分布产生了深刻影响。相应的经济表现包括跨辖区的资本投资竞争（Cai和Treisman，2005）、产品和资本市场的分割（Poncet，2005；Zhang和Tan，2007）、偏向保护本地的法规和法律执法（Eberhardt等，2015；Liu等，2022）和偏向地方企业的产业政策（Bai等，2004；Barwick等，2021）等。

党的十四大提出社会主义市场经济建设目标以来，中国的商品市场一体化水平已有明显改善（Bai 等，2004），但要素市场的错配仍广泛存在（Dollar 和 Wei，2007；Chen 等，2017；唐为，2021）。为此，2020 年发布的《中共中央、国务院关于构建更加完善的要素市场化配置体制机制的意见》强调，要“破除阻碍要素自由流动的体制机制障碍，促进要素自主有序流动，提高要素配置效率”。总的来看，现有研究对于商品、劳动力和土地的市场整合问题做了大量深入探讨，但对资本要素市场的研究相对不足。与其他要素市场不同，20 世纪 90 年代以来的金融市场改革加强了中央对于金融市场的统一监管[①]，从中央层面破除了金融资本跨区域流动的行政障碍。然而，资本的空间错配问题仍然严峻（Dollar 和 Wei，2007；Chen 等，2017）。我们不妨从微观企业跨地投资切入，考察中国资本市场一体化的决定因素及其作用机制。笔者基于全国工商注册数据 1990—2015 年报告的股权投资结构，识别出跨省投资企业。如图 1.15 所示，1990 年起全国新注册企业数量实现了迅速上升，但相对而言，跨省投资企业数量上升不明显。图 1.16 显示，中国上市公司的新增异地子公司数量增速日益加快，从 2005 年的 943 家上升至 2017 年的 12386 家。与此同时，母公司与其异地子公司间的地理距离迅速增加（图 1.17），由 2005 年的 854 公里上升至 2017 年的 951 公里。这说明企业投资的空间流动性和资本市场一体化程度正不断提高。然而，图 1.18 展示的情况表明，如果区分同省和跨省投资[②]，跨地投资的增长主要来自同省投资，而跨省投资在这一时期并没有显著提升。上述趋势说明，随着交通网络的扩张，中国企业投资的跨地流动正在不断提高、区域间联系不断深化。然而，省级行政边界这一无形壁垒仍然起到关键作用，这导致要素流动性在不

① 如中央撤销省级分行、设立跨省界的九大分行系统等政策实践。

② 图 1.18 控制了地理距离对于投资的影响，因此结果反映了在同等距离条件下同省和跨省投资规模的差别。

图 1.15　全国工商注册企业个数与跨省投资个数

注：基于全国工商注册数据 1990—2015 年计算；根据股权投资结构，识别出跨省投资企业。

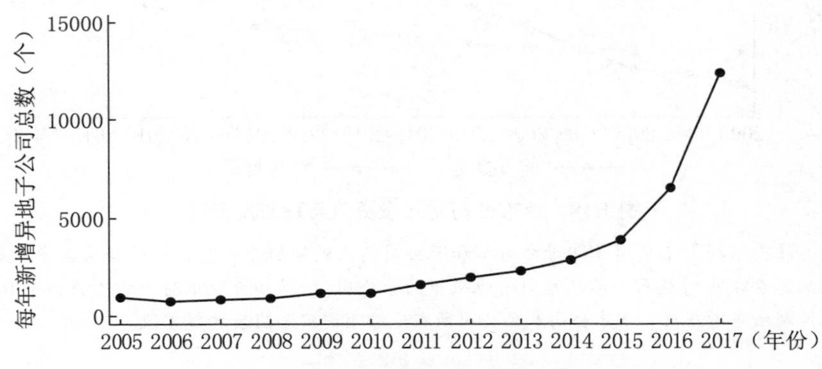

图 1.16　A 股上市公司每年新增异地子公司总数

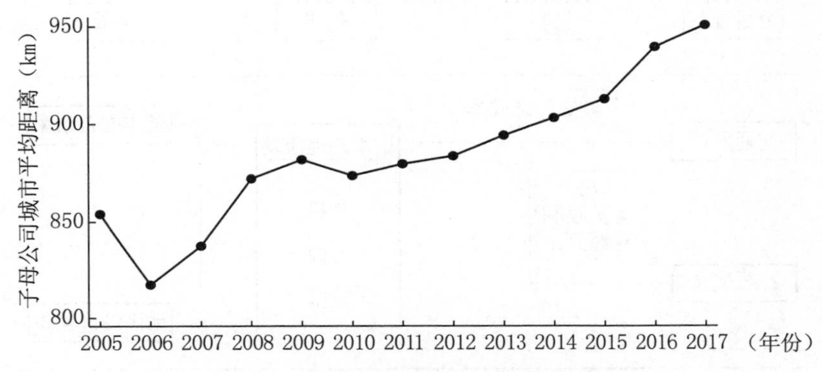

图 1.17　异地子公司与上市公司平均距离

同区域间呈现分化的态势。在上述背景下，本书关注交通网络的扩张对于区域间企业投资流动产生的影响，并进一步聚焦于地方政府的干预性政策如何改变交通网络的一体化效应。本书认为，在地方政府围绕 GDP 展开竞争的背景下，对资本流出地官员而言，生产要素的流出

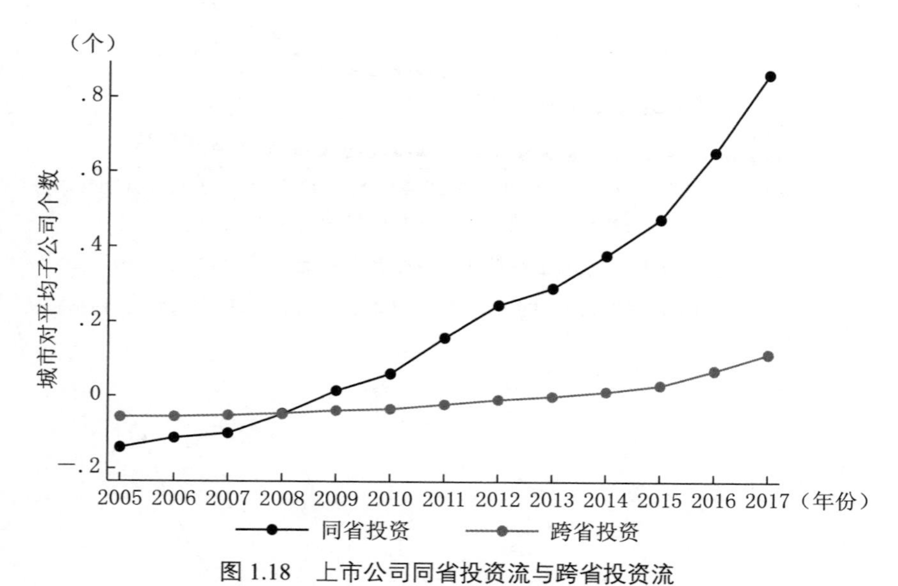

图 1.18　上市公司同省投资流与跨省投资流

注：根据上市公司（即母公司）和子公司所在的地级市信息，将子公司数量和规模加总至城市对层面（不包括同一地级市的子公司），纵轴为城市对平均子公司个数，是控制城市对距离、上市公司和子公司所在地级市固定效应后的残差值。

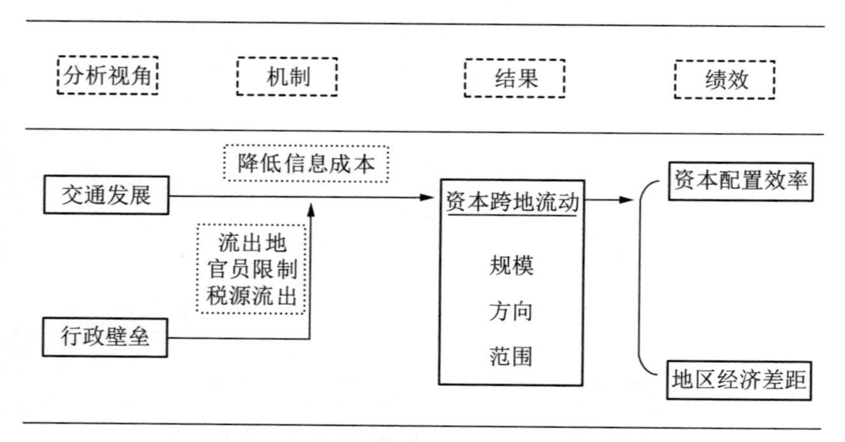

图 1.19　交通网络与行政干预对于区域间资本流动的影响机制

将带来直接的效用损失，因此流出地政府可能为辖区内的企业跨地投资制造障碍（周黎安，2004；曹春方等，2015）。由此，阻碍企业投资流动的干预措施带来了地区间行政壁垒，从而使得交通的一体化效应局限在行政区内部，交通连通反而会造成地区内外发展差距扩大。这一思路可总结为图 1.19。

第三节　本书的主要内容

在上述叙事框架下，本书以政府主导的基础设施建设为线索，聚焦于公共品的空间配置对于城市与区域发展产生的影响，以此切入，理解地方政府在中国区域经济发展格局中扮演的角色。围绕着上述目标，本书探讨的问题可大致分为两部分：

第一部分涉及城市内部经济活动的空间分布，包括第三至五章。在快速城镇化背景下，中心城区面临的人地矛盾日益凸显，与此同时土地抵押融资的兴起进一步放松了城市建设的预算约束，由此，新城建设成为地方政府的重要城市发展政策。为了快速推动新城发育，地方政府往往利用交通枢纽、大学、政府搬迁等方式实现初期的人口导入。这些举措能否有效推动新城经济集聚？所依赖的实现机制有哪些？对于城市内部经济活动的影响如何？第三章和第四章从高铁新城的建设入手，探究市场可达性如何影响高铁新城区域的经济集聚，并进一步分析高铁开通对于城市内部政府投资和市场活动的空间分布产生的差异性影响。第五章从大学城的建设入手，探讨高校的知识溢出效应如何带动大学新城区域的人口与企业集聚。

第二部分关注城市间的要素空间分布，包括第六至八章。在交通强国战略下，近年来中国实现了综合立体交通网络的快速扩张，其中高铁网络建设的成就尤为引人瞩目。高铁连通提升了市场可达性，为区域的经济发展带来了新机遇。这一新形势对于集聚水平较低的地区来说是机遇还是挑战？交通连通性的提升推动了大城市的产业向落后地区转移，抑或是促进了要素向优势地区集中？第六章从土地资本化效应的角度，考察高铁连通对于县域产业发展产生的异质性影响。交通网络扩张导致产业转移的背后，是资源的空间再配置以及区域间经济联系的重建。为了深入理解交通基础设施产生的资源空间配置效应，接下来的问题是，交通网络扩张对于区域间的要素流动产生了何种影响？其内在机制如何？第七章从企业投资跨地流动的角度，探讨了交通网络扩张带来的时间距离缩短如何影响资本在城市间的空间流动。交通基础设施承担的重要功能是推动国内大循环，破除资源流动的地理壁垒。在中国的制度背景下，交通网络的扩张能够在多大范围内推动市场一体化改善？地方政府的本地市场保护倾向扮演了何种作用？延续资本跨地流动的话题，第八章将进一步探讨行政边界对于交通网络的一体化效应产生的影响。

围绕上述研究问题，在广泛吸收多学科研究成果的基础上，本书试图为中国的区域与城市经济发展中的政府角色提供新的理解。以下是本书各章节的主要内容预览：

第二章介绍了贯穿本书的理论基础。本章重点关注两方面的研究进展：一是城市内经济活动的空间分布的内在机制，以及地方政府主导的区位导向性政策在其中扮演的作用；二是政府干预如何引导区域间经济联系，从而导致经济活动在城市间的重新分布。

第三章和第四章考察了高铁设站对于城市内部经济活动空间分布产生的影响。在高铁网络迅速发展的背景下，新设高铁站成为各地新城建设的重要载体。第三章聚焦于高铁通车对站区周边的经济集聚产生的影响，从城市间和城市内部两方面探讨市场可达性对高铁通车后站区经济发展的影响。第三章指出，尽管高铁带来的城市可达性提升能为周边区域创造经济集聚，但受制于远离市中心的区位选择，低水平的城市中心可达性大大限制了目前高铁站区经济的发展，从而造成高铁新城投资效率低下等问题。

在高铁新城建设成为众多高铁城市的发展战略的背景下，第四章关注新设立的高铁站对于中小城市内部经济活动分布的影响。本章指出，高铁通车后地方政府的城市建设投资偏向郊区，然而，市场主体的空间分布更加集中于中心城区。这说明中小城市的市中心的集聚远未达到最优水平，因此不具备向外扩散的市场需求。

在创新驱动发展战略下，高等教育在城市科技创新能力中扮演的作用备受关注。1999 年的高校扩张政策后，大学城等创新载体建设日益加速，第五章借助大学城建设的政策实验，从知识溢出效应的视角，在微观地理层面研究大学这一公共品的空间配置如何影响新城的人口与企业集聚。本章发现，大学城建设显著提升了周边区域的经济活动密度，且显示出显著的正向空间溢出效应。大学城内高校的规模及其知识创造能力是确保大学城作为城市创新政策有效性的重要因素。

第六章分析高铁网络扩张对欠发达地区经济发展带来的影响。本章发现，通过加速大城市和偏远的欠发达地区之间的制造业转移，高铁网络在很大程度上有助于实现地区平衡发展的战略目标。然而，对于大城市外围区域而言，高铁连通后，来自城市中心区的激烈竞争对当地的制造业产生挤出效应，高铁带来的机遇更多体现在居民由市中心向市郊区的空间分散过程中产生的服务业发展的新契机。

第七章分析交通网络扩张对于城市间资本流动的影响。本章基于铁路、公路等存量交通网络数据、2005—2017 年高铁网络的扩张以及上市公司的异地子公司投资信息，构建了企业投资发起地—目的地的城市对数据库。研究发现，交通网络扩张带来的时间距离的压缩显著推动了城市间的企业投资流动，尤其是更多推动了从较发达到相对欠发达城市的投资流动。在此意义上，交通设施能有效服务于推动国内大循环的战略目标。

第八章考察了无形的行政壁垒对于中国资本跨地流动的影响，并在第七章分析的基础上，分析交通网络的效应能否突破行政边界的限制。本章发现，省级行政边界限制了交通网络对于市场整合的积极作用，同等条件下交通扩张对于同省城市对之间的投资促进效应远远大于跨省城市对。这意味着随着交通网络快速扩张，行政边界内外的市场整合程度反而可能进一步分化。这些结果对于中国要素市场一体化改革具有重要的政策意义，未来的政策设计在进一步增强区域间的交通连通性的同时，应努力构建跨区域的政府协调机制，破除各类阻碍要素流动的行政障碍。

第九章在前述章节的基础上，提出了地方政府干预区域发展面临的问题及可能的出路。本章强调了中国城市发展政策面临的效率风险、软预算约束风险以及“行政区经济”带来的资源空间配置问题。为此，本章从外部监督机制的引入、构建激励相容的官员考核体系、城市内协调机制的优化、城市间协调机制的构建等角度提出了可能的改革思路。

第二章

理论基础

现有的关注城市与区域发展的文献可分为两大类主题——城市内和城市间的经济活动空间分布，本书对于公共品空间配置的影响研究也是从这两个角度展开。为了建立与已有研究的联系，在开展正文之前，首先梳理现有的理论框架与研究进展，以帮助读者更深入地理解本书呈现出的中国特色的区域发展问题。这一中国特色内生于中国特有的政治经济体制，集中体现在地方政府在形塑城市与区域发展中扮演的重要作用，这也是本书要理清的关键问题。本章的第一部分将介绍城市内部空间结构的研究进展，重点关注地方政府主导的区位导向性政策对城市内经济活动分布产生的影响；第二部分介绍关于区域间经济联系以及地区间要素流动的研究进展，重点关注产生市场分割的原因以及地方政府的干预政策对资本流动产生的影响。

第一节　城市内部空间结构研究

一、城市土地利用模型与城市内部空间结构估计

从理论渊源上，本书第一部分与城市内部空间结构理论密切相关。在城市经济学体系中，刻画城市内部经济活动的均衡模式的理论源于

Alonso-Mills-Muth 单中心城市模型。该模型刻画了高度就业集中下的居民选址决策：假定商业活动分布在圆形城市的圆心，居民的选址决策取决于到市中心的通勤成本及住房成本之间的权衡。地价由区位的可达性决定，均衡时居民在城市内各点的效用相等。在每一点上居民愿意支付的地租不同，因此可以推出整个城市的土地竞租曲线（Bid-rent curve），即地价的空间分布。模型可进一步推出关于居住（人口）密度、就业密度、土地利用、工资随到就业中心的距离而呈现的变动规律，这些也成为城市内部空间结构研究的主要议题。

自 Clark（1951）首次估算了城市内人口密度梯度起，实证研究者们致力于分析人口、就业、地价、工资随到市中心距离的变化，以检验理论模型的主要假说。大多数研究采取了负指数方程的设定方式：

$$D(x) = D_0 e^{-\gamma x} \tag{2.1}$$

其中 $D(x)$ 为到 CBD 距离为 x 的位置的人口、就业、地价或工资，γ 衡量了上述变量随距离下降的程度，即“梯度”（gradient）。经验研究验证了单中心城市的主要预测——城市人口密度及地价随着至市中心距离的增加而减少（Clark，1951；Yinger，1979；Coulson，1991）。从动态的视角来看，已有研究用较长时间跨度数据发现了一些地区的人口、地价分布的空间梯度有平坦化的趋势（如 McMillen，1996）。尤其对于发达国家的大都市而言，人口和就业的分散化趋势（decentralization）更为明显（如 Glaeser 等，2001；Kim，2010）。

在中国快速城市化进程中，城市内部经济活动的空间分布正在变得分散化还是集中化？已有研究从不同角度构造城市蔓延指数，如城市建成区面积增速与城区人口增速之比（王家庭等，2018）、城市低密度人口相对比例和占地面积比例（秦蒙等，2016），均得到了中国城市蔓延程度正在提高的结论。然而，上述指数的内涵与城市经济学的

“梯度”概念存在差异，更强调城市人口密度的变化，较少体现空间分布的特征。从现实观察来看，城市中心经济活动过度集聚所引起的拥堵、污染、高房价、公共资源紧张等“城市病”问题日趋严重。从效率的角度讲，特大城市远未达到其最优规模（潘士远等，2018），因此人口规模过大并非“城市病”的主要症结，人口与企业在城市内的空间结构优化应成为政策调控重点（熊柴等，2016）。

单中心城市模型的局限是没有解释企业选址决策，也就无法解释城市商业中心的形成。因此，后续研究扩展了单中心模型的设定条件（Ogawa 和 Fugita，1980）。在该模型中，企业与居民选址都是内生的，且企业集聚具有正外部性（即集聚经济），由此可推出均衡时城市内各经济要素的空间分布。后续以卢卡斯等为代表的学者进一步提出了基于生产外部性的内生城市土地利用模型（LR 模型）：企业与居民选址都是内生的，且企业集聚具有正外部性，土地竞租确保了土地用于有最高支付能力的用途（商业或居住），可以推出均衡时（企业利润为零，居民在不同居住地点的效用相等）商业、居住用地在不同区位的分布。在这种设定下，经济活动的均衡模式可以是多中心的，交通成本与集聚经济的相对规模决定了城市空间的多中心程度（Lucas，2001；Lucas 和 Rossi-Hansberg，2002；Rossi-Hansberg，2004）。

尽管空间梯度是一个非常直观的测度，然而多中心和相对平均的就业分布形态都将体现为到市中心距离梯度变扁平。为了更细致地刻画城市内经济要素分布特点，区域科学、城市规划等学科发展出了一系列用于刻画城市或都市区多中心程度的指标，有助于更细致地刻画城市内经济要素分布特点。多中心的识别方法包括以下思路：①区域就业超过就业密度的特定门槛值；② 式（2.1）的估计残差最大值的位置；③ 非参方法识别梯度曲线的局部峰值，如局部加权回归（locally weighted regression）。多中心程度的测度主要包括以下思路：①基于城市内各就业中心的人口规模排名，按照位序—规模分布估计出斜率，斜率越大，分布越集中；②借助不平等性的指标，如赫芬达尔指数、基尼系数。

一个重要的经验问题是，对于快速城市化的中国而言，究竟是单中心还是多中心的经济效率更高？若干研究做出了探索，但结论并不一致。有学者指出单中心的城市结构有助于提高经济效率（李琬和孙斌栋，2015；刘修岩等，2017；Li 等，2018），另有研究则强调多中心的经济绩效更佳（魏守华等，2016；Zhang 等，2017）。一项研究使用美国 MSA 层面的数据，考察了以城市中心 3 英里以外就业比重衡量的就业分散化对城市经济绩效的影响，研究发现城市就业分散化每提高 10 个百分点，城市人均 GDP 增加 2.7%（Glaeser 和 Khan，2004）。这些研究试图对城市规划者的空间发展策略给出绩效判断，但由于城市内部空间结构是政府干预下市场主体选址的结果，上述研究在因果识别方面尚存在较大的改进空间。近年来学者们十分重视对区位导向性政策（Place-based policy）的实施效果评估，利用双重差分的设计思路可以更好地缓解遗漏变量问题，在揭示目标政策影响机制的同时给出政策绩效的可信判断。

二、公共设施空间配置对城市内部空间结构的影响研究

单中心城市模型的一个重要推测是，市内交通设施的发展将降低居民的通勤成本，从而改变梯度曲线的斜率，推动城市内经济活动的分散化。与这一推测一致，大部分研究发现交通发展对于城市内人口分散化有显著的影响。实证研究发现，美国和西班牙的高速公路建设导致中心城区人口下降，出现“去中心化”（Baum-Snow，2007；Baum-Snow，2013；Garcia-López 和 Miquel-Àngel，2012；Garcia-Lopez 等，2015）。也有学者将研究情境延伸到中国发现，辐射状的

高速公路、城市内的环路共同推动了中心城区人口的分散化（Baum-Snow 等，2017）。城市轨道交通使得大伦敦区人口增多，且到中心区越远，人口增长越多（Heblich 等，2020）。基于全球夜间灯光数据对全球最大的632个城市的一项研究发现，城市轨道交通对城市增长几乎没有影响，但对于经济活动存在显著的分散效应（梯度变缓）（Gonzalez-Navarro 等，2018）。

市内交通设施提升对于中心城区人口分散化的机制是，城市郊区对就业中心可达性得以提升，这将体现在交通设施附近人口密度的提升以及土地价值的提高。有学者发现，西班牙高速公路附近的区域人口密度显著更高（Garcia-Lopez 等，2015）。另一代表性研究利用柏林墙的建立与倒塌考察了当城市内部两个相邻区域交通成本出现外生改变时，人口、就业与土地利用在空间分布上的差异（Ahlfeldt，2015）。大量研究利用微观房地产数据和特征价格模型分析了城市轨道交通对站点周围的房地产价值的影响，研究认为城轨带来的地价增值可以作为可达性提升的体现。如利用中国的数据，谷一桢和郑思齐（2010）验证了北京市轨道交通对郊区住宅价格的影响大于中心城区，同时发现站点周边对土地开发强度明显提高。吴璟等发现北京的地铁规划显著提升了地铁站附近地价（Wu 等，2015）。范子英等（2018）发现上海新建地铁站显著提高了周围的住房价格，但对较远距离的住房市场产生了负向影响。

从理论上看，交通成本降低对于就业分布的影响并不确定。一方面，城市交通的发展使得生产要素的运输成本降低，企业的分布倾向于更分散（Baum-Snow，2013）。与此同时，时间距离的缩短也使得集聚经济的地理范围扩大（Ahlfeldt 和 Wendland，2011），体现为更分散的企业分布。另一方面，根据LR模型，如果集聚经济足够强（LR的设定中，企业间的生产外部性按地理距离衰减，而非时间距离），交通成本足够低，那么企业倾向于更集中于市中心。目前为数不多的经验证据似乎更支持交通设施对就业分散化的效应。用商业地价梯度变化衡量就业分散化的研究发现，市内交通时间的下降解释了柏林市地价梯度变化的 72%（Ahlfeldt 和 Wendland，2011）。另有研究发现，19 世纪美国有轨电车附近区域的商业用地密度、商业地价更高（Brooks 和 Lutz，2019）。美国现代城市高速公路的快速发展也导致了中心城区的制造业、服务业、物流业等均出现就业下降的趋势（Baum-Snow，2013）。中国的数据也呈现了类似的趋势，研究发现城市的工业 GDP 总量以及制造业就业因为辐射状铁路和环路的建设而下降，逐渐转移到城郊地带（Baum-Snow 等，2017）。以客运为主的城市轨道交通发展也呈现出就业分散效应。研究发现，巴黎都市区轻轨的设立推动了就业分散与多中心的形成（Garcia-López 等，2017）。也有研究得到不同的结论：伦敦市城市轨道密度使得人口由中心城区向郊区迁移，但与此同时中心城区的商业开发强度得以提升（Levinson，2007）。王家庭等（2018）利用城市面板数据发现公共交通对城市蔓延有抑制作用，罗庆和李小建（2019）利用夜间灯光数据发现地铁建设对城市副中心的形成有抑制作用，且加剧了城市内经济活动的空间分布不均衡。

关注城市空间结构的多数理论研究并不考虑区位异质性——区位之间的差异仅体现为到市中心距离的不同。阿尔费尔特（Ahlfeldt）的代表性研究将区位异质性引入了单中心城市模型（Ahlfeldt 等，2015）。他们的模型着重刻画影响要素空间分布的集聚与分散因素：集聚因素体现在企业的生产外部性和居民的居住外部性；分散因素为拥堵成本，体现为居住成本以及通勤成本。城市内每个区位的集聚力与分散力均不同，相应的生产环境及居住宜居性（amenity）亦有所差异。均衡情况下，企业和居民在各区位能获得的利润和效用相等，由此可以推出城市内各要素的空间均衡分布。在这一理论框架下，政府主导的公共品投资强度在空间上的重新配置将改变区位的生产与居住外部性，从而影响企业与居民的选址决策、改变城市内部的空间结构。例如，有文献研究了地铁站（Brooks and Lutz，2019；Mayer and Trevien，2017；Pogonyi 等，2021）、铁路枢纽（Deng 等，2020；Dong 等，2021；Hodgson，2018；Zheng 等，2019）、机场（Appold，2015；Appold 和 Kasarda，2013）、大学（Andersson 等，2004；Bonander 等，2016；Andrews，2019；Lee，2019）的设立对于周边区域发展的影响。多数证据表明，经济活动在这些公共设施周围的集中程度正在上升，有的已产生了新的城市副中心。但这些证据很大程度上是源自于发达国家大都市区的发展案例，类似的趋势在中小城市尤其是在经济活动集中程度相对较低的发展中国家是否适用性？相应的经验证据还十分有限。若干经验研究评估了中国高铁站区周边的经济发展（Deng 等，2020；Dong 等，2021），另有研究选取杭州和广州作为高铁站点设在城区与郊区的案例，对比两地高铁站附近房产价值的变化（Diao 等，2017），上述研究均指出高铁区位是影响其资本化效应的关键。王兰等（2014）以京沪高铁途经站点为例，分析了高铁站周边圈层的开发成长性情况。人文地理领域的若干研究以案例的形式分析了大学城对地区发展产生的影响。相关研究包括基于广州大学城和西安西部大学城等的案例分析，探讨了大学城对于城市内人口及产业空间分布的影响（Sum，2018；高相铎，2005）。总的来看，大多研究指出远离城市中心的公共设施选址是周边地区发展迟缓的关键因素。

在现实中，地区平衡发展是地方政府在公共设施的空间配置时必须考虑的重要因素。让公共设施远离现有城市中心、借助其集聚力吸引居民和企业，是相当一部分大型公共项目建设的初衷。21 世纪初，中国的城市发展策略转型引发了以大型公共设施投资为主要推动力的新城建设热潮。背后的理论基础一方面是已有研究大多认同的基础设施投资对于后进区域经济发展的正向效应（世界银行，1994），另一方面是“中心—外围”模型（Krugman，1991）所推出的地区发展存在多重均衡。尽管多数研究发现了这种区位导向型政策（Place-based policies）的积极效果，然而区位导向型政策在多数情况下并未带来总体的福利提升，而只是把经济活动从其他地区转移到有政策优势的地区（Neumark 和 Simpson，2015）。也有学者对于区域发展政策的态度抱有异议。如有研究指出，在空间均衡框架下多数区域发展政策是无效的，或者即使有成效也是成本巨大的（Glaeser 和 Gottlieb，2008）。该研究的立论依据是，只有当生产率的集聚效应存在空间差异时区域公共政策才有效，而中央政府无法完全掌握这一空间差异。而另有研究指出，如果地方政府了解集聚经济的好处并进行政策竞争，那么可以通过降低集聚效应的空间差异达到社会福利优化（Moretti，2011）。总的来看，现有研究对以下问题的探讨尚欠缺（Neumark 和 Simpson，2015）：区域发展政策是否有效？为什么有效？在哪里有效？对谁有效？是否建立了长效机制？

三、新城建设对城市发展的影响研究

在城市经济学的理论模型中，企业间的生产外部性[①]相对于交通成本越强，城市内部的就业（或企业）分布越集中。企业间的协调失败（coordination failure）使得新的就业中心难以形成，此时均衡的城市中心规模倾向于超过社会最优规模（Anas，1998）。在这种情况下，

---

① 生产外部性指靠近其他企业带来的正外部性收益，来源是面对面交流的需要（Anas，1998）。

土地用途管制、企业补贴等政府干预手段可能有助于实现更有效的城市空间结构（Rossi-Hansberg，2004）。20 世纪中期起，政府或大型开发商主导的新城或卫星城建设成为快速城市化的发达国家优化大城市空间结构、破解“城市病”的主要手段。相关理论模型说明了大型开发商或地方政府主导的新城的形成机制：土地收入最大化的地方政府的最优策略是补贴正外部性企业，以克服正外部性导致的企业集聚不足的市场失灵问题，集聚的外部性收益被内化为新城土地升值，用以平衡企业补贴（Henderson 和 Becker，2000）。在中国的制度安排下，地方政府扮演了土地收入最大化的城市运营商的角色（Lichtenberg 和 Ding，2009），这一制度特征确保了“补贴性招商引资→企业入驻产生正外部性→地价上涨→补贴性招商引资……”这一机制的可持续性。从这一点出发，可以推断出中国地方政府推动的新城建设可能有助于实现有效的城市空间分布。

经历了快速城市化阶段，中国大城市中心城区的人口膨胀问题愈发突出。为应对这一问题，多中心发展已成为必然趋势，各地纷纷展开新城发展策略。作为中国 20 世纪工业化发展的政策产物，开发区一方面实现了产业集聚的目标，另一方面形成了显著的城市扩张效应[①]。开发区通过补贴政策吸引外部性企业，事实上提供了克服前述企业协调失败的路径，中央政策层面也要求推动开发区转型升级成为新的城市中心。《国家新型城镇化规划（2014—2020）》以及 2015 年发改委《关于促进具备条件的开发区向城市综合功能区转型的指导意见》均要求“加强现有开发区城市功能改造，推动单一生产功能向城市综合功能转型，为促进人口集聚、发展服务经济拓展空间”。那么，开发区政策是否克服了市场失灵形成了新的城市中心呢？大量研究聚焦于开发

① 2003 年仅省级以上的开发区就获得了国家批准规划的近 2 万平方公里用地。

区政策对于企业以及城市发展的经济效应，但较少有研究从微观地理尺度分析开发区对于城市内部空间要素的分布效应。近期的一项重要研究发现，开发区所吸引来的制造业就业推动了新区周边零售业和房地产业的发展，平均而言达到了新型城镇化提出的“产城融合”的政策目标（Zheng 等，2017）。

近年来，旨在建设城市综合功能区的新城建设成为各城市的主流选择。根据《国家新型城镇化规划（2014—2020）》，新城建设的主要目的是疏解中心城区功能，优化城市空间结构。党的十九大以来，将中心城区的某些城市功能转移到城郊新区已成为一种新的推动区域协同发展的契机。这种方式不仅有助于优化大城市内部空间结构，还能够促进大城市与周边地区的协同发展。例如，雄安新区的设立一方面疏导了北京的非首都功能，另一方面推进了北京向河北的经济辐射。“消费城市”概念的提出可为新城建设的作用机制提供理论说明（Glaeser 等，2001），城市所提供的高质量生活质量是吸引高技能人才选址进而吸引公司选址的重要因素。兰峰和达卉莉（2018）指出，公共基础设施通过住房价格形成不同公共物品消费偏好下的居住分异，成为改变城市人口空间分布格局的主要力量。另有研究证据显示，在创新行业，高教育水平的劳动力居住选址决定了企业选址（Østbye 等，2017）。基于上述研究，通过在城市新区大规模投资公共设施建设，改善宜居性以吸引人口集聚，可进一步带动企业集聚，最终形成新的城市中心。这也是现实中地方政府主导的新城建设遵循的主要逻辑。

尽管从理论上地方政府补贴外部性企业的引资政策有助于克服市场失灵，但政府干预可能带来额外的效率损失，主要体现为某些地区的新区与新城土地利用效率低下、城市边界无序蔓延等现象。关于地方政府是否能甄别正外部性企业，现有的研究结论并不一致。杨其静等（2014）发现工业用地低价引资质量较差；李力行等（2016）从生产效率的角度发现政府土地干预越多，工业企业间的资源配置效率越低；但王媛和杨广亮（2016）发现地产运营能力更强的企业获得了政府的更多地价补贴。此外，在政治晋升激励以及土地金融化带来的预算约束软化下，新城建设的规模可能远超过城市发展需求。官员晋升激励越强，则地方政府更愿意出让城市远郊的土地（Wang 等，2018）。这种城市过度扩张的趋势更多地发生在低经济效率地区，常晨和陆铭（2017）发现人口流出的中西部省份在新城的规划数量、规划面积和规划人口上都远高于人口流入的东部省份。现实中，郊区新城也并未取得普遍的发展绩效。根据陈瑞明（2013）对中国 10 个城市的案例研究，以政府搬迁、建大学城、高新园区为特征的新城建设成为 2000 年后城市化的普遍模式。案例经验证明，这些政府主导的新城从建造到成熟，至少需要 10 年周期。一项对中国新城与房地产泡沫的研究报告指出，房地产泡沫是城市过快扩张以致出现“鬼城”的原因，并指出三四线城市的城市扩张脱离基本面情况尤其严峻（Choi 和 Sze，2013）。王媛（2013）发现在新城建设模式下，中国城市扩张已脱离经济基本面。

此外，一些研究利用城市发展中的外部冲击发现，城市内部结构具有较强的稳定性。例如，有学者分别以日本城市二战遭遇的轰炸和 1906 年旧金山大火作为外来冲击发现，冲击后的较短时期内城市仍恢复了与此前类似的人口与产业分布形式（Davis 和 Weinstein，2008；Siodla，2015）。因此，由公共设施投资所带动的城市内部经济空间重塑是短期的均衡状态偏离还是形成了新的均衡状态？地方政府主导的新城建设能否在长期形成新的城市空间均衡布局以及决定均衡状态转换的关键因素有哪些？这些问题仍存在疑问。

第二节　区域间经济联系与城市间要素空间分布研究

一、市场一体化的影响因素

宏观经济与增长领域的一系列研究强调了生产要素错配对企业生产率的负向影响，基于理论模型的反事实分析也发现，纠正错配将产生巨大的发展红利（Hsieh 和 Klenow，2009；Costinot 和 Donaldson，2016；Baqaee 和 Farhi，2020）。关于错配问题的一项权威研究得出，中国资本错配造成的生产率损失约为 50%（Hsieh 和 Klenow，2009）。空间错配是要素错配的重要来源。若商品和要素能够无成本地跨地流动，不同地区的商品价格以及生产要素的边际产出应当相等，即实现市场一体化；反之，则存在空间错配，即市场分割。从方法上，衡量不同行政区之间市场分割的一种有效方式是，在国际贸易领域的引力模型框架下，计算跨区和区域内贸易流量之间的差额（Agnosteva 等，2019；Santamaría 等，2020），即边界效应（McCallum，1995）。在此领域的开创性研究发现，加拿大的跨省贸易比加拿大和美国之间的跨国贸易量大 22 倍（McCallum，1995）。通过利用省级投入产出数据集，一系列有影响力的研究发现，中国省级边界效应在 20 世纪 90 年代增加，并且比欧盟成员国之间的边界效应还要高（Poncet，2003，2005）。最近的研究利用更微观的数据或更精细的识别策略发现省级边界效应的一致证据（Xing 和 Li，2011；Xu 和 Fan，2012；Hayakawa，2017；Bai 和 Liu，2019；Barwick 等，2021；Yang 等，2022）。

识别市场分割的另一方式是基于一价定律——在存在市场分割的

情况下，商品、资本、劳动等无法流动到价格或边际产出更高的地区，此时地区之间的商品或要素价格不相同。通过考察商品价格的地区差异可以发现中国商品市场一体化的程度已有明显改善（Bai 等，2004）。但也有不少研究发现，资本回报率在城市之间仍存在显著差异（Dollar 和 Wei，2007；Chen 等，2017），也就是说跨越行政区的资本错配广泛存在。有研究用区域间要素边际产出的差异来衡量要素市场一体化程度发现，中国资本市场的一体化程度有变差的趋势（Zhang 和 Tan，2007）。唐为（2021）用企业间资本和劳动边际产出的离散程度衡量城市间要素市场分割发现，即使在国家规划的城市群内部也存在不同程度的要素空间错配。

上述研究说明近期中国的要素空间流动仍存在不可忽视的成本。资本为何没有流动到产出效率更高的地区？资本的空间流动性是否存在地区分异？要素跨地流动面临的障碍可以分为有形和无形壁垒大类。地理条件构成了投资空间流动的有形壁垒，地理距离在其中扮演着关键的角色。交通和通信技术的发展能够帮助企业投资跨越地理障碍，推动资本从边际回报低的地区流动到边际回报高的地区，从而提升资本配置效率（刘生龙和胡鞍钢，2011；Donaldson，2015）。沿着这一思路，接下来的两部分梳理的现有研究涵盖了交通网络的经济效应及其对企业空间组织分散的作用。现有研究从文化（高超等，2019；Jiang 和 Mei，2020）、社会信任（曹春方等，2019）、非正式制度（曹春方，2020）等视角分析了要素跨地流动面临的无形壁垒。相较而言，更多的研究将目光聚焦在地方政府干预政策对要素流动形成的阻力或推力，本节的最后部分将从这一角度回顾研究进展。

二、交通网络与地区间要素流动

在中国这样幅员辽阔、地形复杂的大国，跨地区的运输和信息成本深刻影响着生产要素的空间配置（Hsieh 和 Klenow，2009）。因此，交通网络的连通对于降低要素跨区域流动成本、推动配置效率提升而言至关重要（Donaldson，2015）。在中国交通基础设施建设加速的背景下，交通网络的经济效应引起学界的广泛关注。一系列研究证实了高速公路、铁路、高速铁路、航空等交通基础设施建设对沿途城市经济发展的促进效应（如 Baum-snow 等，2020；Donaldson，2018；Lin，2017；Campante 和 Yanagizawa-Drott，2018）。

交通基础设施对区域经济发展的直接影响是运输与沟通成本下降带来的城市可达性提升。商品或服务能够在更短时间内到达范围更广的市场，市场潜力的提升将直接提高交通沿线地区收入水平（Donaldson，2018）。近期越来越多的研究开始关注交通基础设施产生的间接影响——地区间要素流动带来的资源配置优化。基于印度高速公路的一项研究将可变的企业成本加成和异质性地区特征纳入贸易模型发现，在印度高速公路产生的收入效应中 7.4% 来源于要素配置效率的提高（Jose 等，2019）。若干研究从微观视角分析了交通网络扩张对劳动力、知识、资本等要素跨地区流动的促进效应。例如，有研究发现，德国高铁网络扩张通过降低通勤成本进而推动了劳动力的跨地区流动，沿线城市得以搜寻到更合适的劳动力（Heuermann 和 Schmieder，2019）。对于高技能人才而言，交通发展降低了面对面交流成本，从而提高了科研合作（Dong 等，2020；Catalini 等，2020）、促进了知识流动（Agrawal 等，2017；Wang 和 Cai，2020），进一步通过知识溢出机制，提高了交通沿线地区的创新水平（Roche，2020；吉赟和杨青，2020）。

对于资本的跨地流动而言，交通网络的扩张降低了市场主体获取异地信息的成本，从而对企业跨地投资形成推动作用。利用跨境双边投资数据，有研究分析了空运、海运、高铁对国家间 FDI 的影响发现，交通网络的扩张显著促进了国家间的企业投资流动（Chen 和 Lin，2020）。基于企业层面的跨国投资和商务联系数据，一项有影响力的研究发现，城市间的航线连通强化了企业的跨地投资以及跨地区的企业合作（Campante 和 Yanagizawa-Drott，2018）。类似地，在中国情境下，有研究发现中国高铁连通显著提高了城市间的公司投资流动（Lin 等，2019；马光荣等，2020）。公司金融与公司治理领域的一束文献将交通网路扩张带来的跨地区时间距离压缩与投资者行为联系在一起，提供了更丰富的微观解释。从各类投资主体具有“本地信息优势偏好”的现实观察出发，这些研究强调了远距离带来的高信息成本，进而分析了交通网络的扩张所带来的信息优势。例如，基于对风险投资经理的调研发现，新航线的建立降低了风险投资对异地标的公司的管理成本（Bernstein 等，2016）。另有研究强调了时间距离的缩短有助于降低对异地供应商的搜寻成本，从而提高企业绩效（Bernard 等，2019）。黄张凯等（2016）、赵静等（2018）和龙玉等（2017）强调了高铁通车能够降低投资者对当地信息的获取成本，从而提高了高铁城市 IPO 定价效率、降低了高铁城市上市公司的股价崩盘风险、提升了高铁城市的风险投资规模。

最新的研究进一步聚焦于地区间要素流动的方向，强调了交通发展对于地区经济发展的非对称效应。根据新经济地理学的中心—外围理论，当地区间的交通成本处于较高水平时，降低交通成本将使得经济要素由非中心城市转移到中心城市，非中心城市的经济发展可能受到负面影响；但当交通成本下降至一定水平后，上述过程将发生逆转——由于小城市的低拥堵成本优势超过了大城市的市场可达性优势，交通成本的进一步降低将促使要素从中心城市转移到非中心城市（Brülhart 等，2020）。来自发达国家的证据更为支持后一种情况。例如，基于德国劳动力通勤数据，有研究发现高铁连通后劳动力由大城市向小城市的工作通勤变多，即交通成本降低推动了劳动力由大城市向周边小城市分散（Heuermann 和 Schmieder，2019）。另一项跨国研究发现，城市间航线连通的资本流动效应主要是由富裕国家向中等国家的流动主导的（Campante 和 Yanagizawa-Drott，2018）。相较而言，基于中国数据的多数研究证明，中国尚处于“中心—外围”规律的前一发展阶段。一项开创性研究发现，中国高速公路网的扩张降低了沿途非中心县的工业产出增速和经济增速（Faber，2014）。类似地，相关学者分别利用中国铁路提速、高速铁路和高速公路网络扩张的外生冲击发现，交通网络扩张抑制了沿途非中心地区的经济发展（Qin，2017；张梦婷等，2018；Baum-snow 等，2020）。然而，多数研究在区域加总层面展开，并未给出要素跨地流动的微观证据。也有少量研究利用微观企业异地投资流数据发现，中国的高铁连通导致企业投资更多从中小城市流向大城市（Lin 等，2019；马光荣等，2020）。

三、企业组织的空间分散与投资跨地流动

企业是跨地投资的主体，为深入理解交通设施对于资本跨地流动的影响机制，需要借助于企业空间组织决策的研究。根据企业的空间组织理论，随着企业专业化程度的提高，管理与生产职能在空间上得以分离。由于不同组织职能所依赖的中间投入品有差别，最优的地理分布必然有差异。如管理、研发等职能依赖于多样化创造的外部经济（即城市化经济），而生产职能更依赖于专业化带来的外部经济（地方化经济）（Duranton 和 Puga，2005）。因此，企业组织的空间分散是企业发展的必然趋势。例如，总部注册地在北京市的京东方，其子公司分布在北京、重庆、四川、武汉、江苏、安徽、福建、内蒙古等地，又如注册地在武汉市的东风汽车，子公司分布在武汉、广东、河南、上海、江苏等地。与投资公司、中小股东等不同，通过在异地设置子

公司，企业跨地组织生产活动，不仅加强了资本在地区间的流动，也促进了技术在地区间的扩散，最终加强了地区间的经济联系。

企业空间组织的文献强调了企业内部远程管理成本的降低是企业空间组织分散的主要推动力。造成这一成本的重要原因是地理距离带来的有形壁垒。一项实证研究发现，公司总部到生产部门的地理距离是影响总部选址的重要因素（Henderson 和 Ono，2008）。对跨国公司选址的相关研究发现，距离总部越远则子公司销售额越少（Irarrazabal 等，2013）。尤其是生产知识密集型贸易品的跨国公司，由于更为依赖面对面沟通，对于总部与子公司间的地理距离更为敏感（Keller 和 Yeaple，2013）。基于服务业及零售业数据，有研究证实了总部与子公司距离越远，子公司经营绩效越差，存活时间越短（Kalnins 和 Lafontaine，2013）。这些研究均强调了地理距离在获取投资目的地信息、企业跨地经验管理上产生的巨大成本。另有研究强调，互联网以及通信技术的发展大大降低了企业跨地经营管理的沟通成本，能够推动企业组织的空间分散（Ota 和 Puta，1993）。有研究发现，信息技术的采用显著促进了企业外包业务，但只有当企业的产品设计电子化程度越高，信息技术的促进效应才越强（Fort，2017）。这说明信息技术更适用于消除标准化的硬信息的跨地传播成本。相较而言，关于企业经营状况的软信息难以标准化，难以记录、存储，信息传递过程容易失真，因此软信息的传递必须依靠管理者实地调研以及面对面沟通（黄张凯等，2016；龙玉等，2017；赵静等，2018）。面对面沟通（face-to-face contact）不仅是解释经济集聚的重要机制（Storper 和 Venables，2004），也是地理距离对于企业跨地经营的负向影响持久存在的重要原因。沿着这一逻辑，交通网络扩张带来的城市间时间距离的缩短有助于降低面对面沟通成本，进而降低跨地经营的信息成本，最终促进企业跨地投资。

若干有影响力的研究提供了交通网络扩张通过影响企业空间组织决策进而影响地区经济发展的理论框架（Duranton 和 Puga，2005；Bernard 等，2019；Gokan 等，2019），但相应的经验证据十分有限。借助美国新航线引入的外生冲击，一项权威研究分析了公司总部与子公司之间时间距离对于子公司投资绩效的影响（Giroud，2013）。研究发现总部与子公司所在城市引入新航线后，子公司投资以及生产率均有显著提升。类似地，利用法国高铁扩张的外生冲击，另一项研究发现高铁通车使得子公司工人数量上升和管理人员下降，而基于控股股东数据的研究发现了相反的结果，从而说明时间距离缩短降低了企业跨地经营的监管成本（Charnoz 等，2018）。

总的来看，这些研究以发达国家为研究背景，关注地理距离这一有形壁垒对企业跨地投资的影响。然而在发展中国家，企业跨地投资面临的无形政策壁垒可能更为重要，甚至会改变对于交通的经济效应的基本判断。

四、地方政府干预对企业投资流动的影响

对于发展中国家而言，地方制度环境以及招商引资政策是地区比较优势的重要组成部分（Atkin 和 Khandelwal，2020），对企业投资选址起到不可忽视的作用。地方政府的干预手段可能对企业跨地投资形成阻力或推力。一方面，资本流出地可能存在来自地方政府的行政阻碍，从而形成企业投资流动的阻力；另一方面，为了吸引资本流入，各地实施了不同形式的优惠政策，推动了企业投资流入。

在转型经济体中，财政分权和地方官员的政治激励可能引起市场分割和地方保护，从而形成要素和商品跨地流动的阻力（周黎安，2004）。经典研究指出，中国省级行政边界对于商品贸易流存在显著的抑制效应（Poncet，2003，2005）。尽管近年来商品市场一体化的程度

已有明显改善（Bai 等，2004），但有不少研究指出，中国地方保护的对象已从商品市场转向资本市场（Zhang 和 Tan，2007）。在财政分权和地方政府间竞争的背景下，为了将税源留在本地、保护辖区内的经济利益，地方政府对辖区内的企业跨行政区投资行为设置行政障碍，造成了不同程度的市场分割（夏立军等，2011；曹春方等，2015；叶宁华和张伯伟，2017）。曹春方等（2015）基于地区商品和要素价格差异测算省份市场分割程度发现，市场分割越严重的省份，上市公司省外子公司占子公司总数的比重越低。叶宁华和张伯伟（2017）发现，地方保护显著降低了本地企业进入异地市场的概率，而且进入跨地市场的企业所承担的税负显著高于那些只在本地经营销售的企业。近期的一项研究利用中国出口退税政策改革发现，具有较高退税负担的省级政府更有动力阻止外地商品进入本地的出口中介机构，因为省级政府需要将税收返还支付给出口企业（Bai 和 Liu，2019）。另有研究发现了消费者购买汽车的省界效应（Barwick 等，2021）。相关学者分别探讨了破除投资跨地流动的行政壁垒的几种机制，即政企关系、官员的家乡偏爱、官员跨地流转、城市群规划（夏立军等，2011；曹春方等，2017；Jiang 和 Mei，2020；钱先航和曹廷求，2017；张学良等，2017）。夏立军等（2011）发现，政企关联能够帮助上市公司异地设置子公司。曹春方等（2017）等研究指出，地方官员对家乡所在地以及上一任工作地实施了更弱的市场分割政策。钱先航和曹廷求（2017）利用中国人民银行大额支付系统的数据发现，资金更多地从省级官员过去的关联地区流入当前的任职地，这说明官员倾向于将有关联的异地企业引入新任职地区进行投资。张学良等（2017）以长三角城市经济协调会为例指出，城市群规划有助于建立起地区间的利益协调机制，从而破除要素流动的行政壁垒，促进市场整合。

产权保护、契约执行力度等制度环境对于企业运营而言十分关键，地区间制度环境的差异形成了企业投资流动的推动力。胡凯和吴清（2012）发现制度环境差异显著影响了中国省际资本流动。相关贸易模型说明，弱制度环境的国家的贸易开放将使得关系型投资（relationship-specific）转移到国外，从而导致贸易开放对这些国家产生负向影响（Levchenko，2007）。根据这一思路，交通网络的扩张可能使得企业投资由制度环境更差的地区流向制度环境更好的地区。宋渊洋和黄礼伟（2014）利用中国证券企业跨省设立营业部数据发现，目的地的市场化指数越高，企业在当地设立的分支机构数量越多。这一结果似乎说明更少的政府干预有助于吸引外来投资，但在一定条件下，支持企业发展的政府干预措施恰恰成为了吸引企业投资的关键因素。有研究分析了英国的地方政府补贴政策与地方集聚经济对于子公司选址决策的影响发现，地方集聚经济越强，补贴政策对于企业选址产生的推动力越强。即地方经济条件与政府补贴政策形成了互补关系（Devereux 等，2007）。另有研究提供了相反的证据，利用瑞士各地的税收以及企业数据研究发现，企业所在行业的集聚经济越强，其选址越不受地方税收优惠影响，这暗示着地方集聚水平与政策优惠对于企业选址而言存在互替关系（Brulhart 等，2012）。王凤荣和苗妙（2015）基于中国企业异地并购数据的研究得到了类似的结果：只有当区域投资环境较差时，地区的税收优惠政策才显著吸引企业资本流入。

事实上，为了吸引外部投资、发展地方经济，地方招商引资政策常见于发展中国家甚至发达国家（Neumark 和 Simpson，2015）。关于税收、劳动力、土地、污染等政策对于企业投资选址乃至地方经济发展的影响，现有的研究已积累了丰富的研究结果。由于税收手段是发达国家地方政策的最常用工具，自开创性研究以来（Hall 和 Jorgenson，1967），大量研究讨论了差异性的地方税收政策对于企业投资选址的影响。相较而言，近期的研究更重视因果关系的识别，但得到的研究结论并不一致。如有研究利用地理边界断点方法发现，美国和英国的地区税收优惠没有带来更多企业进入（Duranton 等，2011；Ljungqvist 和 Smolyansky，2016）。近期的研究利用企业税收减免资格的断点回归发现，印度的税收减免政策显著提升了当地的企业投资流入和就业增加，但这一效应在长期不显著（Hasana 等，2021）。利用美国专利发明者的地址数据，另一项研究发现当地的税收变动显著影响了创新型公司的选址（Moretti 和 Wilson，2017）。利用美国异地母子公司数据，有研究发现各州的相对税率变动使得企业生产活动更多地转移到其子公司所在的低税率地区（Giroud 和 Rauh，2019）。

各地劳动力政策的差异也将影响企业经营成本，从而影响企业投资选址。陈胜蓝和刘晓玲（2020）利用中国企业跨省并购数据发现，并购方与目标方所在省份的月最低工资标准差异越大，公司对该省份公司的并购数量（金额）越多。利用跨国数据，有研究分析了贸易开放与地区就业政策的交互效应发现，过高的法定最低工资是导致贸易成本降低后发展中国家失业率上升的主要原因（Ruggieri，2019）。这说明交通网络的扩张可能促使企业投资从高工资标准地区流入低标准地区。一项研究以餐饮业为例，分析了美国城市的最低工资对于企业退出的影响发现，对于最低工资标准的提高导致低端餐饮企业更多地退出当地市场，但高端企业没有受到显著影响（Luca 和 Luca，2019）。类似地，有研究发现中国 2004 年实施最低工资政策后，低工资水平企业退出市场的概率显著提高（Mayneris 等，2018）。近期的相关研究分析了中国的最低工资政策对于各地存量工业企业的绩效影响发现，最低工资提高了存活企业固定投资和 TFP（Geng 等，2018；Hau 等，2020），研究指出企业面临竞争企业压力时的效率改善是主要机制（Hau 等，2020）。根据上述文献结果可以推断，地区差异性的最低工资政策可能通过企业选择效应（sorting）使得政策严格程度不同的地区产生分化。若交通连通加速了低效率企业向更低工资标准地区（往往是欠发达地区）的转移，那么地区间的不平等将进一步加剧。

在中国的制度背景下，土地配置是地方政府吸引对外投资的重要工具。即使早在2002年已经实行土地市场化改革，仍有大量证据发现地方政府为了吸引特定的企业投资而压低地价（陶然等，2009；杨其静等，2014；王媛和杨广亮，2016；Nian和Wang，2023）。基于中国地方官员流动和微观土地出让数据，近期的一项研究发现了企业投资跟随官员异地流转的证据（Nian和Wang，2023）。与其他企业相比，异地任职的官员对总部位于上一任职地的企业出让的土地多76%、价格低55%，而且这些低价拿地企业的产出效率显著更低。这一研究从关系或腐败的角度解释了这一结果。另一种可能的解释是，土地价格具有筛选企业的作用，压低的地价只能吸引到低效率企业。席强敏和梅林（2019）发现，区县的工业地价越高，新进入的工业企业数量越少，存量企业的退出风险也越高。而且，地价越高，当地企业的工业效率越高，他们认为这是出于土地干预的选择效应，即地价提升推动了低效率企业离开本地市场。杨其静等（2014）用协议出让的工业用地面积衡量地方政府的土地干预，得出了类似的结论——低价协议出让吸引来的是生产效率更低的企业，无益于地方未来经济发展。王媛和杨广亮（2016）的研究结论则有所不同，他们的证据显示，地方政府通过定向干预土地出让选择高效率企业——基于匹配的土地出让和企业样本发现，地产经营能力更强的企业通过挂牌方式获得了更高的地价补贴。与最低工资政策补贴的作用机制不同，土地干预是地方政府主动挑选外来企业的政策手段。根据前述研究，交通网络扩张后地方的土地干预将更多吸引低效率企业抑或是高效率企业以及会对地区分化产生何种影响？这一问题尚不能得出明确的判断。

对于工业企业来说，排污标准的提高将大大提升企业经营成本。

欠发达地区为了吸引企业投资往往采用更低的环保标准，即“污染天堂”假说。基于污染性工业企业数据，一项研究发现十一五规划发布水污染减排任务后，污染性企业由排放标准更为严格的东部地区迁移至排放标准更宽松的西部地区（Wu 等，2016）。可以推断，交通成本的下降可能促使污染性企业投资加速流入污染标准更低的欠发达地区，可能对这些地区的产业升级产生不利影响①。近期的一项研究分析了中国交通扩张和地方环保政策的交互效应发现，高速公路开通导致富裕的县经济增长下滑，而贫穷的县经济增长显著提升（He 等，2020）。他们提出，这一地区分化效应是由于更贫穷的地方采取了更宽松的环保政策。研究结果显示，贫穷的县在公路开通后吸引了更多的污染性企业且污染物排放显著增多。

总之，尤其对于发展中国家而言，差异性的地方干预措施对企业投资流动的影响不可忽视。交通网络的扩张加速了企业在地区间的投资流动，因此差异性的地方政策所产生的效应可能被放大或抑制，从而进一步推动地区分化。然而现有研究较少涉及这一叠加效应，也较少给出企业投资在城市间流动的直接证据。

第三节　本章小结

上述研究对于理解地方政府通过公共设施的空间配置推动城市内部以及城市间经济活动的重新分布提供了有益参考。

一方面，基于新城市经济学模型可以推出地方政府以公共设施配置为契机，推动新城发展，进而改变城市内部空间结构的实现机制：

---

① 参见近期的一项关于贸易开放与污染政策的交互效应的研究综述（Cherniwchan 等，2017）。

在公共设施吸引人口流入的基础上，政府补贴外部性企业以促进新城的集聚能力，最终，政府通过新城地价提升捕获集聚收益，用以平衡期初的企业补贴。然而，相应的经验证据十分有限。大量研究探讨了交通、高校等基础设施对于城市与区域发展的总体效应，但少有研究分析其对于城市内部经济活动的分布效应。本书的第一部分将从微观地理尺度分析在新区设立的高铁、大学等公共设施对周边区域以及城市内部人口与就业空间分布的影响，所依据的分析逻辑是：公共品配置——宜居性提升与外部性企业补贴——人口与企业集聚——城市人口、就业与土地利用的空间梯度改变——新城土地增值——企业生产效率及资源配置效率评估。

另一方面，现有文献指出了中国城市间市场分割尤其是要素市场分割的基本事实。由此造成的要素空间错配与地理的有形壁垒和地方政策的有形壁垒有关。由此可以推断，交通设施的发展有助于消除企业跨地区投资的信息成本，从而促进资本跨区域流动；与此同时，交通发展与政府干预影响着异质性企业投资的方向和范围，从而引起地区分化。然而，基于企业层面的微观证据普遍较缺乏，也较少有文献基于投资出发地—投资目的地的配对数据，给出企业投资空间流动的直接证据。更鲜有文献探讨交通发展和政府干预对异质性企业投资流的规模、方向、范围产生的叠加效应，也就无法判断这一叠加效应对于地区经济发展格局造成的影响。

近期国际经济学的一系列研究开始关注政策造成的扭曲如何改变贸易成本的经济效应（Atkin 和 Khandelwal，2020），可以为思考上述问题提供借鉴。相关研究指出，若存在面向特定企业的政策扭曲，则地区间贸易成本的降低将放大资源配置扭曲，从而带来福利损失（Costa-Scottini，2018；Bai 等，2019；Chung，2020）。一项重要的理论研究将政策扭曲引入了 Melitz 模型，模型估计结果得出，由于中国存在针对特定企业的政策扭曲，贸易开放使得获得政策补贴的企业扩大生产，反而放大了错配问题（Bai 等，2019）。另一研究以中国为例，构建的理论模型纳入了基于贸易目的地的政策扭曲和基于政治关联企业的政策扭曲，研究发现出口补贴和内销补贴对于贸易的福利效应产生了差异性影响（Chung，2020）。诺奖得主阿比吉特・班纳吉的一项经验研究评估了中国改革开放后交通基础设施发展的经济效益发现，交通可达性高的地区并未获得明显的经济增长优势（Banerjee 等，2020），该文认为这一结果是出于政策因素导致的要素流动性过低。类似地，另一项研究也发现交通设施的经济效应取决于劳动力要素的流动性（Redding，2016）。

若存在地区差异性的政策扭曲，交通成本的降低可能对市场一体化以及地区分化产生推动或抑制效应。基于拓展的 EK 模型，一项研究发现，在市场存在政策性扭曲的前提下，铁路通过提升市场可达性促进要素流入边际生产效率更高的城市，从而提升了工业资源配置效率（Hornbeck 和 Rotemberg，2019）。基于印度交通网数据，另一研究得出与供应商的可达性越强，当地的要素配置扭曲越低（Singer，2019）。上述研究说明在扭曲性地方政策导致地区间要素错配的情况下，交通成本降低将产生更大的配置效率改善。然而，也有研究利用蒸汽船的发明对于各国可达性的外生影响发现，交通成本的降低对于制度环境更差的国家产生了负向的增长效应，而对制度环境更好的国家产生正向促进效应（Pascali，2017）。也就是说，交通成本的降低加强了地区间分化。借鉴上述研究的基本思路，本书的第二部分将在微观企业层面分析交通网络扩张与地区政策干预产生的叠加效应。本书的基本判断是，交通网络的扩张通过降低跨地投资的信息成本，促进了资本的跨地流动。但在行政区经济下，为资本流动制造障碍的政策限制了资本空间流动的范围，从而使得行政区内外的资本空间配置效率恶化，经济发展差距进一步拉大。

第三章

新城抑或鬼城？高铁新站与站区经济发展

第一节　引言

在快速城镇化背景下，城市用地需求日益提升。为疏解中心城区人口、推动新的经济中心发展，近年来新城建设成为地方政府的重要城市发展政策。由于经济集聚存在正外部性，即企业在新城的边际社会产出超出边际回报，因此新城的形成需要外部政策导入人口从而推动区域发展走出低水平均衡（Henderson 和 Venable，2009）①。然而，在地方官员政治晋升激励推动下（彭冲和陆铭，2019），新城建设扩张日益加速，引起地方政府债务风险快速上升（常晨和陆铭，2017），政策决策层和学界也开始反思政府主导带来的效率损失。《国家新型城镇化规划（2014—2020）》明确要求“严格新城新区设立条件，防止城市边界无序蔓延”。

近年来中国高铁网络快速扩张，由于老旧火车站在技术标准上不适合停靠高速列车，多数设站地区需新建高铁站，这成为地方政府推动新城建设的一个重要契机。据笔者统计，截至 2016 年底，411 个

---

① 从美国的城市发展经验来看，负责开发与运营城市的大型开发商在新城建设中发挥了重要作用（Garreau，2011），这些城市运营商用税收和土地收入补贴正外部性企业从而为新城的发展提供了初始集聚动力（Henderson 和 Becker，2000）。

新设高铁站中有 97 个明确提出了高铁新城（新区）的发展规划[①]。例如，南京高铁新城（南部新城）规划总面积 184 平方公里、人口 160 万，定位是“南京新都心，三大中心之一”；根据宿州市城市总体规划（2010—2030 年），宿州高铁新城规划面积 30 平方公里、30 万人口，目标是成为现代化宿州的次中心。已有研究大多聚焦于高铁通车对于城市整体经济发展的影响（如王雨飞和倪鹏飞，2016；董艳梅和朱英明，2016；刘勇政和李岩，2017；Lin，2017；张俊，2018），但是要研究高铁通车能否推动新城经济集聚需要从更微观的层面估计高铁通车带来的地方化效应。

据笔者统计，截至 2016 年底高铁新址设站共 411 个，但这些高铁站存在巨大差异。一方面，高铁的连通降低了与周边地区的通行时间，从而加强了与周边地区的经济联系，因此高铁站附近区域能够直接受益于其他经济发达城市所产生的集聚经济效应（Ahlfeldt 和 Feddersen，2017），这成为新城经济发展的初始集聚动力。然而，不同地区的市场潜力存在巨大差异，尤其是对于中西部的许多城市来讲，市场潜力不足严重限制了高铁通车对新城的经济效果。另一方面，由于高速铁路要求线路尽量平直，加之市中心用地紧张，大量高铁站远离城市中心。如图 3.1 所示，新设高铁站和原址改建高铁站到所在城市中心（地级市人民政府所在地）的平均距离分别为 37 公里和 18 公里，到所在区县中心的平均距离分别为 11 公里和 4 公里。相较而言，2013 年地级市市辖区建成区面积平均为 133 平方公里，即平均半径约为 6.5 公里。这一区位特点限制了高铁站区利用市中心集聚经济的能力，可能对新城经济发展产生不利影响。

---

① 笔者对每一新设高铁站进行站名 +“高铁新城”或“高铁新区”的手工搜索，有明确高铁新城规划的计入统计，收集了规划名称、年份、规划面积等信息。

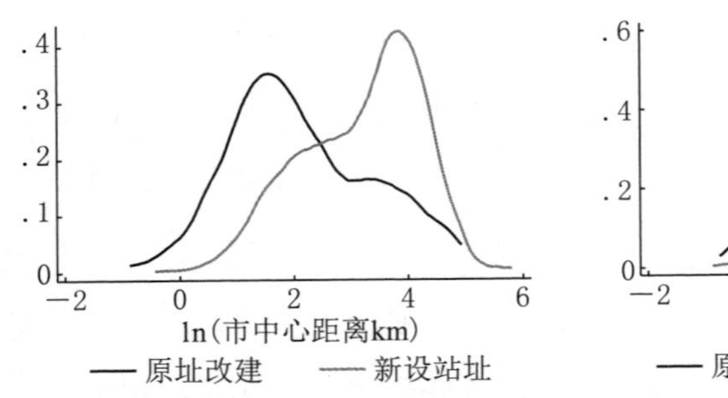

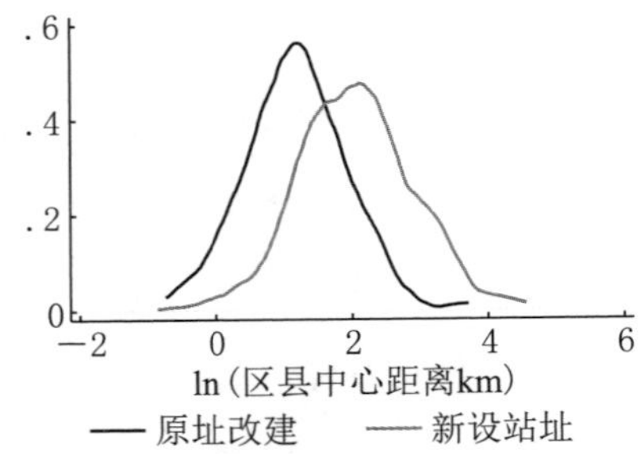

图 3.1 高铁站到市中心及区县中心的对数物理距离分布

注：样本为截至 2016 年底的 519 个已通车高铁站。

要检验上述因素对于高铁站区经济发展的影响，需要借助于微观地理层面的数据。本章的研究对象限定在新设高铁站周围区域，利用 ArcGIS 软件将 NOOA 发布的全球夜间灯光数据匹配至中国区县地图，得到约 1 平方公里单位栅格内的夜间灯光亮度的面板数据，用以分析高铁通车对站区经济活动的影响，重点探讨市场可达性对于高铁通车地方化效应的影响。研究发现，从平均意义上看，新设高铁站通车后高铁站区的经济活动密度相对于邻近区域未有显著提升。本章强调了市场可达性对高铁通车效应的影响。与多数文献仅强调城市间可达性不同（Harris，1954；Krugman，1991；Donalson 和 Horbneck，2016），本章同时考察了高铁站区到其他城市的可达性以及到所在城市就业中心的可达性的影响。具体地，基于高铁、铁路、高速公路网络构造了随时间可变的城市可达性指标，并利用高铁站到市中心距离衡量对城市经济中心的可达性。在控制政府对新城的规划投资等因素后研究发现，城市可达性和城市中心可达性越强，高铁通车后站区经济活动密度越高，这说明对邻近区域集聚经济的利用是影响高铁新城发展的关键因素。尽管高铁带来的城市可达性提升能为站区创造经济集聚，但在高铁站远离市中心的情况下，低水平的城市中心可达性大大限制了高铁新城经济发展。

本部分的研究在以下方面有增量贡献：

第一，尽管新城建设已得到政策和公众的关注，较少有经济学研究分析其经济绩效以及产生绩效所依赖的条件。陆铭及其研究团队收集了全国新城新区的规划数据，基于该数据，陆铭等（2018）发现土地产权保护传统好的城市，新城规划更有效率，面积更小、密度更高、离主城区更近；彭冲和陆铭（2019）发现地方官员年龄和官员变更是欠发达地区新城建设规模扩大的重要原因；常晨和陆铭（2017，2018）发现新城规划推高了地方政府负债率。上述研究主要从规划视角以及城市层面展开，本章从微观层面出发，以新设高铁站为例，检验新城的经济绩效及机制，这可以进一步丰富已有研究。

第二，采用微观地理数据以及高铁设站的政策实验能够较好地缓解新设高铁站的选择偏误问题。本章去掉了未开通高铁的城市以及原址改建高铁站区样本，选择了区位特征相似的微观位置点作为研究样本，采用双重差分方法，并控制了高铁站 × 年份固定效应和微观位置点的线性时间趋势，一方面可以完全消除现有文献中难以克服的高铁线路或新城在城市间的选址偏误，另一方面可以大大缓解高铁站或新城在城市内部的选址偏误问题。与本章的研究思路最为接近的一篇文章利用地理编码的美国历史邮局数据作为衡量城镇发展的指标（Hodgson，2018），该研究发现了铁路城镇的繁荣是以铁路 5—10 公里范围内的城镇衰落为代价。

第三，本部分还与研究高铁经济效应的文献有关。在中国高铁网络快速扩张的背景下，较多文献从城市或区县层面，采用人口、GDP 等总量性指标评估高铁对地区经济发展的影响（如王垚和年猛，2014；董艳梅和朱英明，2016；Lin，2017；刘勇政和李岩，2017；张俊，2018）。本章从约 1 平方公里的微观地理尺度考察高铁对邻近区域发展的效应，是对上述总量性视角的有益补充。

第二节　研究背景和研究假说

一、研究背景

地方政府主导的城市发展政策在中国经济增长中扮演着重要角色。21 世纪前后，在中国房地产市场快速发展的背景下，地方政府的城市发展策略从“以低价土地吸引外来投资”转变为“以房地产升值预期抵押融资”，相应的经济发展战略由“先工业化再城市化”转化为“先建起新城后发展产业”（王媛，2017）。据陆铭等（2018）的统计，截至 2014 年底，全国 281 个地级以上城市中，272 个城市有在建或已建设完成的新城新区，规划面积加总达 6.63 万平方公里，规划人口达 1.93 亿人。新城建设的政策目标是，在城郊设立新城，改善城市公共设施，承接中心城区转移的人口与企业，逐渐发展形成新的城市中心。这种模式并非中国特有。从 20 世纪中期起，政府或大型开发商主导的新城或卫星城建设成为快速城市化的发达国家优化大城市空间结构、破解“城市病”的主要手段。由于经济集聚存在正外部性，企业在新城的边际社会产出超出边际回报，新城的形成需要外部政策干预以导入人口，从而推动新城发展从低水平均衡走向高水平均衡（Henderson 和 Venable，2009）。吸引大企业投资、政府机构搬迁、建设大学或建设交通枢纽是常见的政策实践，本章选择以高铁设站这一政策实践作为研究切入点。

2004 年国务院批准实施《中长期铁路网规划》以来，2005 年进行了大规模的高速铁路建设，2007 年后开始加速（如图 3.2 所示）。2009 年后，新建高铁站陆续通车，至 2014 年到达集中通车高峰（见图 3.3）。

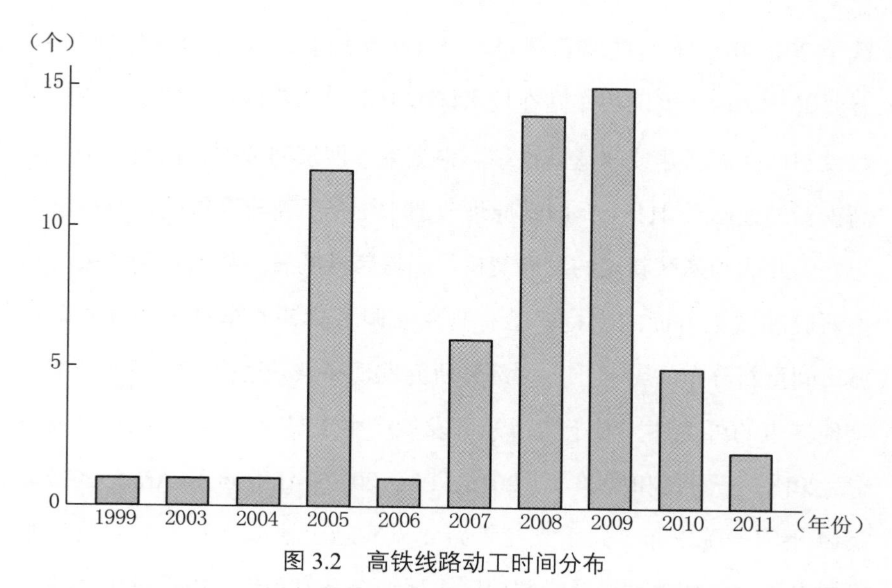

图 3.2　高铁线路动工时间分布

注：纵轴代表高铁线路数量；数据包括截至 2016 年的“四纵四横”、城际快速客运系统共 58 条线路。

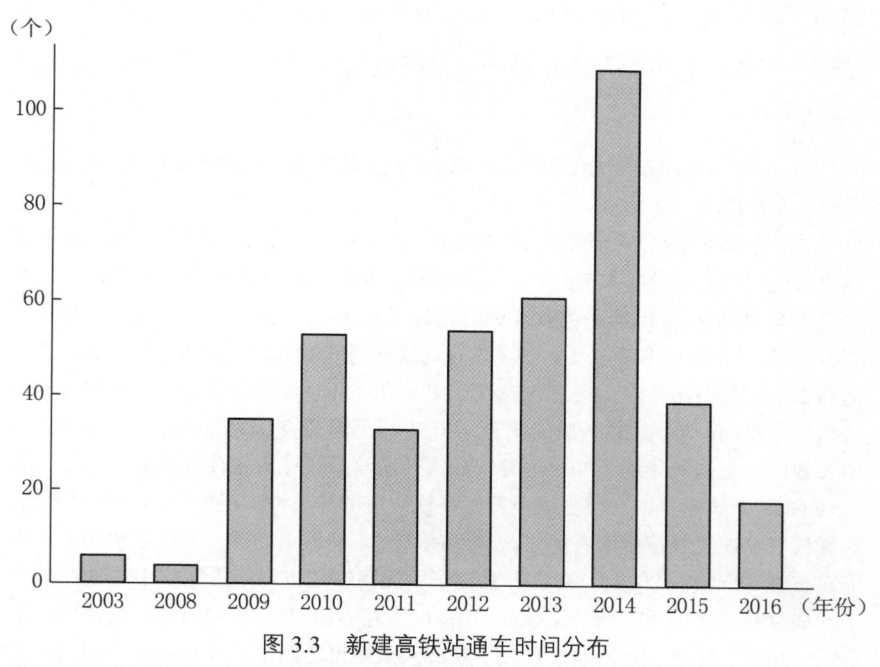

图 3.3　新建高铁站通车时间分布

注：纵轴代表高铁站数量；样本为截至 2016 年底的 243 个新设高铁站。
数据来源：笔者收集整理。

截至2015年底高速铁路营运里程达1.9万公里，规划2025年达到3.8万公里[①]。由于老旧火车站在技术标准上不适合停靠高速列车，所以多数设站地区需新建或改造高铁站。根据本章搜集的数据，截至2016年，高铁新址设站共411个，旧站原址改造107个。新建高铁站远离城市中心，因此成为郊区新城的发展契机。高铁新城的发展战略得到了来自理论研究和政策方面的支持。已有研究强调了高铁通车对于经济要素在城市间重新分布的影响[②]，大部分研究发现高铁开通提高了高铁城市对其他城市的可达性，对于城市经济发展产生了显著的促进效应（Zheng等，2013；王雨飞和倪鹏飞，2016；Lin，2017；Ahlfeldt和Arne，2017）。2014年国务院发布《关于支持铁路建设实施土地综合开发的意见》明确提出了支持高铁站场及毗邻地区土地综合开发利用，以促进铁路建设与新型城镇化相结合。国家发改委2016年修订的《中长期铁路网规划》提出了培育高铁经济的目标："以高速铁路通道为依托，引领支撑沿线城镇、产业、人口等合理布局……以高铁站区综合开发为载体，发展站

---

① 按照《铁路安全管理条例》的规定，高速铁路指运行速度大于200 km/h的客运列车专线铁路。

② 高铁网络建设可能带来经济要素在城市间的重新配置，较多的文献验证了高铁对沿途城市经济发展的正向效应。如有研究发现高铁开通显著提升了乘客流量、服务业就业以及城市经济发展（Lin，2017；Shao等，2017）；王雨飞和倪鹏飞（2016）以及刘勇政和李岩（2017）发现高铁开通缩短了城市间的时间距离，从而提高了区域间溢出效应；另有研究发现中国高铁开通使得沿途城市房价和地价显著提高（Zheng等，2013；周玉龙等，2018）。另有研究认为高铁并未实现预期的增长效应。王垚和年猛（2014）发现高铁开通对沿线城市常住人口显著为负、对人均GDP无效应。第三类文献强调了高铁效应的异质性。根据中心—外围理论，高铁发展加速了经济要素在通车区域间的转移，使得市场整合效应在空间上产生非对称性（Faber，2014）。有学者验证了中国高铁建设对于沿途非中心地区的经济发展存在显著的负向影响（Qin，2017；张克中和陶东杰，2016）。董艳梅和朱英明（2016）发现了高铁建设扩大了东部大型城市之间的工资差距和中型城市之间的经济增长差距。张俊（2018）采用县级夜间灯光数据发现，高铁设站对县级市经济发展带来显著推动作用，但并未对县级单位经济发展产生显著影响。

区经济。”然而，高铁新城建设热潮下“空城”的隐忧也开始引起公众关注[①]。高铁新城的人口集聚动力源自何处？高铁通车如何影响新城的经济集聚？接下来的部分将在已有研究的基础上简要阐述其中逻辑。

二、研究假说

高铁网络的发展降低了设站地区的与周边地区的通行时间，降低了人的跨地交流成本，从而加强了与周边地区的经济联系。高铁站附近区域能够直接受益于其他经济发达城市所产生的集聚经济效应（Ahlfeldt 和 Arne，2017），吸引企业投资以及人口集聚。对于企业选址决策而言，高铁的连通使得企业能够以更低成本搜寻到供应商（Xu，2018；Bernard 等，2019）、合适的劳动力（Heuermann 和 Schmieder，2019），并且享受到更高的知识溢出效应从而提高生产率（Dong 等，2020）。这些机制都使得企业收入更高，因此企业更倾向选址于高铁城市。对于居民选址决策而言，高铁通车后通勤至大城市的时间成本更低，更能够通过知识分享、公共品共享、就业匹配等机制享受大城市的集聚经济效应，因此，高铁区域将聚集更多人口（Heuermann 和 Schmieder，2019）。据此，提出待检验的研究假说 1：高铁通车将推动站区经济集聚。

在新经济地理理论中，市场可达性是影响企业和居民空间集聚的重要因素，被称为第二地理天性（Second nature geography）。基于已有研究，新城对于邻近地区集聚经济的利用主要受市场可达性影响

---

① 此处列举若干相关媒体报道：高铁新城窘境，财经国家新闻网，2014 年 4 月 4 日，https://news.sina.com.cn/c/sd/2014-04-14/114929929257.shtml；《新城傍高铁：“死城”隐忧》，《南方周末》2014 年 8 月 15 日，https://www.infzm.com/contents/103202；《中国高铁新城之忧：多地被称“鬼城”》，《经济观察报》2014 年 9 月 15 日，https://www.yicai.com/news/4016274.html；《高铁新城莫蹈鬼城覆辙》，《南方周末》2015 年 12 月 10 日，http://www.infzm.com/contents/113473?source=124&source_1=115478。

（Hanson，2005），可分为城市间和城市内两个层面：一是城市可达性，主要取决于设站城市与其他城市的时间距离以及周边城市的市场规模。新经济地理学强调了地区间经济活动的相互影响所产生的空间集聚经济，即距离经济发达地区更近能够为当地提供更大的市场，即提高市场潜力，本地的收入水平也就更高（Harris，1954；Krugman，1991）。鉴于中国的区域经济发展极为不平衡，在市场潜力较低的偏远地区，能够与本地产生经济联系的企业或居民数量较少，本地企业及居民难以通过集聚经济效应获利，从而限制了高铁效应的发挥。相反，市场潜力更高的城市拥有更广阔的经济腹地，高铁通车后，城市间要素的流动更频繁，本地企业和居民能够获益更高，高铁站区经济集聚水平也就越高。由此，提出研究假说 2：高铁通车带来的站区经济发展效应取决于城市可达性，城市可达性（即市场潜力）越高，高铁通车后站区经济活动密度越高。

市场可达性的第二个层面是城市中心可达性，主要取决于高铁站区与所在城市就业中心的距离。在城市内部，人口和企业在空间上的集聚通过学习、投入品分享、生产要素匹配 3 个机制带来生产率提高，此为集聚经济效应（Duranton 和 Puga，2004）。新经济地理学将关于市场潜力的主要结论推至城市内部，可以得到类似的结论：越靠近城市就业中心（市中心可达性越强），本地收入水平越高。经典的单中心城市模型即体现了这一思想，模型可推出土地价格、居住密度、就业密度、工资随到城市就业中心的距离而逐渐变小的变动规律。对于企业在城市内部的选址决策而言，城市中心可达性越强，与就业中心的其他企业的沟通交流成本越低，越能够通过学习、投入品分享、生产要素匹配等机制产生集聚经济效应（Ahlfeldt 和 Wendland，2012），这将直接提升企业生产率。对于居民选址决策而言，城市中心可达性越强，则到本地就业中心的通勤成本越低，也更能够通过公共品分享、就业匹配等机制享受集聚经济效应，从而提高效用水平。对高铁新城而言，城市中心可达性决定了城市内部的经济腹地的大小。高铁通车加强了站区与城市外部的经济联系，但若站区的城市中心可达性较低（在本章的样本中，新设高铁站到所在城市中心的平均距离为 37 公里），则经济要素在站区以及就业中心之间的流动性较低，从而限制了高铁站区经济集聚水平。由此，提出研究假说 3：高铁通车带来的站区经济发展效应取决于城市中心可达性，城市中心可达性（即到市中心距离）越差，高铁通车后站区经济活动密度越低。

第三节　数据与方法

一、数据

1. 高铁站数据

根据截至 2016 年底的中国高铁线路图，本研究收集了“四纵四横”、城际快速客运系统共 58 条线路的沿线高铁站信息，共计 519 个已通车高铁车站，分布在 177 个地级市（包含直辖市、地区），其中新址设站 411 个。所收集信息包括高铁站地址（进一步利用百度 API 获取其经纬度信息）、所在区县、高铁通车时间、高铁线路车速等。如前文所述，新设高铁站大多远离城市中心，且规划有新城，本章关注这些高铁站设立对周边区域经济活动的影响，即新设高铁站的地方化经济（localization economy）。如图 3.3 所示，新设高铁站的通车时间集中在 2009—2014 年。为避免时间跨度拉长导致高铁设站效应不可比，纳入到回归方程中的是这一时间区间的新设高铁站，去除高行政级别城市（省会城市、副省级城市、直辖市）后共计 232 个。

2. 夜间灯光亮度数据

2004—2015年（缺2014年数据）美国国家海洋和大气管理局（NOOA）发布的全球夜间灯光数据用来衡量高铁站邻近区域的经济活动密度。该数据由Defense Meteorological Satellite Program Operational Linescan System（DMSP-OLS）satellite program收集，汇报了各地晚间（20:30—22:00）的全球卫星图像。每像素的夜间灯光数值（cloud-free）取值从0到63，数值越大，经济活动密度越高。近年来，若干有影响力的研究验证了夜间灯光亮度是衡量区域经济表现的有效指标（Henderson等，2012；Clark等，2020；Henderson等，2018）。对于本研究来说，该数据的最大优势在于，其精度确保可以观察到微观地理尺度的经济活动情况，从而得到高铁设站的地方化效应。利用ArcGIS软件将全球夜间灯光数据匹配至中国区县行政地图的约1平方公里的单位栅格，形成了13946617样本位置点的灯光亮度的面板数据。回归方程将控制位置点以及年份固定效应以处理跨区域与年份的夜间灯光数据可比性问题（Henderson等，2012）。

3. 地块出让微观数据

为反映城市内部的地价空间分布以及高铁站区的资本化效应，本研究采用中国土地市场网（官方网站）公布的截至2017年9月全国各地历年土地出让成交记录，共1890973宗地块交易信息。涉及的变量包括土地成交价格、时间、面积、区位、级别、用途、供地方式、容积率等。其中2007年后数据记录较全，占总记录的92%。考虑到地块数据记录完整性与样本可比性，将土地样本限制在2007年后，并去掉到市中心距离和地块面积超出99%的异常值。在保留经营性用地（即商业、住宅、工业用地）、市场化出让（挂牌和拍卖）用地并去掉中心城市及没有新设高铁站的城市样本后，进入回归方程的地块样本共计225635个。

二、实证方法

实证研究采用双重差分（Difference-in-difference）的设计思路分析高铁通车对于站区经济活动的影响。由于缺乏关于高铁站区范围的数据，本研究采用以下识别策略：笔者统计的 97 个规划高铁新城的平均面积为 70 平方公里，基于圆形城市假设，平均半径为 5 公里。关于美国铁路城镇发展的一项研究也发现，铁路开通对于周边城镇经济发展的辐射范围约为 5 公里（Hodgson，2018）。据此，基准模型假定高铁站区辐射范围为 5 公里，以此作为双重差分设计的处理组。具体地，基于以下模型分析高铁通车对于新城经济发展的地方化效应：

$$y_{it}=\beta \cdot Post_{st} \cdot Dist\,(0—5\text{ km})_i + u_i + t \cdot u_i + \eta_t + \delta_{st} + \varepsilon_{it} \qquad (3.1)$$

其中，因变量 y 是对数夜间灯光亮度，i 代表相隔约 1 km 的地理位置点，s 代表高铁站，t 代表年份。若距离位置点 i 最近的高铁站 s 通车，则 $Post_{st}$ 等于 1，否则等于 0。对于新建高铁站周围 0—5 km 范围的位置点，$Dist\,(0—5\text{ km})_i$ 等于 1，此为处理组，否则等于 0，为控制组。系数 β 衡量了新设高铁站通车对于周边区域经济活动的平均效应，u_i 为微观位置点固定效应，$t \cdot u_i$ 为位置的线性时间趋势，η_t 为年份固定效应，δ_{st} 为高铁站 × 年份固定效应。① 控制上述固定效应后，交叉项的水平项即 $Dist\,(0—5\text{ km})_i$ 和 $Post_{st}$ 被吸收，不再纳入回归模型。

为确保结果稳健性，本章尝试了更灵活的模型设定，不对高铁站区辐射范围做具体设定，直接观察高铁站周围若干距离区域的经济表现，如式（3.2）—（3.4）所示：

① 这一设定包含了城市 × 年份固定效应（存在一个城市有多个高铁站的情况），因此所有城市 × 年份层面的变量的效应均会被此固定效应吸收掉。

$$y_{it}=\beta \cdot Post_{st} \cdot Dist_i + u_i + t \cdot u_i + \eta_t + \delta_{st} + \varepsilon_{it} \tag{3.2}$$

$$y_{it}=\beta_j \cdot Post_{st} \cdot \sum_{j=1}^{4} Dis_j + u_i + t \cdot u_i + \eta_t + \delta_{st} + \varepsilon_{it} \tag{3.3}$$

$$y_{it}=\beta_j \cdot Post_{st} \cdot \sum_{j=1}^{9} Dis_j + u_i + t \cdot u_i + \eta_t + \delta_{st} + \varepsilon_{it} \tag{3.4}$$

式（3.2）中，Dis_i 是位置点 i 到高铁站的对数距离，系数 β 刻画了高铁站的溢出效应。若高铁通车对站区经济产生了促进效应，预计 β 应显著为负，即越靠近高铁站，经济活动密度越显著提高。这种设定形式的局限在于假定高铁通车效应与距离 Dis_i 的关系是线性的，为了确保结果稳健，采用式（3.3）和（3.4）的设定可以更加灵活地捕捉距离对高铁效应的影响。式（3.3）和（3.4）中，Dis_j 是一组到高铁站距离的虚拟变量。若位置点到高铁站距离处于（j−1）到 j 公里的区间，虚拟变量 =1，否则 =0。式（3.3）采用新建高铁站周围 0—5 km 范围的位置点作为样本，基准组是距离高铁站 4—5 km 的微观位置点。式（3.4）采用新建高铁站周围 0—10 km 范围的位置点作为样本，基准组是距离高铁站 9—10 km 的微观位置点。β_j 反映了高铁通车后不同区位的经济发展相对于基准组的差异，若高铁通车带来了正向溢出效应，那么越远离高铁站则 β_j 越小。

在识别上，需要考虑的首要问题是选择偏误，其中有两类偏误需要避免：第一，高铁站在城市间的选择偏误，即经济发展潜力更强的城市更可能（或更早）开通高铁。采用以下处理方案：首先，设有高铁站的城市与其他城市存在不可比的问题，因此研究样本去掉了无高铁站城市的微观样本；其次，加入高铁站 × 年份固定效应（δ_{st}）控制同一高铁站区域的夜间灯光亮度时间趋势，避免了第一类偏误。

第二类偏误是微观站址的选择偏误。例如，高铁站可能设置在城市内更具有发展潜力的区位，或为最小化拆迁成本，高铁站可能设置在经济密度更低的区位。前一种情况将导致高估高铁站效应，后一种情况可能导致低估。高铁线路的两个特点确保了前一种情况的发生概率较低：首先，对于时速 350 公里的高铁，保证安全的最小曲线转弯半径要达到 7000 米，因此高铁线路应尽量平直以确保时速，这使得城市郊区往往是理想的选址地；其次，成本是中国铁路总公司高铁站址选择的重要考量因素，因此中国铁路总公司在统筹投资建设高铁站时，多选址在拆迁成本较低的空旷地区。在实证模型中加入高铁站 × 年份固定效应可以在很大程度上消除微观选址的偏误问题。此外，为确保处理组和控制组可比，并尽可能缓解选择偏误问题，本研究做以下处理：首先，考虑到在实践中行政级别高的城市往往有能力影响站址的选择（于涛等，2012），样本中去除了高行政级别城市（省会城市、副省级城市、直辖市）；其次，控制了不随时间改变的微观地理位置特征——位置点固定效应 u_i，并控制其线性时间趋势（$t \cdot u_i$）；最后，选取与高铁站区经济发展潜力类似的位置点作为控制组。根据研究城市内经济活动分布的文献，区位是影响区域发展潜力的关键因素。基于这一思路，假定区位接近的微观位置点具有相近的经济发展潜力，基准模型选取高铁站周围 5—10 km 范围的微观位置点作为控制组。

为了检验高铁站区经济发展的长期效应，并考察高铁通车前控制组和处理组是否具有平行趋势，在式（3.1）的基础上设定以下形式：

$$y_{it} = \sum_{\substack{k=-4, \\ k \neq -1}}^{6} \beta_k \cdot Post_{st}^{k} \cdot Dist\,(0\text{—}5\ \text{km})_i + u_i + t \cdot u_i + \eta_t + \delta_{st} + \varepsilon_{it} \qquad (3.5)$$

这一设定将高铁通车效应进行逐年分解，$Post_{st}^{k}$ 是一系列虚拟变量，最近的高铁站开通后（或开通前）的第 k 年，该变量等于 1，否则等于 0。具体地，令 t_p 作为最近的高铁站开通的年份，若 $t-t_p=k$，则 $Post_{st}^{k}=1$，否则等于 0；若 $t-t_p \leqslant -4$，$Post_{st}^{-4}=1$，否则等于 0。$Post_{st}^{-1}$（即高铁开通一年前）作为基准组省略掉。在此设定下，系数 β_k

衡量了最近高铁通车 k 年后（或 k 年前）对于该地理位置的经济活动的效应。当 $k<0$ 时，若 β_k 不显著异于 0，则可以排除处理组和控制组不可比的问题，即满足平行趋势假定，此时可以认为高铁通车与站区的经济活动间存在因果关系。

最后，采用式（3.6）检验对邻近区域集聚经济的利用对新城经济发展的影响：

$$\begin{aligned} y_{it}=&\beta_1 \cdot Post_{st} \cdot Dist\,(0\text{—}5\ \text{km})_i + MA\_Inter_{pt} +\beta_2 \cdot Post_{st} \cdot \\ &Dist\,(0\text{—}5\ \text{km})_i + MA\_Intra_s +\beta_3 \cdot Post_{st} \cdot Dist\,(0\text{—}5\ \text{km})_i \quad (3.6) \\ &+ \alpha \cdot Dist\,(0\text{—}5\ \text{km})_i \cdot MA\_Inter_{pt} + u_i + t \cdot u_i + \eta_t + \delta_{st} + \varepsilon_{it} \end{aligned}$$

其中 MA_Inter_{pt} 代表高铁城市（p）到其他城市的可达性，用来衡量高铁站区对邻近城市集聚经济利用的能力，该变量是地级市层面变量，且随着高铁网络的发展，数值逐年提升。由于回归控制了高铁站 × 年份固定效应（δ_{st}），MA_Inter_{pt} 的水平项以及与 $Post_{st}$ 的交叉项被吸收，不再纳入回归模型。采用 Donalson 和 Horbneck（2016）的经典设定形式衡量城市可达性，如式（3.7）所示：

$$\text{Ln}\,(MA\_Inter1_{pt}) = \text{Ln}\left(\sum_{p\neq k} \frac{GDP2000_k}{Time_{pkt}^{\theta}}\right) \quad (3.7)$$

式（3.7）的经济学含义是，城市 p 的可达性取决于邻近城市 k 的市场规模（用 2000 年的 GDP 衡量）以及 p 与 k 之间的最低交通成本（用城市间最短交通时间（*Time* 衡量）。最短交通时间的构造过程如下：基于收集的高铁站和线路数据，在 ArcGIS 软件上生成带有车速信息的高铁网络，利用网络分析模块下的 OD Cost Matrix 计算城市经济中心（市政府所在地）之间的最短通行时间；利用中国 2010 年高速公路和铁路网络数据（Baum-Snow 等，2017），用同样的方式分别计算城市间公路和铁路的最短通行时间。最后，在 3 种交通方式中选取通行时间最小值，作为城市间最短交通时间 *Time*。上述构造过程可能存在下列问题：第一，受数据所限，不能考虑不同交通方式间的换乘；第二，未考虑高速公路和铁路网络随时间可变，这两种因素均导致城市间可达性低估；第三，缺乏航空数据，而长距离的客运可能较少受到高铁通车的影响。鉴于此，借鉴已有研究思路（Lin，2017），仅考察 1000 公里以内的相邻城市的可达性（高铁通行时间小于 5 小时），如式（3.8）所示：

$$\text{Ln}\left(MA\_Inter2_{pt}\right) = \text{Ln}\left(\sum_{\substack{p \neq k, \\ Dist_{pk} < 1000}} \frac{GDP2000_k}{Time_{pkt}^{\theta}}\right) \qquad (3.8)$$

在式（3.7）和式（3.8）中，参数 θ 是空间衰减参数，代表着空间集聚经济的范围。θ 取值越大，随交通成本的增加空间集聚经济衰减越快。基准模型采用 Harris（1954）的经典模型中的设定，取 θ=1。有学者对 103 篇国际经济学论文中的 1467 种引力模型估计进行了元分析（Meta analysis），结果显示，贸易对距离的回归系数平均为 0.9，即 θ 平均值为 0.9（Disdier 和 Head，2008）。另有研究利用德国高铁通车的估计结果显示，最短通行时间每多 1 分钟，空间溢出效应衰减 2.3%，换算为以小时为单位，θ=1.38（Ahlfeldt 和 Feddersen，2017）。后文实证部分将基于上述文献，对 θ 的取值进行稳健性检验。

在式（3.6）中，MA_Intra_s 代表高铁站区到城市中心的可达性，主要取决于高铁站区与所在城市就业中心的距离。由于缺乏市内交通数据，用高铁站到市人民政府的物理距离的对数形式来衡量市中心可达性。但事实上，随着高铁通车，站区到市中心的交通设施投资建设将加快，这一构造方式低估了市中心可达性。为缓解这一问题，稳健性检验中将进一步控制高铁站区域的交通设施建设因素。由于控制了位置点固定效应（u_i）以及高铁站 × 年份固定效应（δ_{st}），

MA_Intra_s 的水平项及与 $Dist$（0—5 km）$_i$ 以及 $Post_{st}$ 的交叉项被吸收，不再纳入回归模型。

第四节　高铁通车对新城经济发展的影响

本节利用匹配到约 1 平方公里栅格的全球夜间灯光数据，从微观地理层面识别高铁站通车对于站区经济活动的影响。首先，分析高铁通车对于高铁站区经济活动密度的平均效应；其次，考察有高铁新城官方规划的站区经济发展。

一、高铁设站的平均效应

表 3.1 汇报了基于式（3.1）的回归结果。各列均控制了高铁站 × 年份以及位置点固定效应，处理组是新设高铁站周围 0—5 km 的微观位置点，控制组是高铁站周围 5—10 km 的微观位置点。此外，去除了无新设高铁站的城市和高行政级别城市的微观样本。表 3.1 中第（1）列的结果显示，平均而言，高铁通车后站区经济活动有显著提升。然而，表 3.1 中第（2）列控制微观位置点的线性时间趋势后，高铁效应不再显著，且数值接近 0。尽管控制这一组虚拟变量会吸收部分高铁效应，但后文的时间趋势检验表明，若不控制位置点的线性时间效应，在高铁通车前处理组与控制组存在显著差异，即违反平行趋势假定，可能导致双重差分估计产生偏误。为确保结果稳健，后文回归均控制微观位置点的线性时间趋势。基于这一结果，相对于邻近区域，高铁通车后站区的经济活动密度没有显著提升，研究假说 1 并未得到支持。

基准回归将到高铁站距离 5 公里设定为高铁站辐射区域，这一划分可能并不准确。表 3.1 的第（3）—（5）列采用式（3.2）—（3.4）的设定，不再设定高铁辐射区域的具体范围。表 3.1 中第（3）列纳入高铁通车虚拟变量与位置点到高铁站距离的交叉项（$Post \times Dist$），若高铁通车对站区经济产生了促进效应，预计该交叉项系数应显著为负，即越靠近高铁站，经济活动密度越显著提高。结果显示，该系数并不显著，且接近于 0，这说明高铁设站并未实现平均意义上的正向溢出效应。表 3.1 中第（4）列和（5）列以 1 公里为单位，根据位置点到高铁站的距离生成一系列虚拟变量，将这些虚拟变量与高铁通车时间虚拟变量（$Post$）相乘，其中第（4）列的基准组为 4—5 公里的位置点，第（5）列的基准组为 9—10 公里的位置点。基于这一设定可观察不同区域的高铁通车效应。表 3.1 中第（4）列结果显示，高铁通车对于区域经济发展的正向效应集中在高铁站方圆 2 公里范围内。两公里区域以外其他区域的经济活动几乎不受高铁通车影响，甚至受到负向影响。上述结果意味着高铁站区附近的经济活动密度增长主要由经济活动的空间转移主导，而 2 公里以外的区域可能落入了“集聚阴影”，即该区域的经济活动转移至高铁站区附近。类似地，一项研究利用美国历史数据的研究发现，铁路开通促进了 0—5 km 范围内城镇的繁荣，但是以距离铁路 5—10 km 的城镇衰落为代价（Hodgson，2018）。以 4—5 公里的位置作为控制组可能存在受到高铁通车负向溢出效应的影响，即高铁通车使得 4—5 公里处的经济活动向外转移，这将使得高铁通车效应高估。为缓解这一问题，表 3.1 中第（5）列进一步采用 9—10 km 位置作为控制组。结果显示，0—2 公里处的正向高铁通车效应不再显著，且数值变小，进一步说明高铁通车对于站区经济集聚的效应有限。

双重差分结果的因果性依赖于平行趋势假定的满足。图 3.4 采用式（3.5）的设定估计了高铁通车对新城经济发展的时间效应。结果显示，高铁站通车前，控制组和处理组的夜间灯光亮度不存在显著差异，即满足平行趋势。根据表 3.1 的结果，高铁站区并未显示显著的经济增长效应，这可能是由于高铁效应的发挥需要更长的时间（张俊，2018）。但根据图 3.4 显示，高铁通车后，高铁站区的经济活动并未显现出明显的上升趋势，且整体而言并不显著，进一步说明高铁新城的经济发展并不乐观。

表 3.1　高铁通车城对站区经济发展的影响

因变量：Ln（夜间灯光亮度）

	处理组：0—5 km 位置点 控制组：5—10 km 位置点		溢出效应	随距离变化 5 km 范围	随距离变化 10 km 范围
	（1）	（2）	（3）	（4）	（5）
Post × *Dist* （0—5 km）	0.323*** （0.0519）	−0.0563 （0.0858）			
Post × *Dist*			0.0195 （0.0786）		
Post × （0—1 km）				0.310*** （0.116）	0.201 （0.149）
Post × （1—2 km）				0.209** （0.0987）	0.0933 （0.138）
Post × （2—3 km）				−0.0191 （0.0762）	−0.148 （0.131）
Post × （3—4 km）				−0.0844* （0.0445）	−0.197* （0.111）
Post × （4—5 km）					−0.115 （0.0963）
Post × （5—6 km）					−0.141* （0.0844）
Post × （6—7 km）					−0.0733 （0.0655）
Post × （7—8 km）					−0.0457 （0.0483）
Post × （8—9 km）					−0.0267 （0.0317）

续表

	处理组：0—5 km 位置点 控制组：5—10 km 位置点		溢出效应	随距离变化 5 km 范围	随距离变化 10 km 范围
	（1）	（2）	（3）	（4）	（5）
高铁站 × 年份固定效应	是	是	是	是	是
位置固定效应	是	是	是	是	是
位置的线性时间趋势	否	是	是	是	是
观察值	1007468	1007468	1007468	266453	1007468
R^2	0.829	0.860	0.860	0.865	0.860

注：第（1）—（3）列的研究样本为普通地级市（去除高行政级别城市）新设高铁站附近 10 km 范围内的位置点；第（4）列的研究样本为高铁站附近 5 km 范围内的位置点，基准组为距高铁站 4—5 km 的位置点；第（5）列的研究样本为高铁站附近 10 km 范围内的位置点，基准组为距高铁站 9—10 km 的位置点；所有列均控制了高铁站 × 年份和位置点固定效应，它们完全吸收了 *Post* 和 *Dist*（0—5 km）的系数；括号中是聚集到区县的标准误；*** $p < 0.01$，** $p < 0.05$，* $p < 0.1$。

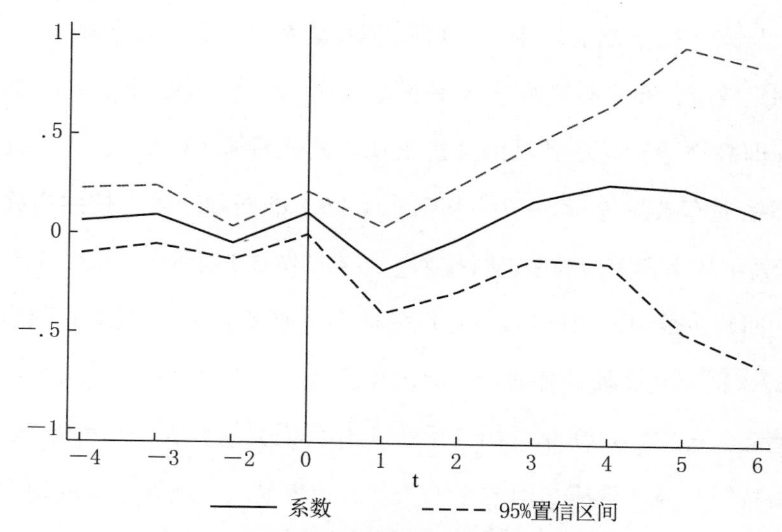

图 3.4　高铁通车对新城经济发展的时间效应

注：根据式（3.5）的结果作图，研究样本为新建高铁站附近 10 km 范围内位置点，处理组为 0—5 km 范围内位置点，控制组为高铁站周围 5—10 公里的微观位置点；时间效应的基准组为高铁通车前 1 年。横轴代表距离高铁通车的时间，0 值代表高铁通车当年；纵轴是高铁效应的估计系数，虚线代表 95% 置信区间。

二、高铁设站效应与新城规划的作用

随着高铁建设的加速以及高铁新城战略的大规模实施，某些规划新城经济密度低、新城公共设施利用率低等问题开始受到媒体关注。本部分考察每个新设高铁站区的经济发展，尤其关注小于或等于0的高铁通车效应。具体地，将2009—2014年间232个规划有高铁新城的新设高铁站的虚拟变量与用于识别高铁通车效应的虚拟变量相乘，系数反映每个高铁站通车后新城区域（高铁站方圆5公里范围）相对邻近区域（高铁站5—10公里范围）的经济表现。在式（3.1）的基础上，采用以下回归模型：

$$y_{it}=\sum_{s=2}^{232}\beta_s \cdot Treated_i \cdot Post_{st}+\alpha \cdot Post_{st}+u_i+t \cdot u_i+\delta_{pt}+\varepsilon_{it} \quad (3.9)$$

与式（3.1）略有区别，为得到 *Post* 的系数，此处控制城市 × 年份固定效应，而非高铁站 × 年份固定效应。$s=1$ 是基准组，*Post* 的系数 α 即高铁通车后该新城的经济表现。其他新城（$s=2, 3, \cdots, 62$）的高铁通车效应等于 $\alpha+\beta_s$。基于式（3.9）的回归结果，按照高铁效应（β_k）从小到大的顺序进行排列，结果如图3.5所示。在232个高铁站的回归系数中，121个高铁站区效应小于或等于0（详见本章附表），即52%的新建高铁站开通后，周边经济密度并未显著提升，甚至有下降趋势。将式（3.9）估计出的系数 β_k 作为因变量，表3.2考察了主要城市特征与高铁效应之间的相关关系。结果显示，地处东部或到中心城市距离越近，高铁设站的地方化效应越强，这是由于在这些经济发展潜力强的地区，高铁新城建设能够充分利用本地的集聚经济，形成新的区域经济中心。

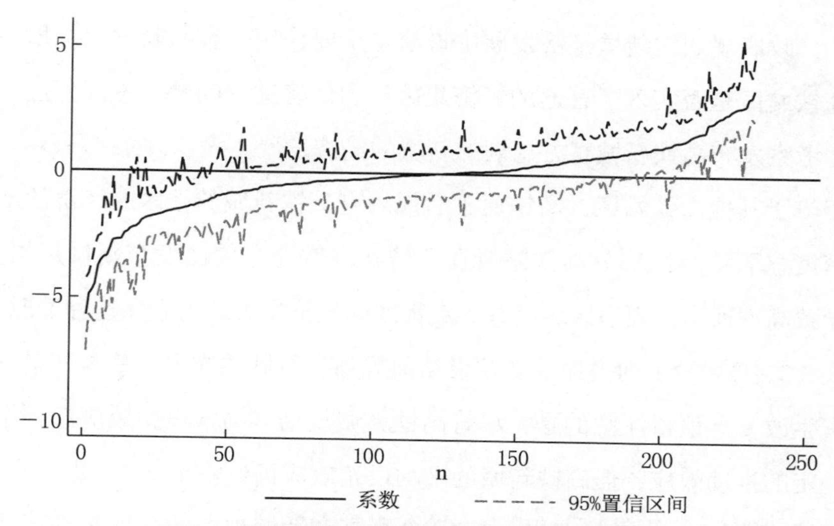

图 3.5　高铁开通对新区夜间灯光亮度的处理效应

注：横坐标为新建高铁站序号，纵轴为高铁通车对高铁站方圆 5 公里范围内微观位置上的夜间灯光的处理效应系数，虚线代表 95% 置信区间，控制组为高铁站周围 5—10 公里的微观位置点。共得到 232 个规划新城的高铁通车效应，其中 121 个系数小于 0，详见附表。

表 3.2　高铁设站效应与城市特征

	（1）	（2）
中部虚拟变量	−0.0648 （0.188）	
西部虚拟变量	−0.574* （0.299）	
Ln（到中心城市的距离）		−0.345*** （0.109）
常数项	0.0383 （0.0779）	1.807*** （0.572）
观察值	232	210
R^2	0.025	0.054

注：因变量是式（3.9）的回归系数，代表新设高铁站对周边经济活动的效应；第（1）列基准组是东部城市；第（2）列的核心自变量是高铁站所在地级市到中心城市的距离（对数）；括号中是稳健估计的标准误；*** $p<0.01$，** $p<0.05$，* $p<0.1$。

政府规划在新城经济发展中扮演了重要作用，有明确发展规划的高铁站区是否实现了普遍的经济集聚？为回答这一问题，本部分进一步考察发布高铁新城官方规划的新城的经济发展。表3.3的结果显示，相较于其他高铁站区，高铁通车后规划有高铁新城的站区的经济活动密度显著更高。部分高铁站所在区域在高铁通车前已发布新城规划，导致高铁通车前周边区域已有一定程度的经济集聚。为剔除这种情况，表3.3中第（2）列去掉了高铁设站前规划有新城的样本，基本结果不发生改变。值得注意的是，尽管高铁新城规划对高铁设站效应起到了一定的推动效应，但高铁新城的平均设站效应仍然略小于0。进一步，基于式（3.9）的回归方程，对62个有官方新城规划的高铁站区按照高铁设站效应从小到大的顺序进行排列，结果如图3.6所示。在62个高铁站的回归系数中，27个规划高铁新城的高铁通车效应小于或等于0（详见本书附录），即高铁开通后，44%的规划新城经济发展相对于邻近区域并未显著提升，甚至有下降趋势。大部分通车效应显著小于0的高铁站位于中西部地区，这意味着这些地区的新城规划建设超出了实际需求。与这一结果相一致，常晨和陆铭（2017）收集了2006—2013年的规划新城新区数据发现，人口流出的中西部省份在新城的规划数量、规划面积、规划人口这3个指标上都大幅高于人口流入的东部省份。高铁开通效应小于0的新城中不乏频繁出现在媒体报道的著名高铁“鬼城”，如宿州东站高铁新城（宿州马鞍山现代产业园区）。根据宿州市城市总体规划（2010—2030年），宿州高铁新城规划面积30平方公里、30万人口，目标是成为现代化宿州的次中心；又如湖北的国家级贫困县大悟县，依托高铁孝感北站，提出建设鄂北大悟高铁新城的规划，引资160亿元建设临站商务区。在新城建设大量采用以土地未来升值能力为抵押的融资方式的情况下（常晨和陆铭，2017），这些新城未来的地方债务问题值得关注。

表 3.3　高铁新城规划对高铁设站效应的影响

	高铁新城规划与设站效应	去掉高铁设站前已规划有新城的样本
	（1）	（2）
Post × *Dist*（0—5 km）	−0.148 （0.105）	−0.145 （0.110）
Post	−0.409** （0.183）	−0.367* （0.188）
Post × *Dist*（0—5 km）× 高铁新城	0.348** （0.174）	0.355** （0.178）
Post × 高铁新城	−0.284 （0.211）	−0.400* （0.222）
高铁站 × 年份固定效应	是	是
位置固定效应	是	是
位置的线性时间趋势	是	是
观察值	1007468	959035
R^2	0.853	0.853

注：在式（3.9）的基础上，纳入高铁新城规划虚拟变量与 *Post* × *Dist*（0—5 km）的三项交叉项。

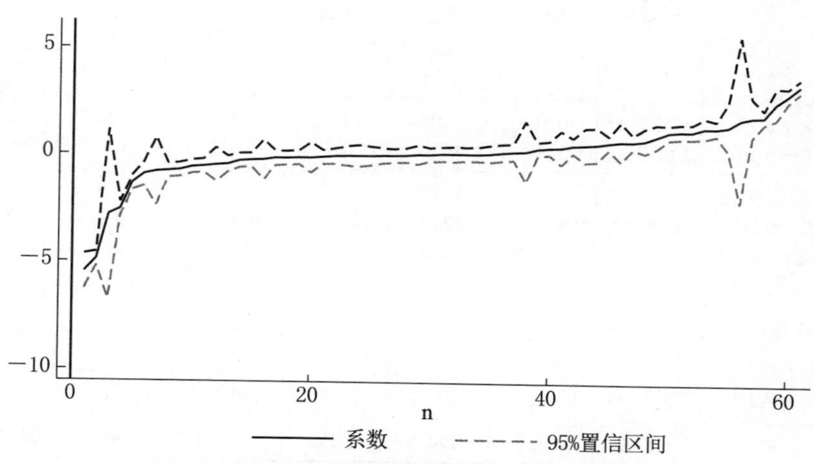

图 3.6　高铁开通对规划高铁新城夜间灯光亮度的效应

注：横坐标为规划高铁新城序号，y 轴为高铁通车对高铁站方圆 5 公里范围内微观位置上的夜间灯光的处理效应系数，虚线代表 95% 置信区间，控制组为高铁站周围 5—10 公里的微观位置点。共得到 62 个规划新城的高铁通车效应，其中 26 个系数小于 0。

作为城市运营商的地方政府对于高铁站区的规划与开发是新区经济发展的必要条件。表3.3第（1）列的结果已说明，明确提出高铁新城规划的站区获得了更快的经济发展。为了进一步探讨政府规划开发强度对于站区经济的影响，需要更微观的数据。城市规划将落实到土地利用性质和规模上，考虑到难以获取政府对新区的投资规模数据，本部分用土地交易微观数据计算高铁设站前的各类土地出让规模，以此衡量地方政府对于高铁新区的规划与开发强度。具体地，基于全国各地历年土地出让成交记录，并利用百度API根据地块地址提取经纬度信息，统计各新设高铁站通车前3年站区方圆5公里范围内出让的各类土地面积，最后构造高铁通车事件变量与各类土地出让面积的交叉项。表3.4列出了回归结果。结果显示，各类用地出让规模的扩大都将推动高铁站区经济的发展，其中以市场参与者投资为主的商业、住宅与工业用地出让对于通车后站区经济的推动更强，而体现

表3.4　政府规划与高铁设站的地方化效应

	总面积	住宅	商业	工业	公共管理与公共服务	公共设施	道路
	（1）	（2）	（3）	（4）	（5）	（6）	（7）
Post× *Dist*（0—5 km）	−0.241** （0.122）	−0.164* （0.096）	−0.080 （0.087）	−0.155* （0.091）	−0.035 （0.086）	−0.062 （0.087）	−0.032 （0.091）
Post× *Dist*（0—5 km）×Ln（土地面积）	**0.053**** （0.024）	**0.069***** （0.022）	**0.072***** （0.026）	**0.061***** （0.021）	**0.060**** （0.025）	0.030 （0.025）	0.016 （0.021）
其他控制变量	是	是	是	是	是	是	是
观察值	1012022	1012022	1012022	1012022	1012022	1012022	1012022
R^2	0.852	0.852	0.852	0.852	0.852	0.852	0.852

注：因变量为对数夜间灯光亮度。统计了高铁站通车前3年高铁站方圆5公里范围内出让的各类土地面积，用以构造交叉项；其他控制变量包括表3.1第（2）列中的所有控制变量以及*Post*×Ln（土地面积）；括号中是聚集到区县的标准误；*** p＜0.01，** p＜0.05，* p＜0.1。

政府对新区投资建设的公共管理与公共服务、公共设施以及道路用地的出让对高铁站区经济发展的推动更弱。这些用地类型以市场参与者投资为主，说明政府在新区发展中起到的作用是规划引导，而非主导开发。

第五节　市场可达性与新城经济发展

前文的基本结果并未支持假说 1，即高铁通车后站区经济活动并未有显著提升，这说明高铁通车这一事件本身并不必然带来站区的经济活动集聚。根据前文的分析，高铁站区是否能够形成新的就业中心，关键取决于对邻近区域集聚经济的利用能力，主要受市场可达性影响。本部分从这一视角出发，检视为何高铁站区未能形成经济活动集聚。

表 3.5 汇报了主要结果。前两列纳入了城市可达性指标与高铁通车效应［$Post \times Dist$（0—5 km）］的交叉项，考察对其他城市的可达性对高铁站区经济发展的影响。表 3.5 中第（1）列的城市可达性指标包含了对全国所有城市的可达性，结果为正但并不显著。由于在城市间最短通行时间的构造中，缺乏航空数据，该指标中对远距离目的地的通行时间的估计并不准确，第（2）列的城市可达性指标只考虑 1000 公里以内的邻近城市（如式（3.8）所示）。表 3.5 中第（2）列研究结果与研究假说 2 一致，城市可达性显著促进了高铁通车后站区的经济集聚。高铁缩短了城市间的时间距离，从而扩大了跨地区的空间集聚经济范围，已有文献验证了高铁带来的城市可达性提升对于城市经济发展的促进效应（Zheng 等，2013；王雨飞和倪鹏飞，2016；Ahlfeldt 和 Arne，2017；Lin，2017）。本研究进一步发现，同

样的促进效应也发生在高铁站邻近区域。根据表3.5中第（2）列结果，城市可达性提升1%，高铁通车后站区夜间灯光亮度相对于周边区域提升0.177%。对于纳入回归样本中的高铁城市来说，2009年的城市可达性比高铁通车前平均提升了14%。随着高铁网络的扩张，到2015年城市可达性比高铁通车前提升了208%。这意味着2009—2015年，由于城市可达性的增强，高铁站区的经济活动密度提升了2.5%—37%。

尽管高铁通车普遍提高了高铁城市的可达性，但根据表3.5中第（2）列的结果，只有当对数城市可达性越过了8.74（=1.547/0.177）的门槛值，高铁通车才能为站区经济带来正向的促进效应。在本章的样本中，约80%的城市可达性超过这一门槛值。对于城市可达性过低的落后地区，高铁通车甚至带来了站区经济要素的流失。这一发现与相关学者在城市层面上的研究结论一致（张克中和陶东杰，2016；Qin，2017），即高铁通车加速了经济要素在通车区域间的转移，体现为沿线欠发达地区的要素向发达地区转移，即产生“虹吸”效应。

表3.5中第（3）列检验了到城市就业中心的可达性对高铁站区经济发展的影响。结果显示，与假说3一致，高铁站在地理上越靠近所在城市的就业中心，即城市中心可达性越强，高铁通车后站区经济活动密度越高。根据回归结果，高铁站到市中心距离的门槛值为18 km［=exp（0.663/0.23）］，即只有当距离小于18 km时，高铁通车对站区经济发展才产生正效应。值得注意的是，在本章的回归样本中，超过60%的高铁站到市中心距离超过了这一门槛值，这意味着过低的城市中心可达性是造成高铁通车后站区经济密度提升不显著的重要原因。根据回归结果，高铁站到市中心的距离缩短1%，则高铁通车后站区夜间灯光亮度提升0.23%。目前样本均值为30 km，若缩短至18 km

（缩短 40%），则站区经济活动密度将在目前的基础上提升 9.2%。若进一步缩短至 6.5 公里（缩短 78%），即市辖区平均半径（根据 2013 年地级市市辖区建成区面积计算），站区经济活动密度将提升 18%。由此可见，高铁站的区位选址深刻影响了周边区域的经济发展。类似地，常晨和陆铭（2017）的研究发现，远离主城区的新城区位选择导致规划有新城的城市负债率居高不下。城市规划领域的研究也指出，因远离市中心，高铁对新城发展的带动效应有限（于涛等，2012；王兰等，2014；Diao 等，2017）。

表 3.5 的第（4）列同时考虑了城市可达性和市中心可达性对高铁站区经济发展的影响，回归结果的数值与显著性均与第（2）列和第（3）列无明显差异。进一步，表 3.6 从可达性指标选取、增加控制变量等方面进行了稳健性检验。研究表明：第一，改变城市可达性设定中的空间衰减参数 θ 的取值。基于相关学者对引力模型的实证研究的综述（Disdier 和 Head，2008），以及对德国高铁的空间集聚效应的相关研究（Ahlfeldt 和 Feddersen，2017），表 3.6 的第（1）列和第（2）列分别令 θ 取值 0.9 和 1.38，θ 取值越大，空间集聚经济随交通成本的衰减越快。与表 3.5 的结果一致，城市可达性越强，高铁通车后站区经济活动密度越高。第二，上述城市可达性指标并未考虑列车停靠频率的影响。高铁站列车班次越多，车站客流量更多，也更有利于推动站区经济集聚。为控制这一因素的影响，笔者收集了各高铁站的日停靠车次数量[①]，第（3）列纳入了该变量与高铁通车效应［$Post \times Dist$（0—5 km）］的交叉项。与基本直觉一致，高铁站停靠车次越多，高铁通车后站区经济活动密度越高。第三，除市场可达性外，高铁通车可能通过其他机制提升新城的经济集聚。例如，政

① 车站停靠列车车次数据从 2015 年极品列车时刻表收集得到。

府规划建设新城产生的区域宜居性（amenity）提升、配套交通设施的投资建设等。第（4）—（6）列控制了这些因素。鉴于发布官方规划的高铁新城可能拥有更强的政府投资力度，表 3.5 第（4）列纳入是否有官方高铁新城规划与高铁通车效应的交叉项。进一步控制政府规划强度对于站区经济发展的影响需要更微观的数据。城市规划将落实到土地利用性质和规模上，考虑到难以获取政府对新城的投资规模，用土地交易微观数据计算高铁通车前的土地出让规模，以此衡量政府对于高铁新城的规划与开发强度。具体地，利用 Python 抓取中国土地市场网（官方网站）公布的全国历年土地出让成交记录，利用百度 API 根据地块地址提取经纬度信息，基于这一数据库统计高铁站通车前 3 年站区方圆 5 公里范围内出让的土地面积。本章认为，高铁站周边区域土地出让越多，则地方政府对站区开发的配套投资越多。表 3.5 第（5）列纳入对数土地出让面积与高铁通车效应［$Post \times Dist$（0—5 km）］的交叉项，该指标系数为正，但在统计上不显著。表 3.5 第（6）列仅考虑站区道路用地的出让面积，道路用地出让越多说明交通配套设施投资建设越多。结果显示，交通设施的投资显著提升了高铁通车后的站区经济发展，有规划的新城经济发展也显著快于其他高铁站区。与此同时，与此前的结果相比，市中心可达性对高铁站区经济发展的效应也更强：高铁站到市中心的距离缩短 1%，则高铁通车后站区夜间灯光亮度提升 0.34%。如实证方法部分所述，随着新城到市中心交通设施投资建设加快，市中心可达性将进一步提升，因此用高铁站区与市中心的距离来衡量市中心可达性将导致结果低估。表 3.5 第（6）列的结果验证了这一推测。

与表 3.5 的结果一致，在表 3.6 的大部分设定中，城市可达性和市中心可达性均对高铁站区发展产生了显著的推动作用。总的来看，城市可达性提升推动了高铁站区的经济集聚，但这一正向效应很大程度上被远离城市就业中心的高铁站选址抵消，这可能是造成高铁新城发展迟缓的重要原因。

表 3.5　市场可达性与高铁站区经济发展

因变量：Ln（夜间灯光亮度）

	城市可达性	城市可达性（1000 km 以内）	市中心可达性	城市可达性与市中心可达性
	（1）	（2）	（3）	（4）
Post × *Dist*（0—5 km）	−1.776 （1.160）	−1.547* （0.879）	0.663*** （0.230）	−0.740 （0.866）
Dist（0—5 km）× *MA_Inter*1	−0.216 （0.166）			
Post × *Dist*（0—5 km）× *MA_Inter*1	**0.187** **（0.116）**			
Dist（0—5 km）× *MA_Inter*2		−0.273* （0.151）		−0.284* （0.150）
Post × *Dist*（0—5 km）× *MA_Inter*2		**0.177**** **（0.0900）**		**0.170**** **（0.0828）**
Post × *Dist*（0—5 km）× MA_Intra			**−0.230***** **（0.0776）**	**−0.232***** **（0.0779）**
高铁站 × 年份固定效应	是	是	是	是
位置固定效应	是	是	是	是
位置的线性时间趋势	是	是	是	是
观察值	993905	993905	1007468	993905
R^2	0.860	0.860	0.860	0.860

注：研究样本为普通地级市（去除高行政级别城市）新设高铁站附近 10 km 范围内的位置点；所有列均控制了高铁站 × 年份固定效应、位置点固定效应和位置点的线性时间趋势，未列出的两项交叉项以及水平项均被固定效应吸收；*MA_Inter*1 是式（3.7）定义的城市可达性指标，基于式（3.8）的定义，*MA_Inter*2 只考虑对 1000 公里范围内的城市可达性，*MA_Intra* 是高铁站到市中心物理距离的对数，用来衡量市中心可达性；括号中是聚集到区县的标准误；*** $p < 0.01$，** $p < 0.05$，* $p < 0.1$。

表 3.6 稳健性检验

因变量：Ln（夜间灯光亮度）

	城市可达性 θ=0.9	城市可达性 θ=1.38	列车班次	新城规划	土地出让	道路用地出让
	（1）	（2）	（3）	（4）	（5）	（6）
Post×*Dist*（0—5 km）	−1.042（0.969）	−1.907（1.649）	−0.690（0.853）	−1.411（1.118）	−1.178（1.680）	−0.824（0.871）
Post×*Dist*（0—5 km）×*MA_Intra*	**−0.218*****（0.0810）**	**−0.198****（0.0837）**	**−0.182****（0.0876）**	**−0.227*****（0.0759）**	**−0.194****（0.0890）**	**−0.337*****（0.123）**
Post×*Dist*（0—5 km）×*MA_Inter*2			**0.115（0.0897）**	**0.155*（0.0834）**	**0.199*（0.113）**	**0.226（0.160）**
Post×*Dist*（0—5 km）×*MA_Inter*3	**0.194****（0.0924）**					
Post×*Dist*（0—5 km）×*MA_Inter*4		**0.241*（0.146）**				
Post×*Dist*（0—5 km）×Ln（高铁站停靠车次数量）			0.128*（0.0772）			
Post×*Dist*（0—5 km）×*Dummy*（高铁新城规划）				0.256（0.178）	0.258（0.188）	0.669***（0.253）
Post×*Dist*（0—5 km）×Ln（土地出让面积）					0.191（0.183）	
Post×*Dist*（0—5 km）×Ln（交通用地出让面积）						0.182*（0.0982）
高铁站×年份固定效应	是	是	是	是	是	是

续表

	城市 可达性 θ=0.9	城市 可达性 θ=1.38	列车班次	新城规划	土地出让	道路用地 出让
	（1）	（2）	（3）	（4）	（5）	（6）
位置固定效应	是	是	是	是	是	是
位置的线性 时间趋势	是	是	是	是	是	是
观察值	903550	903550	993904	993905	864105	420728
R^2	0.861	0.861	0.860	0.860	0.857	0.853

注：研究样本为普通地级市（去除高行政级别城市）新设高铁站附近 10 km 范围内的位置点；所有列均控制了高铁站 × 年份固定效应、位置点固定效应和位置点的线性时间趋势以及表中所列变量的两项交叉项，为表述简洁，表中未列出控制变量的回归结果；*MA_Inter*2、*MA_Inter*3、*MA_Inter*4 是式（3.8）定义的 1000 公里范围内的城市可达性指标，θ 取值分别为 1、0.9 和 1.38，MA_Intra 是高铁站到市中心物理距离的对数，用来衡量市中心可达性；括号中是聚集到区县的标准误；*** $p<0.01$，** $p<0.05$，* $p<0.1$。

现实中，为降低用地成本并确保线路平直，中国铁路总公司选址的新建高铁站大多远离城市中心，表 3.6 的结果说明，远离城市中心并不利于高铁新城对市中心集聚效应的利用，从而限制新城的经济发展。纳入回归的样本并不包括高行政等级的城市。事实上，当城市政府有能力影响高铁站址选择时，往往倾向于将站址设置在靠近城市中心的区位。表 3.7 显示，省会城市、副省级城市、直辖市等中心城市的新建高铁站址距城市中心更近，这说明这些城市的高铁站区位选择与经济发展潜力正相关。

表 3.7　高铁站位置与城市级别

	普通地级市	高行政级别城市	差值
高铁站到市中心距离（km）	35.03	28.33	6.70*
高铁站到区县中心距离（km）	10.35	7.97	2.38**

注：高行政级别城市指直辖市、省会城市、副省级城市。

第六节　高铁设站的资本化效应

在中国的土地制度与政治体制背景下，地方政府致力于郊区新城建设的动力一方面来自政绩的显示，更直接的是来自辖区内土地储备的增值。在缺乏房地产保有环节的赋税的背景下，若高铁设站具有资本化效应，那么相比建设在经济密集区，建设在大片未开发用地上的高铁站能为地方政府提供更多土地增值收益。根据前文结果，高铁设站并未实现市场主体向新区的扩散，那么地方政府是否能通过高铁新站的资本化效应实现站区附近土地增值的目标呢？为回答这一问题，本部分基于土地出让微观数据，首先考察高铁设站对于邻近区域的土地价格的影响，其次检验高铁设站对于站区土地出让收入的影响。

一、高铁设站对站区土地价格的影响

表 3.8 采用 2007 年后普通地级市（去除高行政级别城市）新设高铁站周围 10 km 范围内所有的商业、工业和住宅用地微观出让样本，检验高铁设站是否能带来土地增值。各列均控制了地块特征变量、土地出让的年份和月份固定效应以及距离地块最近的高铁站固定效应。表 3.8 第（1）列采用双重差分的思路，用于识别的变异是新设高铁站在不同城市的通车时间差异，此时 *Post* 的系数反映了高铁设站事件对于设站城市高铁站附近区域（10 km 范围内）的地价效应。回归结果不显著且接近于 0，这意味着高铁设站并未对站区的土地价格带来显著提升。表 3.8 第（2）列采用了三重差分的思路，加入了高铁设站事件（*Post*）与地块到高铁站距离的虚拟变量［*Dist*（0—5 km）］的交叉项。这一处理可以剔除城市层面随时间可变的遗漏变量并确保地

块在发展潜力方面的可比性。假定新城的地理范围为高铁站方圆 5 公里[①]，则 *Post* × *Dist*（0—5 km）的系数反映的是高铁设站后新城区域相对于邻近区域的地价提升。结果显示，高铁通车后高铁新城区域（0—5 km）相较邻近区域（5—10 km）的土地单价显著提升了 7%。然而，这一结果并不稳健——表 3.8 第（3）列进一步控制高铁站 × 年份固定效应后，地价提升效应缩小至 2.5%，且不显著。加入高铁站 × 年份固定效应后，交叉项系数反映的是同一高铁站区内 5 km 范围内的地块相较于 5—10 km 范围内的地块的价格提升效应，能够剔除不同高铁站的通车顺序与发展潜力相关这一内生性问题。表 3.8 第（2）列 和第（3）列结果的差异意味着高铁站设立的选择偏误导致地价提升效应的结果高估。为了考察新城建设规划对高铁新城地价的影响，表 3.8 第（4）列进一步将研究范围聚焦于明确提出了高铁新城规划的城市，高铁站通车的地价提升效应提高至 5%，但结果仍不显著。

表 3.8　高铁设站对站区土地价格的影响

因变量：Ln（单位地价）

	（1）	（2）	（3）	（4）
	双重差分	三重差分	控制高铁站 × 年份	高铁新城规划
Post	0.00301 （0.0495）	−0.0204 （0.0559）		
Dist（0—5 km）		0.00403 （0.0369）	0.0402 （0.0335）	0.0358 （0.0446）
Post × *Dist*（0—5 km）		0.0692* （0.0418）	0.0248 （0.0370）	0.0491 （0.0472）
土地特征变量	是	是	是	是
年份和月份固定效应	是	是	是	是
高铁站固定效应	是	是	是	是

① 本研究统计的 97 个规划高铁新城的平均面积为 70 平方公里，基于圆形城市假设，平均半径为 5 公里。

续表

	（1）	（2）	（3）	（4）
	双重差分	三重差分	控制高铁站 × 年份	高铁新城规划
高铁站 × 年份固定效应	否	否	是	是
观察值	38957	38957	38759	23416
R^2	0.642	0.643	0.717	0.700

注：采用2007年后非中心城市的新设高铁站周围10 km范围内所有的以市场化手段出让的工业、商业和住宅用地微观交易样本；第（4）列的研究样本来自规划有高铁新城的城市；括号中汇报了聚集到区县的标准误；*** p＜0.01，** p＜0.05，* p＜0.1。

表3.9分别估计了高铁设站对于工业、住宅、商业用地的资本化效应。高铁设站显著提升了邻近区域的住宅用地的相对价格，而对产业用地（商业、工业）没有显著的推动效应。产业用地的价格主要反映了投资者对区块未来产业发展的预期，相较而言，缺乏产业发展支撑的住宅地价提升可能会失去持续性。这意味着高铁站周边住宅地价的提升可能存在投资泡沫问题。

表3.9　高铁设站资本化效应的异质性

因变量：Ln（单位地价）

	（1）	（2）	（3）
	住宅	商业	工业
Dist（0—5 km）	−0.0183 （0.0609）	0.0317 （0.0396）	0.0173 （0.0309）
Post × *Dist*（0—5 km）	0.118* （0.0645）	0.0471 （0.0494）	−0.00885 （0.0357）
地块特征	是	是	是
年份和月份固定效应	是	是	是
高铁站固定效应	是	是	是
高铁站 × 年份固定效应	是	是	是
观察值	9139	17429	11339
R^2	0.673	0.632	0.826

注：（1）—（3）列分别采用2007年后非中心城市的新设高铁站周围10 km范围内所有的以市场化手段出让的商业、住宅和工业用地微观交易样本；括号中汇报了聚集到区县的标准误；*** p＜0.01，** p＜0.05，* p＜0.1。

为了考察高铁设站对邻近区域土地市场的长期影响，表 3.10 将高铁设站效应进行逐年分解。高铁站区域（高铁站方圆 5 公里范围内）的土地价格仅在高铁通车后 3 年内呈现了显著增长，幅度约为 10%。然而 3 年后高铁站的资本化效应逐年衰减，且不再显著。高铁通车 6 年后，资本化效应降低至不到 4%。这说明高铁设站仅仅在短期内呈现出资本化效应，但并未促进周边区域土地市场的长期繁荣。在中国地方官员任期约为 3—4 年的情况下，短期化的高铁资本化效应与政治晋升激励并不相悖。这也可解释尽管多数高铁站区在现实中并未形成显著的经济集聚，但地方仍热衷于建设高铁新城。

表 3.10 的第（2）列关注规划有高铁新城的城市。与第（1）列最大的差异是，这些城市的资本化效应显示出长期化的特点——尽管高铁设站后的短期地价提升效应有限，但在 6 年后站区土地价格相较邻近地区（5—10 公里范围）提升了约 20%，这说明政府主导的新城规划在某种程度上有助于推动高铁新城的长期发展。然而，在新城区域房地产市场信息不完全以及高度不确定的背景下，新城规划的政策导向也很可能使得投资者高估新城投资价值，一个典型的案例是鄂尔多斯的康巴什新城的房地产泡沫破灭。第（3）列检验了在发展潜力欠佳的高铁新城中，开发商是否存在着类似的非理性预期。研究的微观地块来自式（3.9）估计的 26 个设站效应小于 0 的规划高铁新城（名单见附录）。结果显示，无论在短期还是长期，高铁设站对站区地价均没有显著的提升效应，且数值接近于 0。这说明开发商对于发展潜力欠佳的高铁新城并不存在明显的高估，在这些城市中地方政府并未从高铁新城的发展中得到显著收益。在新城建设大量采用以土地未来升值能力为抵押的融资方式的情况下（常晨和陆铭，2017），高铁新城未来的地方债务问题值得关注。其中一个著名的案例是位于湖北的国家级贫困县大悟县，依托高铁孝感北站，提出建设鄂北大悟高铁新城的

规划，引资160亿元建设临站商务区[①]，然而，基于式（3.1）的估计，高铁设站后孝感北站附近的灯光密度平均下降2.21，新城投资成本面临回收危机。

总的来说，控制住地块特征后，高铁设站后邻近区域的土地价格并未有显著上升。在平均意义上，非中心城市的新设高铁站周围并未形成资本化效应。这一结果与前文的发现相一致，也与高铁新城建设的财政目标相悖。这些结果补充了现有文献所发现的高铁通车对沿线城市房价及地价的显著提升效应（Zheng和Kahn，2013；周玉龙等，2018）。根据本章结果，尽管高铁通车可能提升了城市整体地价，但高铁新城并未展现出相对发展优势。值得关注的是，在产业用地价格没有显著提升的情况下，高铁设站后站区附近的住宅用地价格有了显著的大幅提升。而且，高铁设站在短期内提升了站区地价，但3年后效应消失，这些结果都说明高铁新城的资本化效应体现出短期化和不可持续的特点。在新城建设大量采用以土地未来升值能力为抵押的融资方式的情况下（常晨和陆铭，2017b），高铁新城未来的地方债务问题值得关注。

表3.10　新设高铁站资本化效应的时间趋势

因变量：Ln（单位地价）

	（1）	（2）	（3）
	全样本	高铁新城规划	“高铁鬼城”
Pre 4−	−0.0709 （0.0535）	−0.0780 （0.0512）	−0.0691 （0.0768）
Pre 3	0.0884 （0.0827）	0.0810 （0.126）	−0.0287 （0.125）
Pre 2	0.101* （0.0533）	0.0859 （0.0748）	0.108 （0.0972）

① 来源：《新城傍高铁："死城"隐忧》，《南方周末》2014年8月15日，http://www.infzm.com/content/103202。

续表

	(1)	(2)	(3)
	全样本	高铁新城规划	“高铁鬼城”
Post 0	0.0179 (0.0407)	0.0337 (0.0532)	0.0365 (0.0576)
Post 1	0.0934* (0.0508)	0.0984 (0.0666)	−0.0474 (0.0578)
Post 2	0.0921** (0.0453)	0.0730* (0.0421)	0.0582 (0.0507)
Post 3	0.0955* (0.0563)	0.136* (0.0813)	0.0258 (0.0565)
Post 4	0.0711 (0.0478)	0.0433 (0.0550)	−0.00683 (0.0527)
Post 5	0.0359 (0.0417)	0.0508 (0.0457)	0.0514 (0.0453)
Post 6+	0.0372 (0.0828)	0.196*** (0.0741)	0.100 (0.104)
地块特征	是	是	是
年份和月份固定效应	是	是	是
高铁站固定效应	是	是	是
高铁站 × 年份固定效应	是	是	是
观察值	38759	23398	15043
R^2	0.718	0.710	0.772

注：第（1）列研究样本采用 2007 年后非中心城市的新设高铁站周围 10 km 范围内所有的以市场化手段出让的商业、住宅和工业用地微观出让样本，第（2）列进一步将研究样本限定在规划有高铁新城的城市，第（3）列将研究样本限定在高铁设站效应为负（基于图 3.6 的结果）的高铁站区；处理组为距高铁站 0—5 km 范围内的出让地块，控制组为高铁站周围 5—10 公里的出让地块，高铁站通车前一年为基准组；第（2）列的研究样本来自规划有高铁新城的城市，第（3）列的研究样本来自式（3.9）估计的 26 个设站效应小于 0 的规划高铁新城（名单见附录）；括号中是聚集到区县的标准误；*** $p<0.01$，** $p<0.05$，* $p<0.1$。

二、高铁设站对站区土地出让总价和出让面积的影响

尽管前文发现高铁设站并未带来站区土地价格的显著上升，但新建高铁站周围的大片未开发用地提供了充足的土地储备，依托新城

开发和基础设施建设，地方政府是否实现了更多的新城土地收入？表3.11旨在对比高铁设站前后，高铁站区（0—5 km）和站区邻近的面积相当区域（为了保证与高铁站区平均面积相等，选择距高铁站5—7.1 km的区域）的土地出让总收入和总面积差异。表3.11中第（1）列和第（3）列控制了高铁站固定效应和年份固定效应，为剔除高铁站在城市层面设置时间顺序的内生性，第（2）、（4）列进一步控制了高铁站 × 年份固定效应。结果显示，相比于邻近区域，高铁站区的土地出让总收入提升了43%—48%。在土地单价没有显著提升的情况下，高铁站区实现了更多的土地出让收入，说明土地出让面积的增加是主要原因。第（3）和（4）列显示，高铁站区的土地出让总面积提升了约30%。这一方面说明高铁设站后，地方政府增大了站区土地开发强度，另一方面也意味着高铁新城区域的可开发土地储备更丰富。

表3.11　高铁设站对站区土地总收入和土地面积的影响

	（1）	（2）	（3）	（4）
	Ln（土地收入）	Ln（土地收入）	Ln（土地面积）	Ln（土地面积）
Post	−0.0281 （0.164）		−0.218*** （0.0734）	
Dist（0—5 km）	0.358* （0.194）	0.374* （0.196）	0.222** （0.0988）	0.229** （0.105）
Post × *Dist*（0—5 km）	0.482*** （0.166）	0.430** （0.179）	0.304*** （0.0830）	0.300*** （0.0921）
高铁站固定效应	是	是	是	是
年份固定效应	是	是	是	是
高铁站 × 年份固定效应	是	是	是	是
观察值	4147	3620	4147	3620
R^2	0.474	0.679	0.461	0.692

注：研究样本为新设高铁站的普通地级市（去除高行政级别城市）的高铁站区（0—5 km）和站区邻近区域（为了保证与高铁站区面积相等，选择距高铁站5—7.1 km的区域作为控制组）；各列因变量分别为土地出让总收入和土地出让总面积，基于微观地块出让数据计算得来；括号中是聚集到区县的标准误；*** p＜0.01，** p＜0.05，* p＜0.1。

表 3.12 估计了高铁站区土地总收入和面积变化的时间趋势。高铁站开通后，站区土地出让收入和面积持续提升，但规划有高铁新城的城市并未显示出更强的开发力度（如第（3）列和第（4）列），这说明新城规划的执行效率可能不高。第（5）列和第（6）列选取了发展相对滞后的高铁站区样本，值得注意的是，这些高铁站区的土地出让面积增长并不次于平均水平，甚至力度更大，这说明地方政府对于新区的开发强度并不弱于其他发展更快的新区。即便如此，直到通车 4 年后才产生显著为正的土地出让收入。这意味着高铁通车初期，大量的出让地块为几乎无法产生收益的城市基础设施用地。上述结果暗示着，政府开发强度并非是高铁新城发展的决定性因素。如前文所强调，区位劣势可能是“高铁鬼城”的根本症结。

为显示地方政府对于高铁新城的开发重心，表 3.13 区分不同用地类型，估计高铁设站对于站区土地出让面积的影响。高铁设站对站区土地出让面积的影响从大到小依次是商业、住宅、公共设施、工业、公共管理与公共服务、道路，这说明地方政府对于高铁站区的开发重心是商业及住宅。事实上，依托高铁带来的客流，多地高铁新城规划方案都提出了“高铁站区 CBD”的理念。如南京河西新城规划的定位是商务、商贸、文体三大功能为主的城市副中心；邵阳高铁新城规划确定的新城定位是“商贸物流业发达、带动邵阳北部区域发展的服务之城”；怀化新城规划旨在将高铁新城打造成怀化城市门户、现代交通枢纽、商业商务中心、旅游集散中心、高端居住社区。然而，根据表 3.13 中第（4）—（6）列的结果，高铁站开通后，用于城市公共设施建设的土地——公共设施、公共管理与公共服务、道路用地供应相对不足，这导致多数新城区域的城市功能发展滞后，也是前文发现的高铁站区经济集聚未有显著提升的重要原因。

表 3.12　高铁设站对站区土地总收入和土地面积的时间效应

	（1）	（2）	（3）	（4）	（5）	（6）
	规划高铁新城				高铁鬼城	
	Ln（土地收入）	Ln（土地面积）	Ln（土地收入）	Ln（土地面积）	Ln（土地收入）	Ln（土地面积）
Pre 4−	0.451* （0.259）	−3.322 （11.18）	0.203 （0.305）	−10.76 （17.63）	0.313 （0.459）	1.003 （6.932）
Pre 3	0.204 （0.296）	−9.350 （14.84）	0.310 （0.439）	−15.60 （24.41）	0.200 （0.490）	3.578 （9.027）
Pre 2	0.550** （0.271）	0.225 （9.584）	0.697* （0.352）	−7.902 （14.67）	0.609 （0.448）	9.770 （10.94）
Post 0	0.323 （0.246）	26.96*** （8.771）	0.200 （0.253）	24.73** （12.06）	0.489 （0.416）	18.91** （8.215）
Post 1	0.559** （0.223）	26.97*** （9.252）	0.677** （0.306）	7.872 （10.79）	0.293 （0.336）	38.95** （14.77）
Post 2	0.949*** （0.263）	25.28*** （7.282）	0.804** （0.320）	27.05*** （9.393）	0.465 （0.362）	28.74*** （9.386）
Post 3	0.687*** （0.236）	23.35*** （7.738）	0.907*** （0.267）	24.70*** （7.904）	0.561 （0.371）	19.05** （8.071）
Post 4	1.276*** （0.289）	26.06*** （7.639）	0.971** （0.369）	19.30* （9.813）	1.562*** （0.397）	32.78*** （9.522）
Post 5	0.558* （0.316）	59.44* （32.52）	0.380 （0.478）	83.75 （58.92）	0.640** （0.313）	25.36*** （7.361）
Post 6+	1.727*** （0.416）	40.48*** （10.22）	1.433** （0.547）	40.65** （18.17）	1.660*** （0.489）	50.20*** （12.22）
高铁站 × 年份固定效应	是	是	是	是	是	是
观察值	3620	3620	2050	2050	1578	1578
R^2	0.680	0.593	0.691	0.576	0.689	0.660

注：第（1）列、第（2）列的研究样本与表 3.11 相同，第（3）列、第（4）列进一步将研究样本限定在规划有高铁新城的城市，第（5）列、第（6）列将研究样本限定在高铁设站效应为负（基于图 3.6 的结果）的高铁站区；括号中是聚集到区县的标准误；*** $p<0.01$，** $p<0.05$，* $p<0.1$。

表 3.13　高铁设站对站区各类土地出让面积的影响

因变量：Ln（各类土地出让面积）

	（1）	（2）	（3）	（4）	（5）	（6）
	商业	住宅	工业	公共管理与公共服务	公共设施	道路
Dist（0—5 km）	0.181 （0.162）	0.340** （0.137）	−0.0354 （0.119）	0.222 （0.168）	0.322* （0.179）	0.304 （0.257）
Post × *Dist*（0—5 km）	0.410** （0.165）	0.229 （0.142）	0.178 （0.129）	0.0773 （0.169）	0.195 （0.207）	0.0704 （0.331）
高铁站 × 年份固定效应	是	是	是	是	是	是
观察值	1540	2220	1918	960	1080	364
R^2	0.661	0.650	0.625	0.615	0.685	0.574

注：研究样本为新设高铁站的普通地级市（去除高行政级别城市）的高铁站区（0—5 km）和站区邻近区域（为了保证与高铁站区面积相等，选择距高铁站 5—7.1 km 的区域作为控制组）；各列因变量分别为各类型的土地出让总面积，基于微观地块出让数据计算得来；括号中是聚集到区县的标准误；*** $p<0.01$，** $p<0.05$，* $p<0.1$。

第七节　本章小结

在高铁网络快速扩张的背景下，新设高铁站成为地方政府新城建设战略的重要载体。由于经济集聚存在正外部性，新城自身的经济集聚动力不足，很可能陷入低水平均衡。依靠人口导入政策，政府推动的新城建设可能推动区域走出低水平均衡，但也可能造成城市低效蔓延。本章强调，对邻近地区集聚经济的利用是新城经济发展的关键。

借助高铁设站的政策实验以及微观地理层面的夜间灯光数据，本章检验了高铁通车对站区的经济发展效应，并从城市可达性（市场潜力）与城市中心可达性（到城市中心距离）两方面探讨市场可达性对高铁通车的地方化效应的影响。研究发现，相对于邻近区域，高铁站区的经济活动密度并未有显著提升。在控制政府规划、交通设施投资等因素后，城市可达性和市中心可达性越强，则高铁通车后站区经济活动密度越高。上述结果说明，新城经济发展必须重视对于来自城市外部和内部的集聚经济的利用。本章发现，尽管高铁带来的城市可达性提升能为高铁站区创造经济集聚，但受制于远离市中心的区位选择，低水平的城市中心可达性大大限制了高铁站区经济的发展。进一步研究发现，高铁设站后新城区域的用地价格未有明显提升，但由于高铁站区的土地出让面积大幅增加，高铁站区实现了更多的土地出让收入。因此，以土地增值为抵押的新城建设投资主要依赖于新增城市建设用地数量的提升而非单价的提高。

需要注意的是，本章虽然发现高铁站区相对于邻近区域并未体现出发展优势，并不能推出高铁对城市发展无显著影响的结论——高铁通车可能提升了城市整体经济发展水平，但并未带来高铁站区的相对发展优势。根据本章结果，对邻近城市可达性的提升有助于高铁站区经济集聚，这与相关研究在城市层面的分析结论一致（Zheng 等，2013；王雨飞和倪鹏飞，2016；Lin，2017）。在此基础上，本章发现目前高铁站区的经济发展受制于低水平的市中心可达性。对新城经济发展来说，靠近城市就业中心显得十分重要。然而从成本方面，新城选址需要考虑拆迁成本和土地使用成本，从政策目标层面，新城建设的重要目标是为疏解中心城区人口，这两方面因素使得新城选址不宜离城市中心城区过近。新城选址需要综合考虑上述成本收益因素。这一问题已开始得到中央重视，国家发改委 2018 年 4 月印发的《关于推进高铁站周边区域合理开发建设的指导意见》要求铁路总公司和地方政府“合理确定高铁车站选址和规模，新建车站选址尽可能在中心城区或靠近城市建成区”。

第四章

集中抑或分散？新城建设与城市内部空间结构

第一节 引言

经历了快速城市化阶段后，中国大城市中心城区的人口膨胀带来了一系列负面问题，如拥堵、污染等。对于这些城市而言，多中心发展已成为必要趋势。习近平总书记（2020）明确提出，“全国城市都要根据实际合理控制人口密度……要建设一批产城融合、职住平衡、生态宜居、交通便利的郊区新城，推动多中心、郊区化发展……逐步解决中心城区人口和功能过密问题”。在此背景下，近年来旨在建设城市综合功能区的新城建设成为各城市的普遍选择。尤其在高铁网络迅速发展的形势下，新设高铁站成为各地新城建设的重要载体。受限于中心城区的人地压力，大城市客观上存在发展郊区新城的需求，同样的城市发展战略是否也适用于中小城市？

为了回答这一问题，本章的研究对象聚焦于中国的非中心城市，即除去直辖市、省会城市、副省级城市、计划单列市之外的其他地级市。利用微观地理尺度的夜间灯光亮度数据和全国工商注册企业分布信息，图 4.1 和图 4.2 展示了非中心城市内部的经济活动分布情况，横轴为到市中心距离的对数，纵轴分别为控制城市和年份固定效应后的对数夜间灯光亮度和企业密度的残差项。利用非参方法的核加权局部多项式回归

（kernel-weighted local polynomial regression）进行非线性拟合后发现，在远离市中心处，数据拟合线并未出现局部峰值，即非中心城市的空间结构仍然接近单中心城市假定——越远离市中心，经济活动密度越低。这意味着多数中小城市可能不具备发展郊区新城的基本条件。而在现实中，地方政府主导的新城建设可能偏离了城市空间结构发展的需求。据陆铭等（2018）的统计，全国281个地级以上城市中，272个城市有在建或已建设完成的新城新区，规划面积加总达6.63万平方公里，规划人口1.93亿人。由于郊区新城建设涉及大量城市建设资金投入，部分城市的城市扩张脱离了经济基本面（王媛，2013），客观上加剧了近年来的地方债问题（常晨和陆铭，2017a）。在上述背景下，新设高铁站对于中小城市的内部空间结构产生了何种影响？政府和市场行为在其中扮演了何种作用？这是本章拟回答的核心问题。

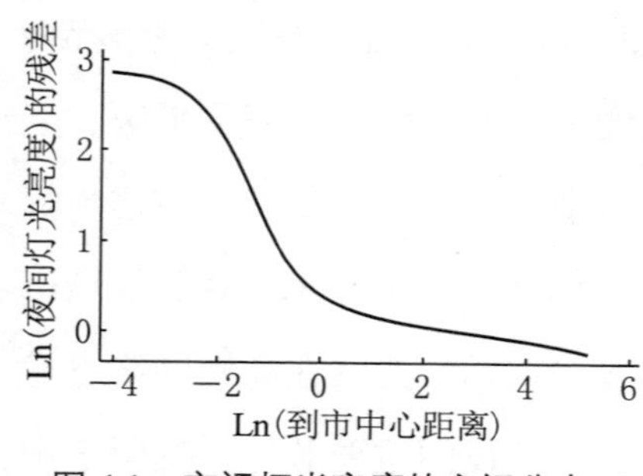

图4.1　夜间灯光亮度的空间分布

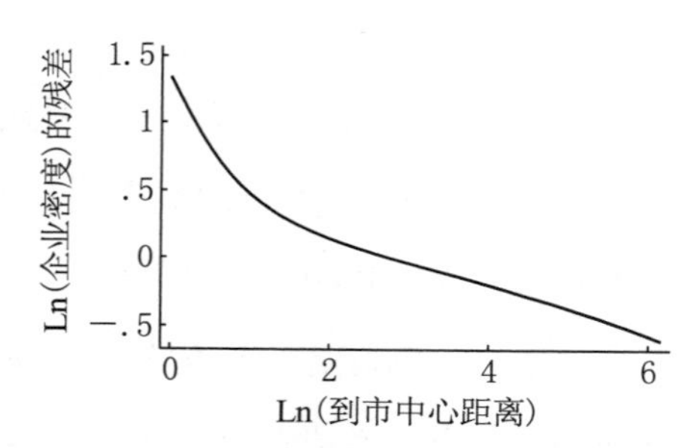

图4.2　企业密度的空间分布

注：样本城市为2009—2014年有新设高铁站的非中心地级市；横轴为到市中心距离的对数；基于微观夜间灯光和企业密度数据，纵轴分别为对数夜间灯光亮度和企业密度，是控制城市和年份固定效应后的残差值；其中，企业密度的计算是基于全国工商企业注册的经纬度信息，距离所在地级市中心每隔1 km加总企业数量，除以地理面积后得到1 km环状区域的企业密度；采用核加权的局部多项式回归（kernel-weighted local polynomial regression）得到残差和到市中心距离的关系图①。

① 核加权的局部多项式回归是一种非参回归方法，其基本思想是只使用每个样本点附近的位置点来拟合多项式回归，离目标样本点距离越近的位置点，拥有更高的权重值，即对目标样本点的估计影响更大。这种方式能够有效考察距离与结果变量之间的非线性关系。

为回答上述问题，本章利用带有地理信息的微观数据（包括识别至约 1 平方公里栅格的全国夜间灯光、全国地块出让数据和全国工商企业注册数据），系统分析了新设高铁站对于非中心城市内部经济活动的空间分布的影响。研究发现，高铁在郊区设站后，所在城市出现了夜间灯光亮度空间分散化的趋势，但这一趋势主要由高铁通车后地方政府的城市建设投资偏向郊区所主导。对于地价和企业选址的空间梯度的研究显示，高铁站的设立反而加强了市中心的集聚能力，市场主体的空间分布更加集中于中心城区。进一步的研究发现，高铁站区的土地资本化效应不显著，在此情况下，以土地增值为抵押的高铁新城建设投资可能面临偿债危机。

本章的增量贡献体现在以下方面。第一，在高铁网络快速扩张的背景下，以郊区新设高铁站为契机，众多沿线城市提出了高铁新城规划，投入了大量城市建设资金，又因被媒体质疑为“造城热”而广受关注。地方政府推动的新城建设旨在分散中心城区人口、创造城市次中心，这一实践是否达到了政策目标？目前的相关研究多集中在城市规划领域的案例分析，基于全国数据的一般性结论较为缺乏。本章基于丰富的微观地理尺度的灯光亮度、地块出让、工商企业注册等数据，能够细致地刻画城市内部经济活动的空间分布和地方政府对于城市空间的开发建设行为。在此基础上，利用双重差分的分析思路，有助于得出严谨的结论，能够为中国未来的新城政策提供经验证据。第二，近期，高铁通车的经济效应成为研究热点。已有研究多关注高铁通车对于经济活动在城市间的分布，并多从 GDP、人口、产业结构等总量性视角展开分析。相较而言，较少研究分析了高铁通车对于城市内部经济活动分布的影响。王媛（2020）基于微观夜间灯光数据分析了高铁通车对于站区经济集聚的影响。本章关注新设高铁站对于城市内经济活动分布的影响，是该研究的进一步延续。

第二节　研究背景与文献综述

城市内部空间结构是城市经济学的经典议题，也是区域科学、城市规划等学科的重要研究课题。在城市经济学体系中，刻画城市内部经济活动的均衡模式的理论源于 Alonso-Mills-Muth 单中心城市模型，即假设就业集中在城市中心（CBD），由于存在交通成本，当居民的选址决策满足空间均衡条件时，人口密度或土地价格随到市中心距离的增加呈现递减的趋势，即地价梯度为负值。多数研究发现，美国或欧洲城市的地价梯度有变平缓甚至消失的趋势，认为这是由于随城市化程度加深，城市空间结构出现分散化（urban decentralization）（Ahlfeldt 和 Wendland，2012）。大部分研究从市内交通设施分布效应的视角分析城市形态改变的原因，根据传统的单中心城市模型，其发生机制是交通成本减少导致城市空间梯度变缓。相关文献发现，美国以及西班牙的公路网络的发展促进了城市人口由中心城区向郊区转移（Baum-Snow，2007；Garcia-López，2012；Garcia-López 等，2015）。基于中国数据的研究发现，城市内交通设施的发展造成了城市空间结构分散化的趋势：高速公路的发展使得人口向中心城区向郊区扩散，而铁路的发展使得工业企业由中心城区向郊区扩散（Baum-Snow 等，2017）。基于微观地块数据，另有研究指出城市交通系统的发展解释了柏林城市分散化趋势的四分之三（Ahlfeldt 和 Wendland，2011）。近期的一项研究利用全球 632 个大城市的夜间灯光亮度数据来刻画城市空间结构的变化发现，地铁系统的发展推动了城市空间结构分散化（Gonzalez-Navarro 和 Turner，2018）。巴黎大都市区轻轨系统的发展缘于对于新城的发展需求，最终目标是疏解巴黎中心区的人口和就业

（Mayer 和 Trevien，2017）。研究发现，轻轨对巴黎都市区多中心城市结构的出现有显著贡献（Garcia-López 等，2017；Mayer 和 Trevien，2017）。

不同于交通成本降低导致城市分散化的逻辑，在单中心城市模型基础上，一项权威研究引入区位异质性，并放松城市经济活动集中在城市中心的假定，利用柏林墙的修建与倒塌，基于结构估计说明了生产外部性与居住外部性对于城市地价与就业梯度的影响（Ahlfeldt 等，2015）。另有一系列文献构建理论模型分析了大型开发商或地方政府通过税收补贴吸引外部性企业、改变新城生产外部性从而形成“边缘城市”（Edge city）（Henderson 和 Mitra，1996），另一相关模型分析了大企业入驻对于城市形态以及副中心形成的影响（Fujita 等，1997）。在上述理论的基础上，地方政府主导的公共品投资强度在空间上的重新配置将改变生产与居住外部性，影响企业与居民的选址决策，进而改变城市内部的空间结构。事实上，由于企业集聚存在正外部性收益，企业间的协调失败（coordination failure）使得新的就业中心难以形成，此时市中心倾向于过大（Anas 等，1998）。在这种情况下，土地用途管制、企业补贴等政府干预手段可能有助于实现有效的城市空间结构（Rossi-Hansberg，2004）。20 世纪中期起，政府或大型开发商主导的新城或卫星城建设成为快速城市化的发达国家优化大城市空间结构、破解“城市病”的主要手段。相关研究构建理论模型说明了大型开发商或地方政府主导的新城的形成机制：土地收入最大化的地方政府的最优策略是补贴正外部性企业，以克服正外部性导致的企业集聚不足的市场失灵问题，集聚的外部性收益被内化为新城土地升值，用以平衡企业补贴（Henderson 和 Becker，2000）。中国的制度安排为上述理论的检验提供了很好的现实背景：中国的地方政府扮演了土地收入最大化的城市运营商的角色（Lichtenberg 和 Ding，2009），土地补贴政策是吸引外部性企业的重要政策工具（王媛和杨广亮，2016）。

近年来中国经历了快速城市化阶段，大城市中心城区人口膨胀，多中心发展已成为必要趋势，旨在建设城市综合功能区的新城建设成为各城市的主流选择。“消费城市”概念的提出（Glaeser 等，2001）可为新城建设的作用机制提供理论说明，城市所提供的高质量生活质量是吸引高技能人才选址进而吸引公司选址的重要因素。兰峰和达卉莉（2018）指出，公共基础设施通过住房价格形成不同公共物品消费偏好下的居住分异，成为改变城市人口空间分布格局的主要力量。基于上述研究，通过在城市新区大规模投资公共设施建设，改善宜居性以吸引人口集聚，理论上能够进一步带动企业集聚并促使城市空间分散化发展。然而对于上述机制是否适用于所有城市，目前相关的经验证据十分有限。

近年来中国高速铁路快速发展，高铁新城成为城市向外扩张的重要契机。高铁站的空间配置改变了站区的生活与生产外部性，可能对城市空间形态产生影响。目前关于高铁新城建设对城市空间结构影响的相关研究多集中在城市规划或人文地理学领域。例如，于涛等（2012）分析了京沪高铁对沿线城市郊区化的影响；许闻博和王兴平（2016）分析了高铁站点地区开发情况，强调了站点地区的空心化问题；王兰等（2014）指出，高铁站点距市中心越远，周边地区发展越迟缓；一项基于对欧洲高铁站的案例分析指出，设置在城市边缘或远郊的高铁站可能改变城市经济中心的位置并推动新的区域中心的出现（Todorovich 等，2011）。但也有研究指出潜在的风险是，若高铁站区缺乏与原市中心的联系将导致高铁站区域与原中心城区形成竞争而非互补关系，直接导致原中心城区的衰败。另有学者综述了城市规划领域高铁对城市空间形态影响的研究，分析了阿姆斯特丹设置在郊区的高铁站对于城市结构由单中心向多中心转变的推动效应（Yin 等，

2015）。这些研究多为描述性或案例性分析，研究结论并不一致，而且在严谨的计量分析及内生性问题处理等方面存在很大的改进空间。

此外，尽管理论上地方政府主导新城建设能够克服市场失灵，但政府干预可能带来额外的效率损失，这体现为某些地区的新城土地利用效率低下、城市边界无序蔓延等现象。地方官员出于政治晋升激励，可能过快扩张城市（Wang 等，2018），导致新城建设策略的过度推行（彭冲和陆铭，2019）。城市过度扩张的趋势更多地发生在低经济效率地区。常晨和陆铭（2017a）发现，人口流出的中西部省份在新城的规划数量、规划面积和规划人口上都远高于人口流入的东部省份，郊区新城也并未取得普遍的发展绩效。根据陈瑞明（2013）对 10 个城市的案例研究，以政府搬迁、建大学城、高新园区为特征的新城建设成为 2000 年后城市化的普遍模式。然而这些政府主导的新城从建造到成熟至少需要 10 年周期。王媛（2013）发现，在新城建设模式下，中国城市扩张已脱离经济基本面；常晨和陆铭（2017b）发现，新城建设造成了地方政府债务快速上升；邓涛涛和王丹丹（2018）发现，高铁建设导致了沿线城市人口低密度蔓延；秦蒙等（2016）证实了城市蔓延会抑制区域经济的增长。

总的来说，21 世纪以来新城建设成为中国城市发展的重要战略，但经济学领域中较少有研究分析地方政府推动的新城建设对于城市内部空间结构的实际影响。尤其是大量非中心城市推行的新城建设对于城市内部经济活动分布将产生何种影响尚未明确。在高铁新城建设热潮的背景下，尽管越来越多的研究关注高铁通车对于地区经济发展的影响，但较少关注新设高铁站对于城市内部经济要素的分布效应。针对这一问题，2018 年国家发改委发布的《关于推进高铁站周边区域合理开发建设的指导意见》明确提出，“各方面对高铁建设和城镇化融合发展研究还不深入”。本部分将利用夜间灯光亮度、地块出让和工商企业的微观地理数据，系统检验高铁设站及高铁新城建设对于非中心城市城市内部经济要素空间分布的效应。

第三节　实证方法与数据

一、实证方法

1. 单中心城市假定与经济密度的空间梯度

在文献中，识别城市内部空间分散或集中有两种做法：一是基于中心城区和郊区的相对人口变动。如有研究发现，美国高速公路建设在提高都市区人口的同时降低了城市中心城区的人口，从而得出城市分散化的证据（Baum-Snow，2007）。类似地，也有研究发现，在控制城市总人口和 GDP 的情况下，中国的公路与铁路建设导致市区人口和 GDP 下降（Baum-Snow 等，2017）。还有研究发现，美国以及西班牙公路网络的发展导致城市中心城区人口的下降，而郊区人口上升显著（Garcia-López 和 Miquel-Àngel，2012；Garcia-López 等，2015）。总的来看，这一方法的空间精度较粗，结果很可能受到区县层面的遗漏因素的影响，也难以有效处理交通基础设施的选址偏误问题。

另一种更直接的方式是在线性或对数线性的空间梯度曲线设定下，利用经济活动分布的空间梯度线斜率的变动来判断城市空间分散或集中，这也是城市经济学中的常用做法（Gonzalez-Navarro 和 Turner，2018）。这种做法直接利用了单中心模型的推导结果，因此更具理论依据（Ahlfeldt 和 Wendland，2011）。经典的单中心城市模型可推出，经济活动密度随到市中心距离的增加而递减。这一关系可以表示为一条斜率为负的曲线，即梯度曲线，横轴为到市中心距离，纵轴为经济活动密度。将斜率定义为经济密度梯度，数值小于0。绝对值越大，即梯度曲线越陡峭，代表城市经济活动更集中在市中心附近；反之，梯度的绝对值越小，即梯度曲线越平坦，说明城市经济活动分布更分散。例如，有研究利用美国邮政编码层面（zip-code）的数据，分析了就业梯度线斜率变化的影响因素，从而给出美国大都市区就业分散化的证据及原因（Glaeser 等，2001）。另有经典研究利用芝加哥的房屋销售数据建立了房价的线性空间梯度回归模型发现，芝加哥的梯度绝对值随时间日益增大，从而得出城市空间分布集中化的结论（McMillen，2003）。类似地，利用柏林的商业用地数据，纳入到市中心距离和年份虚拟变量的交叉项，研究发现地价的空间梯度随时间逐渐变平，即经济活动出现了分散化趋势，文章指出城市交通系统的发展解释了柏林城市分散化趋势的四分之三（Ahlfeldt 和 Wendland，2011）。一项重要研究利用全球632个大城市的夜间灯光亮度数据来刻画城市经济活动分布，研究发现地铁系统的发展显著提高了灯光亮度的空间梯度（即梯度线的斜率），从而得出地铁推动了城市空间结构分散化的结论（Gonzalez-Navarro 和 Turner，2018）。这些研究的样本均为大城市，采用线性空间梯度线不能体现多中心的城市结构，存在一定程度上的模型误设问题。但考虑到大多数情况下次中心的生成会导致线性梯度线的斜率平缓（McMillen，2001），这与经济活动分散化的基本结论不冲突（Ahlfeldt 和 Wendland，2012）。加之非线性的模型设定难以得出关于城市分散化的直接证据，因此利用线性或对数线性的梯度线设定来考察交通等因素对于梯度线斜率的变化是研究城市分散化文献的常用选择。借鉴这一思路，本研究的实证设计基于单中心城市模型和双重差分方法的分析框架。值得注意的是，采用这一实证策略的前提是，研究样本需符合单中心城市的假定，我们从以下角度给出证据：

第一，研究样本为中小城市，加之基准回归中仅采用了市区位置点，地理范围有限，因此多中心特征并不明显。

第二，参照相关文献，采用非线性模型估计到市中心距离和城市经济活动密度之间的关系，如图 1 和图 2 所示，在远离市中心处梯度拟合线并未出现局部峰值，即本研究所关注的非中心城市不存在明显的多中心特征。

第三，参考文献中做法，在参数回归方程中纳入到市中心距离的三次多项式（McDonald 和 Bowman，1979）。若存在城市副中心，梯度曲线应呈现∽的趋势。基于夜间灯光亮度数据，设置以下的回归方程：$\mathrm{Ln}\,(light)_{ipt}=\sum_{j=1}^{3}\beta_j\cdot\mathrm{Ln}\,(Dis_i)^j+u_p+\rho_t+\varepsilon_{it}$。其中，*light* 是夜间灯光亮度，$i$ 代表位置点，p 代表位置点所在地级市，t 代表年份。*Dis* 是位置点到市中心距离。u_p 和 ρ_t 分别是城市和年份固定效应。基于回归系数 β_j 得到夜间灯光亮度空间分布的梯度曲线，如图 4.3 所示。根据图 4.3，大部分区域显示出严格的单中心模式，即越远离市中心，夜间灯光亮度越低。可能出于市政府周围的容积率管制等原因，市中心约 2 km 范围内的夜间灯光亮度略低。后文的稳健性检验去掉了城市中心区的位置点（到市政府距离平均为 9 km），回归结果不受影响，参见后文表 4.2 第（2）列。类似地，利用 2005—2015 年全国工商企业注册数据，距离所在地级市中心每隔 1 km 计算企业数量，除以地理面积后得到环状区域内企业密度，构建以下回归方程：$\mathrm{Ln}\,(firm\_density)_{ipt}=\sum_{j=1}^{3}\beta_j\cdot\mathrm{Ln}\,(Dis_i)^j+u_p+\rho_t+\varepsilon_{it}$。基于回归系数 β_j 得到企业密度空间分布梯度曲线，如图 4.4 所示。图中显示，样本城市内的企业空间分布显示为严格的单中心特征。

基于上述数据特征，本研究的基准模型采用单中心城市的基本设定，将经济分布的空间梯度曲线设置为对数线性，通过梯度曲线斜率的变化来识别高铁设站对于城市内部空间结构的影响。若设置在城市边缘的高铁站推动了经济活动向新区集聚，则城市经济活动分布的梯

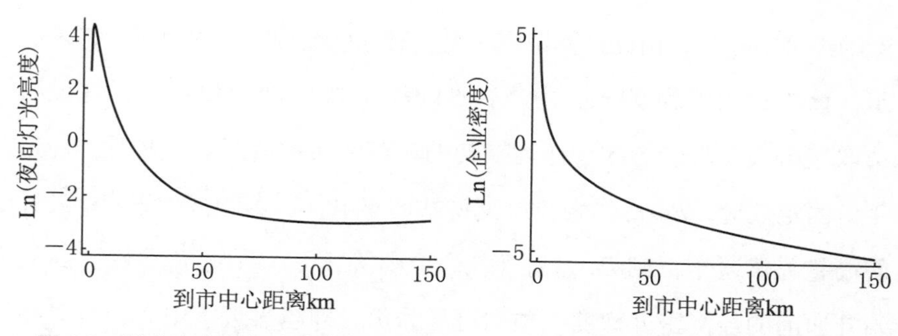

图 4.3　城市内夜间灯光亮度的空间分布：三次多项式

图 4.4　城市内企业密度的空间分布：三次多项式

注：左图基于 2004—2015 年全国夜间灯光亮度数据，构建回归方程 $\text{Ln}\,(light)_{ipt}=\sum_{j=1}^{3}\beta_j\cdot\text{Ln}\,(Dis_i)^j+u_p+\rho_t+\varepsilon_{it}$，基于回归系数 β_j 得到夜间灯光亮度分布梯度曲线；右图基于 2005—2015 年全国工商企业注册数据，距离所在地级市中心每隔 1 km 计算企业数量，得到环状区域内企业密度，构建回归方程 $\text{Ln}\,(firm\_density)_{ipt}=\sum_{j=1}^{3}\beta_j\cdot\text{Ln}\,(Dis_i)^j+u_p+\rho_t+\varepsilon_{it}$，基于回归系数 β_j 得到企业密度分布梯度曲线；分析样本城市为 2009—2014 年有新设高铁站的非中心地级市。

度曲线将变平缓，梯度的绝对值变小。

实证研究的第一部分采用精确至约 1 平方公里栅格的微观夜间灯光数据，分析新设高铁站通车对于城市经济活动梯度的影响。采用以下设定：

$$y_{it}=\beta_1\cdot Post_{st}\cdot\text{Ln}\,(Dis\_CBD_i)+\beta_2\cdot\text{Ln}\,(Dis\_CBD_i)+\beta_3\cdot Post_{st}+\eta_i+\varepsilon_{it}\tag{4.1}$$

其中，y_{it} 是位置点 i 在 t 年的对数夜间灯光亮度，基于相关权威研究（Henderson 等，2018），该指标能够有效衡量地区经济活动密度。$Dist\_CBD_i$ 代表位置点 i 到市中心的距离。与多数文献做法类似（如 Albouy 等（2018）），选取城市人民政府的区位作为城市经济中心（后文简称为市中心）。更准确地说，这一设定规定了城市的原有经济中心，好处是不会受到高铁设站的影响，从而避免了内生性问题。城市人民政府的位置在多大程度上能代表城市经济中心？为了回答这一问题，本章利用微观夜间灯光数据，计算了灯光亮度加权的随时间可变的经济中心[1]，由此计算城市人民政府到该经济中心的距离。结果显示，该距离均值为 9 km、中位数 5 km，且随时间变化不大，这说明选取城市人民政府的区位作为期初的城市经济中心具有合理性。η_t 是年份固定效应，$Post_{st}$ 代表新设高铁站通车事件。若距离位置点 i 最近的高铁站 s 通车，则 $Post_{st}$ 等于 1，否则等于 0。系数 β_2 反映了高铁站开通前的经济密度梯度，预测符号为负，即越靠近市中心，灯光亮度越高。β_2 的绝对值越高意味着城市经济活动分布越集中，否则意味着经济活动分布越分散。系数 β_1 用以衡量新设高铁站对于城市经济活动分布的影响，若高铁设站导致城市经济活动分布更分散，则 β_1 应显著大于 0。系数 β_3 衡量了高铁开通对于市中心位置点的经济活动的影响。鉴于微观位置点数量庞大，且经济活动主要在市区开展，基准回归采用市区位置点。考虑到地级市的区县和县级市在城市管理上的相对独立性，稳健性检验分别考察了设立在区县的高铁站对于区县空间结构的影响以及设立在县级市的高铁站对于县级市空间结构的影响。

2. 城市经济中心

为了进一步检验高铁新城区域的经济集聚是否主导了高铁通车后的经济活动分散，本部分采用以下研究思路：若高铁新城形成了新的就业中心，则城市的经济活动中心将向高铁站位置产生显著偏移。具体而言，首先利用微观地理层面的夜间灯光数据，按照式（4.2）计算得到历年各城市灯光加权的城市经济中心经纬度；其次，在此基础上计算高铁站到城市经济中心的距离；最后，检验新设高铁通车对于该

---

① 城市经济中心的经纬度的计算公式为：$x_{center}=\sum_{i=1}^{n} light_i \cdot x_i / \sum_{i=1}^{n} light_i$，$y_{center}=\sum_{i=1}^{n} light_i \cdot y_i / \sum_{i=1}^{n} light_i$。$i$ 代表位置点，分子 x_i 和 y_i 代表经纬度，分母代表城市各位置点加总的灯光亮度。基本思想是求出灯光亮度加权的平均经纬度，夜间灯光亮度越亮的位置，计算得出的平均经纬度将越接近该位置。类似的设定方式参见相关研究（Combes 等，2019；Dingel 等，2021），这些研究计算了人口加权的城市中心。

距离的影响。回归设定如式（4.3）所示。

$$
\text{城市经济中心经纬度}\begin{cases} x_{center}=\dfrac{\sum_{i=1}^{n} light_i \cdot x_i}{\sum_{i=1}^{n} light_i} \\ y_{center}=\dfrac{\sum_{i=1}^{n} light_i \cdot y_i}{\sum_{i=1}^{n} light_i} \end{cases} \tag{4.2}
$$

$$
Dist\_center_{st}=\beta \cdot Post_{st} + u_s + \eta_t + \varepsilon_{st} \tag{4.3}
$$

其中，*Dist_center* 为高铁站 *s* 到所在城市经济中心的距离的对数，该变量随时间可变。若高铁站 *s* 通车，则 $Post_{st}$ 等于 1，否则等于 0。式（4.3）控制了年份固定效应（η_t）以及高铁站固定效应（u_s）。与前文一致，只采用 2009—2014 年新设高铁站样本，且去除了高行政级别城市（省会城市、副省级城市、直辖市）。因此，与传统双重差分设计不同，式（4.3）的识别依赖于各地高铁站通车时间的差异，处理组为早期开通高铁的车站，控制组为晚期开通高铁的车站。系数 β 衡量了新设高铁站通车对于城市经济中心的地理位置的影响。若 $\beta<0$，说明高铁通车后城市经济中心向高铁新城区域偏移，高铁新城的经济表现优于所在城市整体，可能形成了新的区域性经济活动中心。

3. 土地价格与微观企业的空间分布

考虑到夜间灯光亮度的指标同时受到政府的城市建设行为和市场主体的空间选址行为影响，利用土地价格以及微观企业的空间分布分别考察高铁设站后市场主体的空间分布。基于微观地块出让价格数据，式（4.4）检验了高铁设站对于城市地价空间梯度的影响：

$$
\begin{aligned}
&\text{Ln}(Landprice)_{it}=\alpha_1 \cdot Post_{st} \cdot \text{Ln}(Dist\_CBD_i)+\\
&\alpha_2 \cdot \text{Ln}(Dist\_CBD_i)+\alpha_3 \cdot Post_{st}+X'\alpha+\eta_t+\varepsilon_{it}
\end{aligned} \tag{4.4}
$$

其中，$Landprice_{it}$ 代表 t 年出让的地块 i 的单位面积价格，$Post_{st}$ 和 $Dist\_CBD_i$ 的设定与式（4.1）相同。由于地块本身特征的差异可能与区位相关，从而影响价格，纳入一组土地特征变量 X'，包括地块到高铁站距离、地块面积、土地用途（住宅、商业、工业）、土地级别、出让方式（挂牌、拍卖）①、容积率等。η_t 是地块出让年份及月份固定效应。为了剔除局部区域土地供给的影响，按到市中心距离 5 km 划分若干环状区域，在地价回归方程中控制同年份地块所处的环状区域的土地出让总面积。与式（4.1）类似，系数 α_2 反映了高铁站开通前的地价梯度，预测符号为负，即越靠近市中心，地价越高。控制所在区域土地供给后，土地价格的变化主要取决于土地需求，α_2 的绝对值越高则意味着土地的市场需求更加集中在市中心，否则意味着土地的市场需求分布更分散。因此，若高铁设站导致地价空间分布变得更为分散，则 α_1 应显著大于 0；反之，显著小于 0 的 α_1 意味着高铁设站后地价的空间分布变得更集中。

由于地价取决于异质性的地块特征，无法构造面板数据，也就不能控制区位固定效应，也就难以控制不同区位的经济发展趋势差异对地价带来的影响。为了克服这一问题，利用全国工商注册数据来识别高铁设站对于城市内企业空间分布的影响。具体地，基于微观企业的经纬度信息，距离市中心每隔 1 km 加总当年新注册企业数量，除以地理面积后得到 1 km 环状区域内的企业密度，形成环状区域—年份层面的面板数据。与式（4.1）和式（4.4）的思路类似，设定以下回归模型考察高铁设站对于企业分布空间梯度的影响：

---

① 在本研究期间，仅有 0.86% 的地块采用了招标方式出让，根据已有研究（Wang 和 Hui，2017），招标主要应用于具有特殊用途的建筑用地，如地标性建筑或公共住房。因承担一定公共服务功能，招标价格较少反映市场供需，因此在回归中不做考虑。

$$\text{Ln}(Firm\_density)_{dt} = \gamma_1 \cdot Post_{pt} \cdot \text{Ln}(Dist\_CBD_d) + \gamma_2 \cdot \text{Ln}(Dist\_CBD_d) + \gamma_3 \cdot Post_{pt} + \eta_t + \varepsilon_{dt} \tag{4.5}$$

其中，$Firm\_density_{dt}$ 代表 t 年环状区域 d 范围内的企业密度；$Dist\_CBD_d$ 是环状区域 d 到市中心的平均距离；$Post_{pt}$ 代表城市 p 的高铁站通车事件（若同一城市有多个新设高铁站，则取第一个高铁站通车时间作为事件发生时间点）；系数 γ_1 用以衡量新设高铁站对于城市内企业密度分布的影响，γ_1 取正值（负值）意味着高铁设站后城市内企业空间分布变得更为分散（集中）。

4. 内生性问题

与多数政策评估面临的问题类似，在识别上，高铁设站很可能存在选择偏误问题。例如，高铁站更可能设立在城市扩张可能性更高的城市，这将造成研究结果的高估。为处理这一潜在偏误，采用以下解决方案：首先，仅保留在样本期（2009—2014 年）有新设高铁站的城市，并去除了高行政级别城市（省会城市、副省级城市、直辖市），以尽可能确保样本城市的可比性，此时用于识别的变异来自高铁在城市间的设站顺序。其次，重点关注到市中心不同距离的位置点的经济活动在高铁设站前后的改变，本质上是一种三重差分的设计。这允许我们进一步控制高铁站 × 年份固定效应或城市 × 年份固定效应，这能够完全消除高铁在城市间的设站顺序内生性问题。在这种设定下，由于变量 *Post* 与固定效应完全共线，无法获得系数 β_3、α_3 以及 γ_3 的估计值。再次，为控制不同区位的经济发展趋势差异，在式（4.1）、式（4.4）的基础上纳入了区位固定效应，式（4.1）进一步纳入位置点的线性时间趋势项，由于变量 *Dist_CBD* 与固定效应完全共线，这种设定下无法获得系数 β_2 和 γ_2 的估计值。

二、数据

本章采用的基础数据库，如新设高铁站、夜间灯光亮度、微观地块出让数据等，与前章相同。第三章关注的是高铁站区经济发展，而本章关注高铁新站所在城市内部的经济活动空间分布，因此微观数据的涵盖范围较前文更广。此外，为了衡量高铁设站对于市场主体的空间选址影响，基于2005—2015年全国工商企业注册数据（Dong 等，2021）提取企业地址经纬度，并计算到市中心的距离，用以反映企业在城市内空间分布。该数据由国家工商行政管理总局维护，是目前反映各地区企业活动的最全面的数据库。去除个体工商户及缺失数据，共计25545850条企业注册记录。

第四节　高铁设站对城市内部经济活动分布的影响

一、高铁设站对城市经济密度梯度的影响

本部分基于微观地理层面的夜间灯光亮度数据，考察新设高铁站开通对于非中心城市的经济密度梯度的影响。基于前文的分析，若高铁设站推动了城市内部的经济活动由市中心向外分散，那么夜间灯光亮度的空间梯度的绝对值应当变得更小，即梯度曲线变得更为平坦。

利用识别至约1平方公里栅格的全国市区夜间灯光数据，表4.1估计了新设高铁站对于夜间灯光亮度空间分布的影响。为得到高铁设站前的夜间灯光亮度的空间梯度，表4.1第（1）列仅控制了年份固定效应。Ln（*Dist_CBD*）的系数（β_2）衡量了高铁通车前的夜间灯光亮度梯度，结果显著小于0，这与单中心城市模型的预测一致——越远离市中心，经济活动密度显著降低。交叉项 *Post* × Ln（*Dist_CBD*）的系数（β_1）大于0，即新设高铁站通车后，夜间灯光亮度空间梯度的绝对值变小，说明城市内经济活动分布变得更为分散。高铁设站前，到市

中心的距离每增加 1%，经济活动密度下降 2.56%，而高铁设站后这一数值降低至 2.25%（=2.56%−0.31%）。根据表 4.1 第（1）列结果可做出高铁站通车前后夜间灯光亮度的梯度曲线，如图 4.5 所示。新设高铁站开通后，梯度曲线变得更为平坦，市区的经济活动边界（梯度曲线与横轴的交点）由 17 km 扩散至 25 km，城市扩张效应显著。为消除高铁在城市间的设站顺序内生性问题并缓解位置点层面的遗漏变量问题，表 4.1 第（2）列和第（3）列进一步控制了位置点固定效应及其线性时间趋势、高铁站 × 年份固定效应。因与固定效应共线，上述设定无法得到 Ln（*Dist_CBD*）和 *Post* 的系数，高铁设站对夜间灯光亮度梯度的影响保持稳健，且数值和显著性都有明显提高。为尽可能避免内生性问题，后文的回归将以第（3）列的设定作为基准回归。

表 4.1　新设高铁站对市区灯光亮度分布的影响

因变量：Ln（夜间灯光亮度）

	（1） 控制年份固定效应	（2） 控制位置固定效应与线性趋势	（3） 控制高铁站 × 年份
Ln（*Dist_CBD*）	−2.559*** （0.122）		
Post	−0.0257 （0.435）	−1.653*** （0.0136）	
Post × Ln（*Dist_CBD*）	0.307 （0.223）	0.571*** （0.00425）	0.404*** （0.00524）
年份固定效应	是	是	是
位置固定效应	否	是	是
位置的线性时间趋势	否	是	是
高铁站 × 年份固定效应	否	否	是
观察值	2472228	2472228	2472206
R^2	0.355	0.886	0.900

注：表中第（1）—（3）列的研究样本为新设高铁站的非中心地级市（去除高行政级别城市）市区的所有微观位置点；第（4）列仅考虑规划有高铁新城的地级市市区微观位置点；括号中是聚集到区县的标准误；*** $p<0.01$，** $p<0.05$，* $p<0.1$。

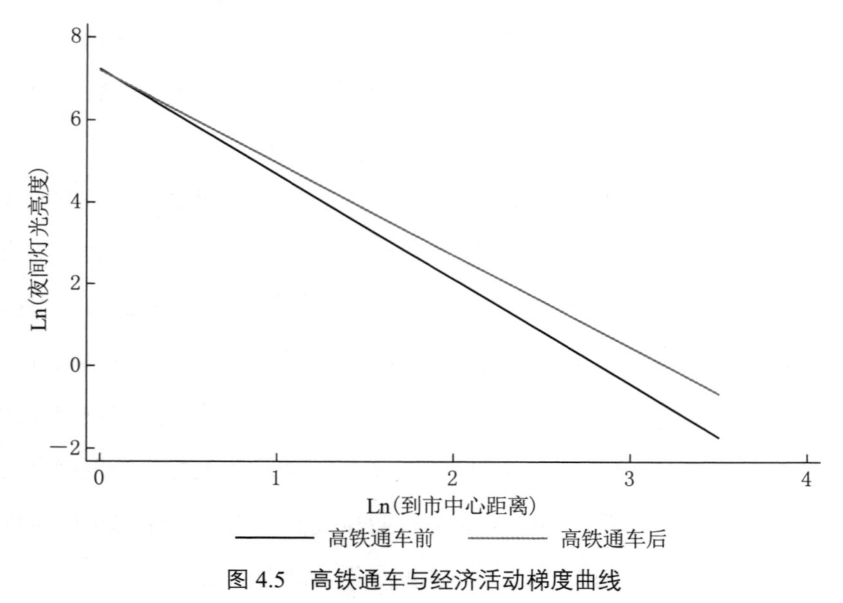

图 4.5　高铁通车与经济活动梯度曲线

注：根据表 4.1 第（1）列结果作图。

考虑到城市中心的测量误差问题，表 4.2 的第（1）列和第（2）列改变了市中心定义。第（1）列借鉴相关研究（Baum-snow 等，2017），以 2004 年夜间灯光亮度加权的经济中心作为城市中心。第（2）列基于每年计算的灯光加权的城市经济中心，定义了一个城市中心区，即从城市人民政府出发至城市经济中心的最远边界。在基准回归的基础上，第（2）列去掉了城市中心区内的样本，将变量“到市中心距离”（*Dis_CBD*）更换为“到市中心区边界的距离”。结果显示，第（1）列和第（2）列的回归结果的数值与显著性变化不大。为反映城市经济活动的空间分布，表 4.1 的研究样本仅采用了市区位置点。为确保研究结果稳健，表 4.2 的第（3）—（5）列重新更换研究样本，考虑高铁站对于全市经济分布的影响。由于地级市的区县和县级市在城市管理、城市活动等方面相对独立，分别考察设立在区县的高铁站对于区县经济活动分布的影响（第（3）列的研究样本限制在地级市下辖区县的微观位置点），以及设立在县级市的高铁站对于县级市经济活动分布的影响（第（4）列的研究样本限制在地级市下辖县级市的微观位置点）。区县高铁站的设立对经济梯度的影响与表4.1的基准回归差别不大，而县级市高铁站的影响显得很微弱。产生这一结果的原因可能是，县级市中心的经济密度并不高，较少有向外分散的需求。第（5）列基于地级市全市（包括区、县及县级市）的所有微观位置点，距离市中心每隔1 km取灯光亮度均值，形成研究样本。这种设定降低了数据的准确性，但好处是能够反映全市的经济活动分布的变化。由于县级单位的经济密度较低，第（5）列得到的高铁设站对于空间梯度的效应小于基准回归结果，但影响方向和显著性变化不大。

表4.2 稳健性检验

因变量：Ln（夜间灯光亮度）

	（1）	（2）	（3）	（4）	（5）
	改变市中心定义	去除城市中心区	区县高铁站	县级市高铁站	全市
Ln（*Dist_CBD*）					−1.694*** （0.0582）
Post × Ln（*Dist_CBD*）	0.369*** （0.101）	0.355** （0.168）	0.416*** （0.0489）	0.00747*** （0.00232）	0.109** （0.0518）
年份固定效应	是	是	是	是	是
位置固定效应	是	是	是	是	—
位置线性时间趋势	是	是	是	是	—
高铁站 × 年份固定效应	是	是	是	是	是
观察值	2638831	487641	14002549	2069903	215690
R^2	0.892	0.633	0.872	0.873	0.803

注：第（1）列的市中心定义为2004年的城市经济中心；第（2）列在表4.1第（3）列的基础上去除了城市中心区位置点；第（3）列关注设置在区县的高铁站，研究样本是地级市区县的微观位置点；第（4）列关注设置在县级市的高铁站，研究样本是县级市的微观位置点；第（5）列基于地级市内的所有微观位置点，距离市中心每隔1 km取灯光亮度均值，形成研究样本；括号中是聚集到区县的标准误；*** $p<0.01$，** $p<0.05$，* $p<0.1$。

表4.3进一步检验了市场可达性对城市内部经济活动分布的影响，第（1）列纳入了城市可达性指标（采用式（3.7）的设定）与高铁通车事件以及位置点到市中心距离的三项交叉项。结果显示，这一交叉项显著为负，即城市可达性越强，高铁设站对城市内部经济活动分布的分散效应越弱。尽管第三章的结果发现，城市可达性显著增强了高铁站区相对于周边区域的经济集聚，但这并不意味着在整个城市范围内经济活动的分布必定变得更为分散。本部分的结果说明，相较于高铁站区的经济集聚，城市可达性的提升更加促进了高铁通车后经济活动在市中心的集聚，这导致城市可达性的提升反而推动了城市内部经济活动的集中分布。第（2）列纳入了市中心可达性指标（到市中心距离的对数）与高铁通车事件以及位置点到市中心距离的三项交叉项。该交叉项显著为负，这说明高铁站的市中心可达性越强（即距离市中心越近），高铁设站对经济活动的分散效应越强。这一结果与前文的发现相一致，更强的市中心可达性能够确保高铁新区对经济活动的吸引力，从而推动经济活动从市中心向新的发展中心转移。

表4.3　市场可达性与市区夜间灯光亮度分布

因变量：Ln（夜间灯光亮度）

	（1）	（2）	（3）
	城市可达性（1000 km以内）	市中心可达性	城市可达性与市中心可达性
Post × Ln（*Dist_CBD*）	2.218*** （0.0314）	1.027*** （0.0140）	3.064*** （0.0351）
Ln（*Dist_CBD*）× *MA_Inter2*	0.334*** （0.0106）		0.372*** （0.0106）
Post × Ln（*Dist_CBD*）× *MA_Inter2*	−0.225*** （0.00371）		−0.243*** （0.00372）
Post × Ln（*Dist_CBD*）× *MA_Intra*		−0.267*** （0.00557）	−0.305*** （0.00562）

续表

	(1)	(2)	(3)
	城市可达性(1000 km 以内)	市中心可达性	城市可达性与市中心可达性
表中各列均已控制年份、位置点、高铁站 × 年份固定效应以及位置的线性时间趋势			
观察值	2472206	2430505	2430505
R^2	0.900	0.899	0.899

注:研究样本为2009—2014年通车的新设高铁站的普通地级市(去除高行政级别城市)市区的所有微观位置点;*MA_Inter*1是式(3.7)定义的城市可达性指标;基于式(3.7)的定义,*MA_Inter*2只考虑对1000公里范围内的城市可达性;*MA_Intra*是高铁站到市中心物理距离的对数,用来衡量市中心可达性;未列出的两项交叉项以及水平项均被固定效应吸收;括号中是聚集到区县的标准误;*** $p<0.01$,** $p<0.05$,* $p<0.1$。

二、高铁设站对城市经济中心区位的影响

前文发现,高铁站通车后市区的经济活动分布变得更为分散。这一结果可能由以下两方面因素驱动——高铁开通后城市内交通设施的改善以及位于郊区的高铁新城对经济活动产生的吸引力。若交通设施改善主导了上述分散效应,那么高铁通车前后,城市经济活动中心并不产生明显偏移;若新城对经济活动的吸引力是主导力量,那么应观察到高铁通车后,城市经济活动中心向高铁站区偏移。表4.4汇报了估计结果,高铁站通车后城市经济中心并未向高铁新城方向偏移。与前文的结果一致,与城市整体相比,高铁新城并未获得显著的经济发展优势。表4.4第(2)列和第(3)列进一步控制了所在地级市的人口以及GDP,目的是控制城市整体的经济发展水平后,观察高铁通车在城市内部是否产生了分布效应。类似地,*Post*的系数并不显著,且在数值上接近于0。第(4)列仅考虑发布高铁新城规划的样本,高铁通车同样并未对城市经济中心的相对区位产生显著影响,且数值与全样本基本相同。总的来说,高铁新城并未对城市内的经济活动产生足够的吸引力。

考虑到高铁通车效应的发挥可能存在滞后,进一步将高铁通车效

应逐年分解，结果如图 4.6 所示。高铁通车前后，高铁站与城市经济中心的距离均没有显著缩短的趋势，这说明即使在城市整体层面，高铁通车后新城区域的经济集聚也并未显示出随时间增长的发展趋势。

表 4.4　高铁通车对城市经济中心相对区位的影响

因变量：Ln（高铁站到所在城市经济中心的距离）

	（1）	（2）	（3）	（4）
	全样本	控制人口	控制 GDP	规划高铁新城样本
Post	0.0127 （0.0174）	0.00906 （0.0182）	0.00941 （0.0180）	0.0120 （0.0462）
Ln（人口）		0.120 （0.112）		
Ln（GDP）			0.0276 （0.0190）	
高铁站及年份固定效应	是	是	是	是
观察值	2574	2338	2335	715
R^2	0.967	0.969	0.969	0.997

注：研究样本为新设高铁站的普通地级市（去除高行政级别城市）；第（2）列和第（3）列分别控制了所在地级市的人口与 GDP 对数；第（4）列仅考虑规划有高铁新城的城市。所有列均控制了高铁站以及年份固定效应；括号中是聚集到地级市的标准误；*** $p<0.01$，** $p<0.05$，* $p<0.1$。

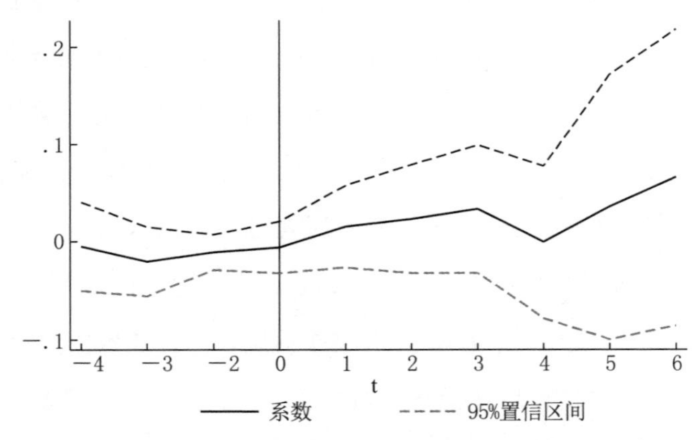

图 4.6　高铁通车对高铁站到城市经济中心距离的时间效应

注：研究样本为 2009—2014 年新建高铁站，时间效应的基准组为高铁通车前一年；横轴代表距离高铁通车的时间，0 值代表高铁通车当年；纵轴是高铁效应的估计系数，虚线代表 95% 置信区间。

表 4.7 检验了市场可达性对高铁站到城市经济中心距离的影响。结果显示，城市可达性的影响并不显著，且在数值上接近于 0，这说明城市可达性的提升可能同等地提高了城市整体以及新城区域的经济表现。对市中心的可达性显示出显著的效应：高铁站距离市中心（人民政府所在地）越近，高铁通车后城市经济中心的位置显著向高铁新城偏移。根据第（2）列结果，高铁站到市中心距离的门槛值为 15 km [=exp（0.123/0.0458）]，即只有当距离小于 15 km 时，高铁通车后城市经济中心才向高铁新城偏移，即高铁新城的经济表现优于所在城市整体。这一估计结果与第三章中的表 3.5 第（3）列的结果类似。这说明无论是以邻近区域为参照对象还是以城市整体经济发展作为参照对象，市中心可达性对新城经济发展的影响相近，再次验证了远离市中心的高铁站选址是制约新城经济发展的重要因素。

表 4.5　市场可达性与高铁新城经济发展：高铁站到城市经济中心的距离

因变量：Ln（高铁站到所在城市经济中心的距离）

	（1）	（2）	（3）
	城市可达性（1000 km 以内）	市中心可达性	城市可达性与市中心可达性
Post	−0.0132 （0.102）	−0.123** （0.0483）	−0.147 （0.132）
MA_Inter2	0.0252 （0.0244）		0.0271 （0.0244）
Post × MA_Inter2	0.000220 （0.0113）		−0.000279 （0.0120）
Post × MA_Intra		0.0458*** （0.0137）	0.0463*** （0.0139）
高铁站与年份固定效应	是	是	是
观察值	2541	2574	2541
R^2	0.967	0.968	0.968

注：研究样本为 2009—2014 年通车的新设高铁站；括号中是聚集到地级市的标准误；*** p＜0.01，** p＜0.05，* p＜0.1。

第五节　高铁设站效应的来源

高铁设站后城市内夜间灯光亮度分布的分散化并不等同于人口密度的地理扩散。夜间灯光亮度的变化可能由两方面因素驱动：一是政府投资行为——高铁开通后地方政府的城市建设投资偏向郊区新城，例如高铁站房及配套设施的修建、郊区新建的教科文卫等城市公共设施等；二是市场主体选址行为——位于郊区的高铁新站改变了市中心和城市郊区的相对吸引力，从而对企业、居民以及投资者的区位选择产生影响。本部分分别从政府投资行为和市场主体选址行为两方面探讨高铁设站效应的来源。

一、政府投资与高铁设站效应

高铁设站后的夜间灯光亮度分散化是由哪些区位主导的？在基准回归的基础上，表 4.6 的第（1）—（5）列分别将研究样本限定在到市中心 50 km、35 km、25 km、15 km、10 km 的位置点。结果显示，距离市中心越远，高铁设站的分散效应（即高铁设站与到市中心距离交叉项的系数）越强；市中心 15 km 范围内，高铁设站后夜间灯光亮度的分布反而更集中了（交叉项系数显著为负）。这意味着高铁设站并未带来经济活动由市中心向外扩散，夜间灯光亮度分散化是由远离城市中心区的区域的经济密度提升主导的，这可能与地方政府对位于郊区的高铁站区的投资开发行为有关。

表 4.6 的第（6）列和第（7）列按是否发布高铁新城规划划分了样本。研究发现，规划有高铁新城的城市显示了更强的夜间灯光亮度

分散化趋势，高铁设站对于空间梯度的降低效应两倍于未发布新城规划的城市。进一步考察地方政府对高铁站区的规划开发强度的影响需要更微观的数据。在难以获取政府对高铁站区的投资规模数据的情况下，考虑到城市规划将落实到土地利用性质和规模上，我们利用土地交易微观数据计算高铁设站前 3 年站区方圆 5 公里范围内出让的各类土地面积，以此衡量地方政府对于高铁站区的规划与开发强度。据此，表 4.7 构造了高铁站区开发强度指标、高铁设站事件以及位置点到市中心距离的三项交叉项。结果显示，所有指标均显示出正向交叉效应，即地方政府对高铁站区的开发力度越强，高铁设站后城市夜间灯光亮度越分散。尤其是高铁站区的城市基础设施类用地（第（2）—（4）列的公共管理与服务用地、公共设施用地与道路用地）的供应面积，对高铁设站效应的影响更为显著，与前述猜想一致，这进一步说明城市建设投资建设偏向高铁站区是导致高铁设站后夜间灯光亮度分散的主要原因。

表 4.6　高铁设站效应的异质性

因变量：Ln（夜间灯光亮度）

	（1）	（2）	（3）	（4）	（5）	（6）	（7）
	50 km 以内	35 km 以内	25 km 以内	15 km 以内	10 km 以内	高铁新城规划	没有高铁新城规划
Post × Ln（*Dist_CBD*）	0.394*** （0.120）	0.343*** （0.117）	0.210* （0.112）	−0.311*** （0.0869）	−0.458*** （0.0963）	0.600*** （0.186）	0.272** （0.116）
年份、位置、高铁站 × 年份固定效应和位置线性时间趋势均已控制							
观察值	2146903	1767623	1297120	661177	344355	1042074	1430132
R^2	0.888	0.881	0.870	0.848	0.848	0.896	0.901

注：各列采用表 4.1 第（3）列的回归设定；第（1）—（5）列分别将研究样本限定在到市中心 50 km、35 km、25 km、15 km、10 km 的位置点；第（6）列和第（7）列按有无高铁新城规划重新划分样本。

表 4.7　高铁站区的规划开发强度与高铁设站效应

因变量：Ln（夜间灯光亮度）

区分用地类型的站区土地出让面积	（1）	（2）	（3）	（4）	（5）	（6）	（7）
	总体	公共管理与服务	公共设施	道路	住宅	商业	工业
Post × Ln（*Dist_CBD*）× Ln（站区各类土地出让面积）	0.0421 （0.0465）	0.0596* （0.0307）	0.0552* （0.0319）	0.0649** （0.0281）	0.0267 （0.0284）	0.0884** （0.0357）	0.0317 （0.0362）
Post × Ln（*Dist_CBD*）	0.244 （0.220）	0.429*** （0.107）	0.397*** （0.105）	0.537*** （0.127）	0.355*** （0.114）	0.300** （0.117）	0.339** （0.138）
年份、位置、高铁站 × 年份固定效应和位置线性时间趋势均已控制							
观察值	2472206	2472206	2472206	2472206	2472206	2472206	2472206
R^2	0.900	0.900	0.900	0.900	0.900	0.900	0.900

注：各列在表 4.1 第（3）列回归设定的基础上，纳入 *Post* × Ln（*Dist_CBD*）× Ln（站区各类土地出让面积）；其中，站区各类土地出让面积指的是高铁设站前 3 年站区方圆 5 公里范围内出让的各类土地面积，用来衡量地方政府对于高铁新城的规划与开发强度；第（1）—（7）列的站区各类土地出让面积分别对应着总体、公共管理与服务、公共设施、道路、住宅、商业和工业用地。

最后，利用地方政府的土地配置行为来考察政府对于城市内不同区域的规划开发力度差异。具体地，地级市中心每隔 5 km 设置环状区域，基于 2007—2017 年中国微观土地出让数据，根据地块的经纬度信息，加总环状区域内各类土地的出让面积，形成环状区域—年份层面的研究样本。鉴于地方政府倾向于在重点投资开发的地区配置更多城市建设用地，不同区域的土地出让面积能够在很大程度上反映政府城市建设投资的空间分布。表 4.8 估计了高铁设站对不同环状区域内的土地出让面积的影响。核心自变量是高铁设站事件与环状区域到市中心的距离［*Post* × Ln（*Dist_CBD*）］，控制变量包括城市 × 年份以及环状区域固定效应。第（1）列加总了所有用地类别的出让面积，交叉项的结果显著为负，说明高铁设站后，较远离市中心的区域出让土地面积显著更大。第（2）—（7）列进一步区分了土地用途。可以发现，高铁设站后离市中心越远，公共管理与公共服务用地和住宅用地出让面积显著增大，其他类型的用地出让规模在区位上没有显著差异，且数值接近于0。公共管理与公共服务用地主要包括行政、文化、教育、卫生、体育等机构和设施用地，其用地主体为政府机构，此类用地向城市中心区外部扩散意味着高铁设站后地方政府基础设施投资倾向于配置在较远离市中心的区域。住宅用地的配置向中心区外部扩散也说明在高铁设站后，城市政府倾向于将居民由市中心分散至更远离中心的区域。总之，表4.8的结果说明，高铁设站后沿线地方政府的城市开发建设重心向市中心外部扩散，直接后果是观测到的城市夜间灯光亮度出现分散化的趋势。

表4.8　高铁设站对城市土地出让的空间分布的影响

因变量：Ln（各类土地出让面积）

	（1）	（2）	（3）	（4）	（5）	（6）	（7）
	总体	公共管理与服务用地	公共设施用地	道路用地	住宅用地	商业用地	工业用地
Post × Ln（*Dist_CBD*）	0.0154*** （0.00429）	0.0126* （0.00666）	−0.00420 （0.00860）	−0.00245 （0.0137）	0.0222*** （0.00569）	−0.00481 （0.00818）	0.00629 （0.00486）
环状区域固定效应	是	是	是	是	是	是	是
城市 × 年份固定效应	是	是	是	是	是	是	是
观察值	20907	9340	10232	3857	15835	13015	14690
R^2	0.726	0.524	0.552	0.604	0.696	0.557	0.605

注：基于2007—2017年微观土地出让数据，根据地块的经纬度信息，距离所在地级市中心每隔5 km计算各类土地出让面积，以此构建环状区域—年份层面的研究样本；样本城市为新设高铁站的非中心城市；括号中是聚集到地级市的标准误；*** $p < 0.01$，** $p < 0.05$，* $p < 0.1$。

二、高铁设站与市场主体的空间选址

基准回归采用的夜间灯光亮度同时受到地方政府的城市建设行为和市场主体的经济活动影响。为了更清晰地呈现高铁设站对于市场主体的空间选址产生的影响，本部分考察土地价格以及微观企业的空间分布变化。

1. 高铁设站对土地价格空间梯度的影响

在土地供给弹性较小的情况下，土地价格主要反映了土地需求方对所在区域未来经济发展的预期。在经典的单中心城市模型中，土地价格是用于刻画城市内部空间结构的常用指标。基于单中心城市的预测，距离市中心越远，土地价格越低。这一关系同样可以定义为一条斜率小于0的曲线，即地价梯度曲线，横轴为地块到市中心的距离，纵轴为土地价格。曲线的斜率定义为地价梯度，绝对值越高，说明投资者预计未来的经济活动分布更靠近市中心，也意味着市场主体更倾向于选址于市中心；反之，梯度的数值越小，说明市场主体倾向于向城市郊区扩散。表4.9采用新设高铁站所在城市的微观地块出让数据，分析高铁设站对于土地价格的空间分布的效应。考虑到高铁设站后地方政府可能在远离市中心的区位加大土地供应（参见表4.8的结果），局部区域土地供应的变动可能对地价产生干扰。为了剔除这一影响，按到市中心距离5 km划分若干环状区域，在地价回归方程中控制同年份地块所处的环状区域的土地出让总面积（Ln（*Landarea_donut*））。为了控制影响土地价格的其他特征因素，控制变量还包括到最近高铁站距离、地块面积、土地用途、土地级别、出让方式、容积率（FAR）、年度和月份固定效应、离地块最近的高铁站 × 年份固定效应等。

表4.9第（1）列显示，交叉项 *Post* × Ln（*Dist_CBD*）的系数为负值。即高铁站的设立导致城市地价梯度提升——高铁设站前，到市

中心的距离每增加 1%，土地价格下降 0.11%；高铁设站后，这一数值增加至 0.13%（=0.108%+0.0251%）。这说明高铁站设立后，更靠近市中心的地块价格上升更多，这意味着投资者预期未来经济活动分布更加集中于市中心。为了排除不同城市高铁站设立时间顺序的内生性问题，第（2）列进一步控制了到地块最近的高铁站 × 年份固定效应，高铁设站对地价梯度的影响在 1% 水平上显著，且影响程度进一步增大。值得注意的是，第（3）列中发布高铁新城规划的城市在高铁通车后也并未呈现地价分散的趋势，地价分布反而变得更为集中了。上述结果不同于前一部分发现的高铁设站导致市区夜间灯光亮度分布变得更分散，但印证了表 4.6 的第（4）列和第（5）列发现的市中心 15 km 范围内夜间灯光亮度的集中化趋势。结合前一部分的结果，这意味着夜间灯光亮度的分散化可能更多是出于政府对于郊区新区的开发建设，如高铁站区的公共品投入、政府机构搬迁等。根据地价梯度的回归结果，高铁站的设立反而加强了市中心的集聚能力，市场主体的空间分布更加集中于中心城区。

表 4.9　高铁设站对城市内土地价格分布的影响

因变量：Ln（单位地价）

	（1）	（2）	（3）
	基准回归	控制高铁站 × 年份	高铁新城规划
Post	0.0969 （0.0653）		
Ln（*Dist_CBD*）	−0.108*** （0.0177）	−0.0964*** （0.0168）	−0.0818*** （0.0247）
Post × Ln（*Dist_CBD*）	−0.0251 （0.0161）	−0.0447*** （0.0167）	−0.0653*** （0.0168）
Ln（*Landarea_donut*）	0.0404*** （0.00601）	0.0486*** （0.00558）	0.0529*** （0.00830）
Ln（*Dist_Station*）	−0.0537*** （0.0118）	−0.0538*** （0.0105）	−0.0829*** （0.0161）

续表

	（1）	（2）	（3）
	基准回归	控制高铁站 × 年份	高铁新城规划
Ln（*Landarea*）	−0.0422*** （0.00701）	−0.0458*** （0.00594）	−0.0487*** （0.00881）
Commercial （*Residential*=0）	−0.0750*** （0.0208）	−0.0789*** （0.0188）	−0.0727*** （0.0248）
Manufacture （*Residential*=0）	−1.445*** （0.0283）	−1.445*** （0.0275）	−1.415*** （0.0385）
Grade	−0.0118*** （0.00140）	−0.0118*** （0.00131）	−0.0111*** （0.00175）
Two-stage auction （*Auction*=0）	−0.365*** （0.0315）	−0.391*** （0.0279）	−0.410*** （0.0329）
FAR	0.185*** （0.00740）	0.181*** （0.00658）	0.174*** （0.00881）
年份和月份固定效应	是	是	是
高铁站固定效应	是	是	是
高铁站 × 年份 固定效应	否	是	是
观察值	172453	172414	93354
R^2	0.632	0.664	0.661

注：研究样本为新设高铁站的非中心城市的所有土地微观交易样本，第（3）列仅保留了规划有高铁新城的地级市样本；地块特征的控制变量包括5 km环状区域的土地出让总面积的对数（Ln（*Landarea_donut*））、到最近高铁站距离的对数（Ln（*Dist_Station*））、对数地块面积（Ln（*Land area*））、土地用途（基准组为住宅用地，商业用地 *Commercial*=1，否则 =0；工业用地 *Manufacture*=1，否则 =0）、土地级别（*Grade*）、出让方式（挂牌 *Two-stage auction*=1，拍卖 *Auction*=0）、容积率（*FAR*）；括号中汇报了聚集到区县的标准误；*** $p<0.01$，** $p<0.05$，* $p<0.1$。

2. 高铁设站与企业的空间分布

为了直接刻画高铁设站后企业在城市内部的空间分布，表4.10采用2005—2015年中国工商企业注册数据计算了到市中心1 km宽度的环状区域层面的企业密度，以此作为因变量考察高铁设站事件对于企业分布的空间梯度的影响。第（1）—（3）列和第（4）—（6）列分别考察了第二产业和第三产业企业的空间分布变化。第（1）列和第（4）列纳入城市 × 年份固定效应以缓解高铁设站的选址偏误问题。结果显示，高铁设站前，到市中心的距离每增加 1%，二产和三产企业密度分别下降 1.44% 和 1.63%；高铁设站后，这一数值变为 1.52%（=1.44%+0.08%）和 1.78%（=1.63%+0.15%）。与二产企业相比，三产企业的空间选址对于到市中心的距离更敏感，这与第三产业集聚经济随距离的衰减速度更快有关（Dekle 和 Eaton，1999）。在控制环状区域的固定效应后，第（2）列和第（5）列中交叉项的系数略微下降但仍显著为负。总的来看，高铁设站后企业的空间选址倾向于向市中心集中，这一结果与表 4.9 所呈现的地价空间梯度的趋势一致。在发布高铁新城规划的城市中（如第（3）列、第（6）列所示），第二产业企业集中化的趋势略有缓解但仍高度显著。

总之，本研究的结果显示，不论是从地价表现还是从企业选址来看，高铁设站都强化了原有城市中心区域对经济要素的集聚能力，体现为更集中化的经济活动空间分布，这与分散化的地方政府城市建设投资行为形成了鲜明对比。经济要素缘何在高铁设站后倾向于向市中心集中？已有研究多认为高铁设站对于城市发展而言是一个正向冲击，这意味着城市到外部市场的可达性增强，非中心城市得以承接中心城市的正向溢出（王媛，2020）。对于本章所关注的非中心城市而言，市中心的集聚远未达到最优水平。由于集聚经济有正外部性的属性，高铁设站的正向冲击将进一步强化市中心的吸引力，从而推动经济主体向市中心集中。沿着这一思路，表 4.11 从城市集聚能力的角度考察高铁设站的企业分布效应的异质性。参考经济地理学衡量区位优势的常用指标（Brülhart 等，2020），用以下两个指标衡量城市集聚能力：城市可达性和城市人口规模——前者衡量了城市对邻近大城市集聚经济利用的能力，后者用以反映城市自身的集聚能力。在表 4.10 第（2）列和第（4）列的基础上，表 4.11 分别纳入了城市对外部市场的可达性①、城市人口规模与高铁设站事件以及环状区域到市中心距离的三项交叉项。结果显示，三项交叉项显著为正，即城市可达性和人口规模越高，高铁设站后企业分布的集中化趋势越弱。与前述推测一致，这一结果说明，若将高铁设站视为郊区新城的发展契机、推动市场主体由城市中心区域向外扩散，则必须满足城市集聚水平足够强的条件。

表 4.10　高铁设站对企业空间分布的影响

因变量：Ln（企业密度）

	（1）	（2）	（3）	（4）	（5）	（6）
	第二产业企业密度			第三产业企业密度		
	全部样本		高铁新城规划	全部样本		高铁新城规划
Ln（*Dist_CBD*）	−1.436*** （0.0240）			−1.629*** （0.0326）		
Post × Ln（*Dist_CBD*）	−0.0776*** （0.0240）	−0.0532*** （0.0121）	−0.0427** （0.0179）	−0.152*** （0.0285）	−0.0754*** （0.0108）	−0.0787*** （0.0164）
环状区域固定效应	否	是	是	否	是	是
城市 × 年份固定效应	是	是	是	是	是	是
观察值	95352	94649	48259	103587	103040	51686
R^2	0.770	0.942	0.937	0.723	0.956	0.955

注：基于2005—2015年中国工商企业注册数据，根据企业经纬度，距离所在地级市中心每隔1 km计算新注册企业数量，得到环状区域内企业密度，以此构建环状区域—年份层面的研究样本；第（1）—（3）列因变量是Ln（第二产业企业密度）；第（4）—（6）列因变量是Ln（第三产业企业密度），第（3）列和第（6）列仅保留了规划有高铁新城的地级市样本；括号中是聚集到地级市的标准误；*** $p < 0.01$，** $p < 0.05$，* $p < 0.1$。

① 高铁城市（p）到城市可达性指标的设定与第三章相同，表达式为 $MA\_Inter_{pt}=\text{Ln}\left(\sum_{\substack{p \neq k,\\ dist_{pk} < 1000}} \frac{GDP2000_k}{Time^{\theta}_{pkt}}\right)$。即城市 p 的可达性取决于邻近城市 k 的市场规模（用2000年的GDP衡量）以及 p 与 k 之间的最低交通成本（用城市间最短交通时间 *Time* 衡量，为高铁、普通铁路、高速公路、国道四种交通方式下的最短通车时间）。邻近城市与高铁城市距离设定在1000公里以内，即仅考察1000公里以内的相邻城市的可达性（高铁通行时间小于5小时）。

表 4.11　高铁设站对企业空间分布的异质性影响

因变量：Ln（企业密度）

	（1）	（2）	（3）	（4）
	第二产业企业密度		第三产业企业密度	
Post × Ln（*Dist_CBD*）	−0.302** （0.133）	−0.971*** （0.343）	−0.361** （0.149）	−0.907*** （0.340）
Post × Ln（*Dist_CBD*）× Ln（城市可达性）	0.0280* （0.0150）		0.0311* （0.0164）	
Post × Ln（*Dist_CBD*）× Ln（城市人口规模）		0.0652*** （0.0244）		0.0591** （0.0244）
环状区域固定效应	是	是	是	是
城市 × 年份固定效应	是	是	是	是
观察值	93261	89631	101133	96870
R^2	0.942	0.943	0.957	0.957

注：在表 4.10 基础上，纳入 *Post*×Ln（*Dist_CBD*）×Ln（城市可达性）、*Post*×Ln（*Dist_CBD*）×Ln（城市人口规模）及相应的两项交叉项；为简化表述，未汇报两项交叉项的结果。

第六节　本章小结

近年来，郊区新城成为疏解大城市中心城区的人地压力、调整区域经济结构和空间结构的重要途径[①]。以高铁网络扩张为契机，许多城市着力投资建设郊区高铁新城，实现城市规模的快速扩张。与此同时，新型城镇化规划也明确要求“严格新城新区设立条件，防止城市边界无序蔓延”。大城市客观上存在发展郊区新城的需求，但对于中小城市

① 《国家新型城镇化规划（2014—2020）》提出“推动特大城市中心城区部分功能向卫星城疏散”。中央提出“2020 年北京中心城区力争疏解 15% 人口”。以疏解北京城市中心功能、建设通州行政副中心为目标，2019 年北京市政府正式迁址通州区。

而言，中心城区的集聚还未达到最优水平，此时发展郊区新城可能面临集聚能力不足的问题。利用带有地理信息的微观数据（包括识别至约1平方公里栅格的全国夜间灯光、全国地块出让数据和全国工商企业注册数据），本章系统分析了新设高铁站对于非中心城市内部经济活动分布的影响。研究发现，高铁设站后地方政府的城市开发建设由城市中心区向外扩散，而市场主体的空间分布反而更加集中于中心城区。政府的投资行为和市场主体的选址决策出现的这一偏离意味着地方政府的城市投资背离了市场需求。由此，中小城市推行的高铁新城建设仍需要相当长的发展时间才能达到多数规划文本中所提出的“新的城市副中心”的规划目标。基于本章的结果，非中心城市未来的城市发展战略应充分考虑城市空间结构的需求。由于大多数非中心城市的中心城区仍未达到最优集聚水平，过快推行郊区新城的战略可能带来土地低效利用以及地方债务问题，从而不利于新型城镇化目标的实现。

第五章

集聚的诞生：大学城建设与经济集聚

第一节 引言

党的十八大明确提出，“科技创新是提高社会生产力和综合国力的战略支撑，必须摆在国家发展全局的核心位置”。从发达国家的发展经验来看，大学对于城市科技创新能力乃至城市经济发展发挥着关键性作用。依托斯坦福大学的美国硅谷和依托哈佛大学和麻省理工学院等100多所各类高校的波士顿128公路高科技密集带以及依托31家著名公共教育研究机构的日本驻波科学城等，均为大学与高技术产业相互促进的最成功案例。大学与邻近的高技术产业相互促进，通过知识溢出效应为城市发展提供了持续的动力。

在1999年中央提出高等教育大众化目标的背景下，中国各地大学城及大学科技园等依托高校的创新载体建设日益加速。这一方面响应了高校扩张的需求，另一方面高校与科研院所聚集可能对城市科技创新能力及经济发展产生正向溢出效应。因此2000年后大学城日益成为重要的城市扩张形式。据笔者统计，自1993—2017年全国337个地级市（包含直辖市、地区）已规划或建成182个大学城，平均规划面积为12.47平方公里。目前已有更多城市将大学城发展写入了城市规划文本。但从中国的经验来看，大学城效应在不同城市中呈现了较大差异。例如，较为缺乏高校资源的深圳建立的南山区大学城吸引了清华、北大、哈工大等著名高校的研究生教育资源，对企业创新的溢出效应明显；而河北廊坊的东方大学城尽管扩张速度极快，但也引出了高额债务拖欠问题，而且大量土地被用以房地产开发项目，高房价提高了企业与人口流入的成本，而高校对企业乃至于区域发展的正向溢出效应却十分有限。《国家新型城镇化规划（2014—2020）》强调了城市政府应推动高等教育及产学研协同机制以增强城市创新能力。在这种形势下，依托大学的创新载体建设对城市发展的效应、限制条件及作用机制需要进一步的理论说明及经验证据，这对于未来的城市发展政策走向有重要的现实意义。大学城等依托高等教育的新城建设是否带来了城市集聚？影响政策效果的关键因素是什么？这些问题亟待回答。

本章将利用微观地理层面的全球夜间灯光数据回答，作为区域发展政策的大学城建设是否能够推动区域经济发展的回答。与高铁新城类似，大学城建设也是新城建设背景下产生的重要的城市扩张形式。经典城市经济学模型指出，在新城建设初期，以土地租金最大化为目标的大型开发商主导城市开发有助于达到有效的城市规模（Henderson 和 Becker，2000）。这种外部干预的有效性缘于经济集聚的正外部性，即企业在新城的边际社会产出超出边际回报，因此若不加以补贴，新城难以形成集聚动力。因此相较于市场导向的自组织模式，由拥有土地或征税权的大型开发商所主导的新城开发理论上能够实现有效的城市规模（Henderson 和 Becker，2000；Henderson 和 Venables，2009）。然而，虽然这种做法使得世界上诞生了许多蓬勃发展的城镇，但也引起了人们的广泛担忧，即政府干预可能导致低效率的城市蔓延。中国地方政府拥有辖区内土地出让的收益权，并通过土地升值能够获取新城开发所产生的大部分正外部性。因此，中国的实践能够为上述关于新城市形成的理论提供一个合适的案例。相关研究证实了政府主导的工业园区建设促进了中国新城的崛起（Zheng 等，2017）。本部分将研究以高校集群为主导的另一种类型的新城的发展情况。多数学者认同，由于存在人力资本外部性，人才引入或高校扩张政策可能是促进地区发展并降低区域间差距的最有效途径（Moretti，2004；Glaeser 和 Gottlieb，2008）。在城市规划领域，也有一些关于中国大学城发展的案例研究，如一项相关研究分析了广州大学城的案例（Sum，2018）。本部分利用细致且全面的数据，研究了 84 个地级市共 107 个大学城的经济表现，揭示大学扩张在促进新城发展中的潜在作用机制。

本章的增量性贡献体现在以下方面：第一，利用大学城建设的政策实验识别大学对城市科技创新能力的效应。各地推动城市科技创新水平的实践均强调了大学的创新引领作用，近年来大学城、大学科技园的建设正在成为一项重要的城市创新发展战略。不论是公众舆论还是政策制定者，对大学扩张的经济效应评价不一。多数学术研究聚焦于大学对地区经济发展的影响，研究结论并不一致。而且，直接分析大学的经济效应存在严重的内生性问题，从而影响研究结论。本章选取大学城建设这一大学扩张政策作为识别工具，基于严谨的双重差分计量方法，揭示大学对于城市经济集聚的效应以及作用机制，能够丰富发展中国家背景下的大学的经济效应的研究，给出政府主导的创新载体建设是如何影响区域发展的经验证据，为未来的创新政策提供科学依据。第二，在已有研究中，大样本微观数据的缺乏限制了对大学效应的微观机制的识别。本章利用带有地理区位信息的大学城、人口普查、企业、夜间灯光亮度、土地等数据库，构造了信息丰富的且全面反映城市创新要素的空间分布的数据库。根据这些数据库中的地址信息，利用百度 Geocoding API 编程获取大学城、企业、劳动力、夜间灯光、地块所在区位的经纬度数据。一方面，本研究可以根据这些经纬度信息匹配不同的微观数据库；另一方面，可以依据经纬度编程计算这些空间对象之间的距离。基于这些高质量的微观地理数据，本研究能从更丰富的维度探讨了大学对地区创新能力的效应。

第二节　文献综述

近年来大量文献关注政府推动的区域发展政策（Place-based policies 或 Place-making policies）的效果。多数学者均认同，由于存在正外部性，通过人才引入或高校扩张政策吸引或培训高技能劳动力可能是促进地区创新发展的最有效途径（Moretti，2004；Glaeser 和 Gottlieb，2008）。事实上，大学与城市创新、城市经济发展的关系是城市经济学的经典议题。多数研究发现了大学对于地区经济发展的正向影响。利用跨国数据，一项研究发现大学数量与该地区未来的人均 GDP 正相关（Valero 和 Reenen，2019）。基于美国数据，研究验证了历史上新设立大学对区域人口增长的长期效应（Cermeño，2018）。另有研究基于瑞典 1987 年的大学分散化（university decentralization）政策实验及城市面板数据发现，高校研究人员、学生更多的地区，劳动生产率、专利数量也更高（Andersson 等，2004，2009）。利用 1860 年美国联邦支持的赠地大学（land-grant universities）的政策实验和合成控制法，研究发现了赠地大学对于经济活动的地理集聚、劳动力市场的构成、生产率存在显著正向的短期与长期效应（Liu，2015）。利用韩国国立蔚山科学技术院的设立以及合成控制法，研究发现该大学的设立促进了新企业尤其是与该大学的科研专业在技术上更为接近的企业就业（Lee，2021）。一项重要研究用股市波动导致大学捐赠价值的波动来识别大学科研支出的变化，证实了美国大学支出对于当地工资的促进效应（Kantor 和 Whalley，2014）。类似地，近期的一项研究也发现高校科研经费对当地新创企业的数量和质量具有显著推动作用（Tartari 和 Stern，2021）。

然而，另一些研究呈现了不同的研究结果。利用 1999 年瑞典大学改革政策，有研究发现研究型大学并未带来地区经济的显著提升（Bonander 等，2016）。另有学者研究了美国的农业研究机构的空间溢出效应发现，电话和汽车等技术的普及削弱了研究机构的地方化效应，创新的成果不再局限于地方，而是快速地扩散至其他区域（Kantor 和 Walley，2019）。夏怡然和陆铭（2019）强调了区位条件对大学政策的影响，他们发现中国 20 世纪 50 年代高校院系搬迁对迁入地（内陆城市）的人力资本积累效应在长期被改革开放后的市场力量所消解。基于中国 35 个大中城市和工业企业数据的研究发现，城市高校教师数量增多则工业企业开展研发活动的可能性越低，生产新产品的可能性越低（Rong 和 Wu，2020）。这一结果与大学的知识溢出效应机制相悖，文中的解释是高校扩张推动了研究人员向公共部门集中，短期内降低了私人部门的人才供给，从而降低了企业创新产出。但这一结果也可能与数据质量、教师人数的内生性等因素有关。

总的来看，为了处理大学的选址偏误或高校研发投入的内生性问题，近期的研究更为关注政府推动的高校扩张政策（如美国的赠地大学、瑞典的大学分散化政策等）的经济效果。由于高校或研究机构的公共品性质，此类政策可能带来显著的福利提升效应（Neumark 和 Simpson，2015），因此高校扩张政策也成为一项重要的区域发展政策。然而，关于大学对于地区经济发展的效应，已有研究并非完全一致。因为多数研究在城市、州甚至国家的层面展开，难以分辨产生不同研究结果的机制。利用微观地理数据能够更细致地考察大学与企业创新的空间互动，能够对已有研究形成有益补充。

此外，上述研究的背景大多是发达国家，关于发展中国家的经验证据寥寥。中国当前的高校扩张政策始于 20 世纪 90 年代末的“科教兴国”战略。陈林和夏俊（2015）利用省级数据发现，相较于中国台湾和香港，中国大陆的高校扩张政策推动了专利总量，但对创新效率显示出负面效应。殷群等（2010）以 62 家国家级科技园为样本，分析大学科技园的各类政策对于科技成果孵化的绩效，研究发现了 5 类政策因素与孵化绩效的正相关关系。高璐敏（2014）以上海松江大学城为案例指出，大学城的集聚、辐射、创新溢出效应对区域经济发展产生了正向影响。一项针对广州大学城的案例研究认为，大学城并未实现与研发部门的有效互动，并未对城市增长潜力带来显著促进（Sum，2018）。

总的来看，多数研究发现了大学对区域创新以及经济增长的正向效应，并在微观地理尺度上，利用大学效应的空间距离与知识距离异质性发现了知识溢出效应的微观证据。基于中国背景的研究从区域整体层面给出大学对于城市发展的推动效应，但一方面难以识别微观机制，另一方面面临内生性等识别问题。微观层面的研究多以发达国家为背景，尚不清楚研究结果是否适用于高校体制并不发达的发展中国家。未来的研究方向一方面是寻找大学扩张的政策实验或大学科研支出的外生冲击以消解内生性问题，另一方面是结合微观地理数据识别大学的空间溢出效应的来源。本研究利用中国 2000 年以来的大学城建设的政策实验识别大学对城市创新的效应。由地方政府主导的大学城建设是中国 1999 年后的高校扩张政策的结果，本地高校扩张以及异地高校迁入都将对区域知识以及人力资本水平带来正向冲击，从而推动城市创新发展。利用大学城设立前后处理组（受政策影响区域）与控制组（不受政策影响区域）的区域经济表现差异，基于双重差分方法可以有效缓解遗漏变量问题，进而有利于识别高校扩张对于城市发展的效应。

第三节　大学对城市创新的影响机制

一、高校扩张对总产出的影响分解

根据已有文献，大学城建设带来的人力资本提升具有直接效应与间接效应。直接效应是高校扩张带来的人力资本外部性，在模型中有两种表达形式：一是企业生产函数的要素投入发生变化，即高技能劳动力供给相对增多（Moretti，2004）；二是经典文献所强调的，城市整体人力资本提升提高了全要素生产率（Lucas，1988）。考虑到前一种模型更强调高校扩张对劳动力市场结构的影响，后文的模型中采用第二种形式，即将劳动力市场结构改变对总产出的影响纳入全要素生产率一项。间接效应是高校扩张通过人力资本外部性提高城市生产率从而带来城市人口增加，人口的增加通过集聚效应进一步推动生产率提高。

假定城市中企业同质，生产要素包括资本、劳动以及土地。总产出由以下科布道格拉斯生产函数给定：

$$Y_i=A_i K_i^{\alpha} l_{pi}^{\beta} L_i^{1-\alpha-\beta} \tag{5.1}$$

其中，i 代表所在地区（县区或城市），A 为全要素生产率，K 为当地资本存量，L 为劳动力，l_p 为生产用地。假定产品为跨区域贸易品，因此产品价格外生给定，标准化为 1。

根据一阶条件可得：

$$\frac{\partial Y_i}{\partial K_i}=r \tag{5.2}$$

假定资本可跨区域自由流动，则在空间均衡条件下，各区域资本

回报率 r 相等，为外生给定。基于式（3.2），可以得到 $\ln K$ 与 $\ln r$ 的关系式，将其带入式（5.1），可得：

$$\ln Y_i=\frac{\alpha}{1-\alpha}\ln\alpha+\frac{1-\alpha-\beta}{1-\alpha}\ln L_i+\frac{\beta}{1-\alpha}\ln L_{pi}-\frac{\alpha}{1-\alpha}\ln r+\frac{1}{1-\alpha}\ln A_i \tag{5.3}$$

与 Liu（2015）的模型相一致，在人力资本外部性机制下，高校进驻一方面将对全要素生产率产生直接的促进作用，另一方面通过集聚人口产生集聚效应。上述过程可表示为：

$$A_i=A(U_i,\ L(U_i)) \tag{5.4}$$

其中，U 代表大学城设立，进一步，根据经典文献的假定（Kline 和 Moretti，2014），对数全要素生产率可分解为以下形式：

$$\ln A_i=g\left(\frac{L_i}{R_i}\right)+\delta U_i+\eta_i \tag{5.5}$$

其中，U 是大学城设立的虚拟变量，δ 度量了高校扩张对全要素生产率的直接效应，基于已有文献，高校进驻对区域带来的人力资本外部性或知识溢出效应是产生这一效应的主要原因。$g\left(\frac{L_i}{R_i}\right)$ 这一项捕捉了集聚经济对全要素生产率的影响。其中，R 为城市面积，$\frac{L_i}{R_i}$ 即代表城市人口密度。高校扩张的间接效应是提高城市人口从而形成集聚经济。因此，人口密度受到大学城设立政策的影响。最后，η 代表不随时间改变的城市固定效应。

结合式（5.3）和式（5.5），大学城的生产率提升效应 δ 对于地区 i 的总产出的影响可以表示为：

$$\frac{\partial Y_i}{\partial\delta}=\frac{1}{1-\alpha}Y_i\left(U_i+\frac{\sigma_i}{L_i}\cdot\frac{\partial L_i}{\partial\delta}+\frac{1-\alpha-\beta}{L_i}\frac{\partial L_i}{\partial\delta}+\frac{\beta}{l_{pi}}\frac{\partial l_{pi}}{\partial\delta}\right) \tag{5.6}$$

其中，$\sigma_i\equiv\frac{d\ln A_i}{d\ln\left(\frac{L_i}{R_i}\right)}=g'\left(\frac{L_i}{R_i}\right)\frac{L_i}{R_i}$ 是文献中定义的地区集聚弹性（Kline

和 Moretti，2014），即地区人口密度的生产率弹性。式（5.6）括号中的第 1 项代表高校的生产率效应对地区总产出的直接影响，即通过人力资本外部性或知识溢出效应，高校扩张将对地区总产出产生$\frac{1}{1-\alpha}$%的直接影响。括号中第 2 项代表高校扩张的间接效应，即高校扩张通过集聚经济提高总产出，这一效应的大小取决于各地的集聚弹性 σ_i。第 3 项和第 4 项表示高校扩张对于生产要素（劳动力与土地）的需求上升，从而对总产出产生的效应。

总的来看，式（5.6）所表示的高校扩张对总产出的影响可分解为知识溢出效应、集聚经济和生产要素需求 3 个部分。后文的实证部分将着重分析大学的知识溢出效应这一作用机制。

二、高校扩张对地区经济发展的影响：空间均衡模型

城市经济学的空间均衡模型可以用以阐明大学城建设对于城市整体发展的作用机制。对于城市整体发展而言，大学城带来的城市地理范围扩张无法成为促进城市长远发展的关键因素，大学城更重要的意义在于高校扩张带来的城市人力资本提升。本部分基于经典空间均衡框架（Roback，1982），从人力资本外部性视角出发解释高校扩张对于城市发展的实现机制。

理论模型的空间均衡条件是资本回报率与居民效用在城市间无差异。在空间均衡状态中，工资、地价等内生变量由城市的集聚效应和要素成本来决定，即生产率水平形成了吸引资本与劳动力进入城市的集聚力量，而要素成本（劳动力成本与土地价格）提高限制了企业与劳动力进入。由此可推出人力资本对于内生的工资及地租变量的效应。

（1）工人的效用函数

假定工人具有同质性效用，表示为科布道格拉斯形式：

$$U_i = S_i\left(\frac{x_i}{\gamma}\right)^{\gamma}\left(\frac{l_i^c}{1-\gamma}\right)^{1-\gamma} \quad (5.7)$$

其中，i 为地区（城市或区县），S_i 代表城市 i 的禀赋（amenity）；x 为复合商品（composite good），假定为贸易品，价格标准化为 1；l_i^c 为居住用地数量。

预算约束条件为，

$$w_i = x_i + l_i^c p_i \quad (5.8)$$

其中，工资为 w，地价为 p。

求解效用最大化的一阶条件，并代入式（5.7）可以得到间接效用函数：

$$\ln V_i = \ln S_i + \ln w_i + (\gamma - 1)\ln p_i \quad (5.9)$$

假定劳动力可跨区域自由流动，可得到空间均衡条件：

$$\ln S_i + \ln w_i + (\gamma - 1)\ln p_i = \bar{V} \quad (5.10)$$

（2）企业的生产函数

假定城市中企业同质，企业的生产函数与式（3.1）相同：

$$Y_i = A_i K_i^{\alpha} l_{pi}^{\beta} L_i^{1-\alpha-\beta} \quad (5.11)$$

将工资、资本回报率（假定资本自由流动，回报率 r 外生给定）、地租的反需求函数带入利润函数，均衡条件为企业利润等于 0，得到：

$$(1-\alpha-\beta)\ln w_i + \beta\ln p_i - \alpha\ln r = \ln A_i + C \quad (5.12)$$

其中，$C = \beta\ln\beta + \alpha\ln\alpha + (1-\alpha-\beta)\ln(1-\alpha-\beta)$

联立方程（5.10）和（5.12），可以求解工资 w 以及地租 p：

$$\ln p_i = \frac{C + \alpha\ln r + \ln A_i - (1-\alpha-\beta)(\bar{V} - \ln S_i)}{\beta + (1-\gamma)(1-\alpha-\beta)} \quad (5.13)$$

$$\ln w_i = \bar{V} - \ln S_i + (1-\gamma)\frac{C + \alpha \ln r + \ln A_i - (1-\alpha-\beta)(\bar{V} - \ln S_i)}{\beta + (1-\gamma)(1-\alpha-\beta)} \tag{5.14}$$

大学城设立的生产率效应由式（5.5）给定，此外，假定设立大学城增加了所在城市的禀赋 S，进而提高了居民效用。由式（5.5）、式（5.13）、式（5.14）可以得到大学城的生产率效应对地租及工资的影响：

$$\frac{\partial \ln w_i}{\partial \delta} = B \cdot (1-\gamma)\left(U_i + \frac{\sigma_i}{L_i}\frac{dL_i}{d\delta}\right) - B \cdot \beta \frac{d\ln S_i}{d\delta} \tag{5.15}$$

$$\frac{\partial \ln p_i}{\partial \delta} = B \cdot \left(U_i + \frac{\sigma_i}{L_i}\frac{dL_i}{d\delta}\right) + B \cdot (1-\alpha-\beta)\frac{d\ln S_i}{d\delta} \tag{5.16}$$

其中，$B = \frac{1}{\beta + (1-\gamma)(1-\alpha-\beta)}$。

式（5.15）、式（5.16）的第 1 项大于 0，是大学城的生产率效应（productivity effect，包括直接效应与间接效应）带来的要素价格提升；第 2 项中的 $\frac{d\ln S_i}{d\delta}$ 是大学城的生产率效应对城市禀赋的影响（amenity effect），对于式（5.15）的工资而言，高校扩张带来的城市禀赋上升需要以工资降低为代价，这样才能确保空间均衡的达成，即第 2 项小于 0；对于式（5.16）的地租而言，高校扩张带来的禀赋上升资本化为地租，即第 2 项大于 0。

总的来看，上述空间均衡模型得到以下结论：高校扩张通过生产率效应提高了城市的要素价格，通过禀赋提升效应降低了工资并提高了地租。

第四节　数据与实证模型

一、数据

由于中国区县层面的官方数据缺失严重，本研究采用美国国家海洋和大气管理局（NOAA）发布的1992—2012年全球夜间灯光数据[①]来反映经济活动的活跃程度。该数据由美国国防气象卫星搭载传感器（DMSP - OLS）收集，记录了各地区晚上8:30—10:00的灯光亮度，并排除了自然火光、短暂性的光线和其他背景噪音等，以保证记录的数据代表了人造灯光的亮度。每个栅格（单位是30弧秒，略小于1平方公里）的灯光亮度值范围是0到63，值越高意味着灯光越强烈，表示该地的经济活动越为繁荣。一个县的平均灯光亮度由该县内所有栅格（每个栅格是30×30秒度的空间范围）的灯光亮度总和除以栅格总数得到。

自灯光数据发布以来，许多研究者探讨了灯光亮度与当地经济发展程度（GDP）之间的关系，认为灯光亮度是客观反映经济活动的替代指标（Henderson等，2012），并在实证研究中使用灯光亮度作为地区经济发展程度的代理变量（Hodler和Raschky，2014）。在中国特殊的政治体制下，地方政府有着很强的激励去夸大实际的经济产出，以获得更高的晋升概率。因此，对于中国的官方经济统计数据，学界一直存在质疑，认为官方公布的数据高估了实际的经济产出水平（Rawski，2001）。徐康宁等（2015）使用灯光数据检验了中国地区经济数据的真实性发现，各地的经济增长数据都有或多或少的高估情况。在现实中，政府层级越低，统计数据人为造假的可能性越高，这为实证分析带来了潜在的问题，而使用灯光数据可以有效规避这一问题。

利用精细的灯光亮度空间分辨率，我们得以在更小的空间单位层面上估计大学城对于区域经济活动的溢出效应。具体来说，本部分构建了灯光在位置点层面的面板数据。首先，使用QGIS软件生成规则

---

① 具体地，使用了稳定灯光数据（stable lights），并利用GIS软件将该数据匹配至中国的县级区域。

的地理编码位置点，空间为 30 弧秒，覆盖整个中国；随后，从每年的 NOOA 夜间灯光数据中提取像素值，并将其分配给每个位置点；最后，利用 1999—2012 年夜间灯光亮度值形成面板数据。为确保样本可比性，本部分剔除了未设大学城的地级市内的位置点，并将样本限制在位于大学城周围 20 公里半径内的位置点。

除了数据真实性和客观性的优势外，本部分使用灯光数据还有以下几个重要的原因：首先，灯光数据提供了 1992—2012 年严格平衡的面板数据，不存在某些县市数据在某些年份缺失的情况。在官方区县级统计数据缺失情况严重的情况下，这对全面评估大学城效应十分重要。其次，使用官方统计数据（如《地市县财政统计资料》）面临着不同年份的统计指标缺失或口径不一致的问题，例如，如在 1997 年之前县市只有工农业总产出，没有对 GDP 的统计，造成数据的可比性问题。并且不同年份的物价水平差异（尤其细分到县市一级）也影响着数据的可比性，而灯光数据有效避免了这些问题。最后，采用了 2008 年的县市行政边界地图与夜间灯光数据匹配，避免了由于部分行政区划调整带来的县市经济数据统计口径差异。

然而，使用灯光数据需要注意几个问题：首先，目前尚无文献发现夜间灯光数据与 GDP 的一一对应关系，已有文献能够明确的是灯光亮度的提升与 GDP 的增长高度相关，在理解本章的结果时需要注意这一问题。其次，由于地区间的空间范围存在着巨大的差异，并且不同年份使用了来自不同卫星的数据①，因而灯光数据在不同地区或年份间不直接可比。本章基于现有文献，使用县市和时间固定效应解决这个问题（Henderson 等，2012）。再次，灯光数据存在着取值上限问题

---

① 1992—2012 年共使用了 6 颗不同的卫星数据，分别是 F10、F12、F14、F15、F16、F18，不同卫星的参数存在略微的差别。

（最大值为 63），超过这一亮度后数值不再增加。但由于大多数大学新城位于低开发密度地区，因此这一问题在本部分的分析中并非主要问题。最后，夜间灯光亮度只显示了人类活动密度的总体水平，而没有提供经济活动的构成信息，如本研究感兴趣的高技能劳动力和高科技企业的比例。本研究的其他部分使用了人口和企业的普查数据来克服这个缺点。

此外，全国人口普查数据提供了人口住址、户籍所在地、教育年限、职业、行业等信息，可用于识别大学城建设对于各类型人口空间集聚的影响。然而 2010 年以前的微观人口普查数据中的地址信息仅限于区县层面，难以开展微观地理层面的研究。2010 年人口普查提供了细至村镇层面的地址信息，利用这一数据能够细致考察大学城周边的人口分布特征。

二、大学城建设的描述性统计

1999 年教育部提出了发展中国高等教育体系的宏伟计划，同年教育部将职业学院列为新型高等教育机构。职业学院通常提供以职业培训为目的的 3 年制课程，学校质量和学生的学习成绩低于提供 4 年制课程的大学。在此计划下，中国大学规模迅速扩张[①]。如图 5.1 所示，1998—2013 年高校的招生人数和教师人数分别增加了 618% 和 123%。

为了满足大学空间扩张的巨大需求，地方政府获得了中央政府的支持，在城市郊区或靠近城市的农村地区创建大学和学院集群（即大学城）。大学城通过提供城市基础设施和廉价的土地以吸引本地或外地的大学、学院以及研究机构迁入建好的新城区域。这类似于工业园区

① 关于中国高等教育扩张政策的若干研究主要集中于其对工资（Knight 等，2017；Li 等，2017）、企业绩效（Che 和 Zhang，2017）、就业分配（Yue 和 Zhang，2016）的影响。

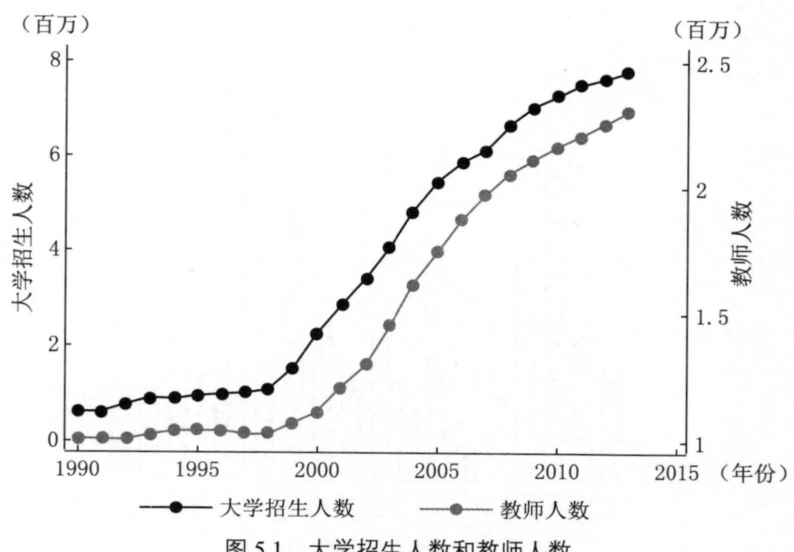

图 5.1 大学招生人数和教师人数

数据来源：《中国统计年鉴》。

建设的做法，即当地政府通过减税或补贴等优惠政策将高生产率的企业吸引到开发区（Zheng 等，2017）。它也与美国大型开发商主导的边缘城市（Edge City）发展非常相似，开发商利用补贴来吸引具有正外部性的公司（Henderson 和 Becker，2000）。

根据本研究收集的数据，1993—2017 年期间，中国在 145 个地级市建设或规划了 182 个大学城（如图 5.2 所示）。图 5.3 显示，这些大学城的建设导致了大学建设和投资规模的快速扩张。基于上述事实，本研究采用 1999 年中国高校扩张后各地出现的大学城建设作为高校扩张效应的识别方式。我们利用百度百科等途径手动收集了全国各类大学城（包括高教园区、职教园区）的基本信息。这些信息包括大学城名称、位置、始建年份和首次投入使用年份、大学类型（针对 3 年制学院或 4 年制大学）和大学名称。在后文的实证分析中，将大学城的首次投入使用年份定义为大学城启用时间。若无确切的日期信息，则将大学城内第一所大学的开学年份作为开始年份。数据显示，截至

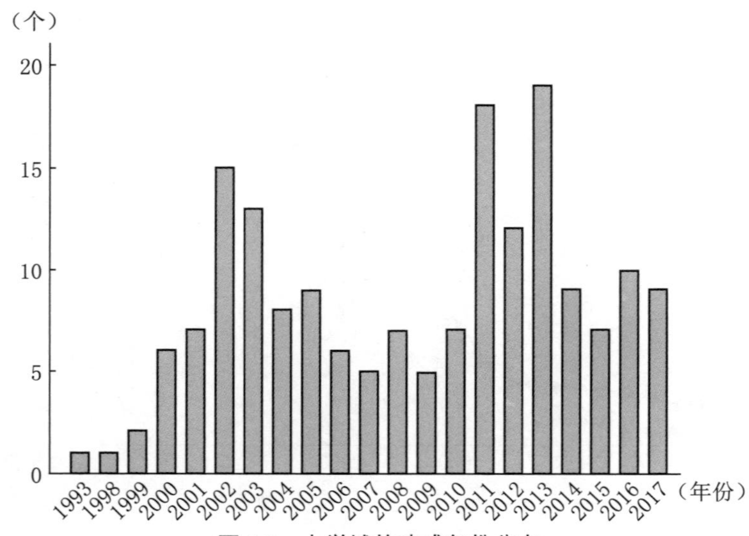

图 5.2　大学城的建成年份分布

数据来源：作者收集。

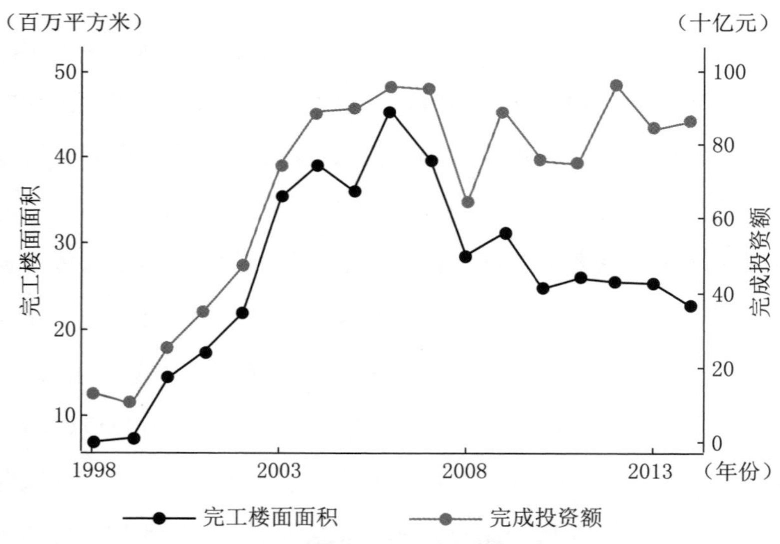

图 5.3　中国高校建设与投资规模演变

数据来源：《中国教育年鉴》。

2016 年中国共规划或建成了 182 个以高等教育为主的大学城，其中 31 个在建或未运营。本部分首先给出大学城数据的基本描述，随后讨论了实证分析中可能面临的大学城选址偏误问题。

1. 大学城类型

根据大学城内的高校类型不同，大学城一般有两种类型，一种主要由 4 年制标准的大学组成（通常称为“高教园区”），另一种则主要由 3 年制高职和中职等职业教育学校为主（通常称为“职教园区”）。根据各大学城内各类型高校数量的统计，职教园区共有 101 个，高教园区共有 80 个，略少于职教园区。

2. 大学城规模

大学城平均规划占地面积为 10.33 平方公里，其中职教园区平均规划面积远小于高教园区，前者为 5.21 平方公里，而后者平均面积为 14.5 平方公里。图 5.4 显示了同一地级市设立的大学城数量情况，共有 21 个城市设有多个大学城，如南宁和上海市，设有 5 个大学城。

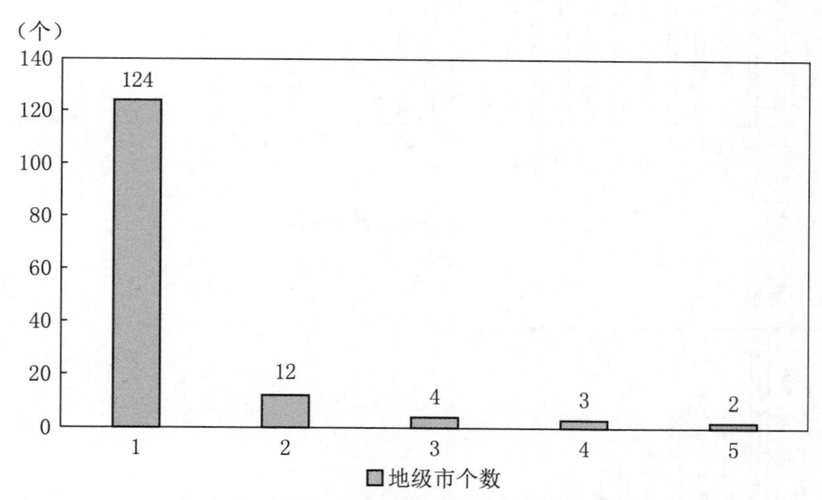

图 5.4　同一地级市内设立的大学城数量分布（截至 2016 年）

注：横坐标为大学城个数，纵坐标为地级市个数。

3. 地理分布

本科教育资源在中国中西部地区较为稀缺，高等教育的发展以职业教育为主，这与经济地理禀赋、高校选址决策以及地方政府发展目标等因素相关。职教园区多分布在中西部地区，而高教园区多集中在东部省份。如图 5.5 和图 5.6 所显示，大学城规模较高的省份多位于经济发达的东中部，如江苏、山东、广东、河南等；西部省份如广西、贵州、云南等的大学城规模较高，主要以高等职业教育为主。

在城市内部，大学城与所在地级市中心（人民政府）的距离约为 14 公里。根据经济地理的文献，大学城的选址若靠近城市经济活动中心，那么受益于集聚经济，高等教育扩张可能获得更强的经济促进效应。

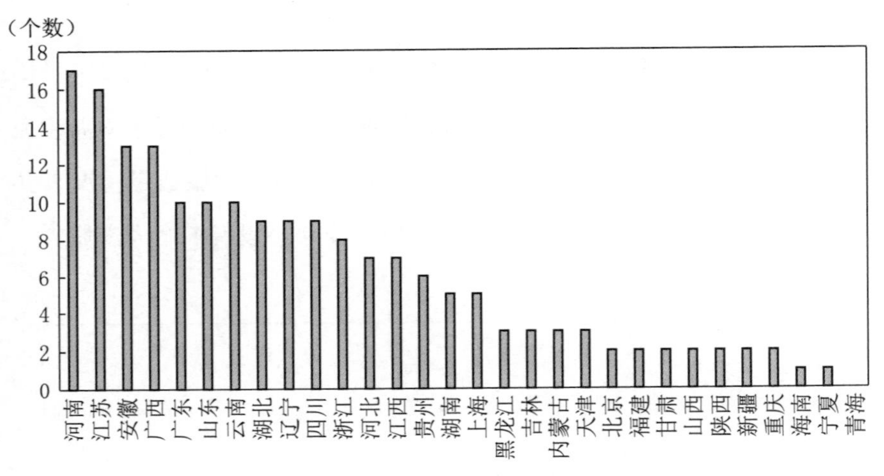

图 5.5　分省份大学城分布

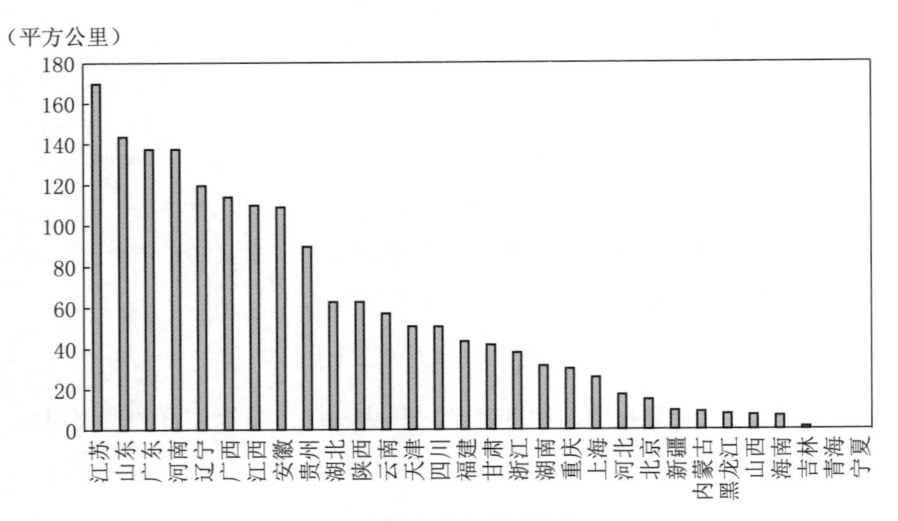

图 5.6　分省份大学城分布

4. 所在城市特征

表5.1比较了高教园区、职教园区所在地级市与其他地级市的城市特征。从城市规模来看，设有大学城的地级市规模略大于其他地级市，平均而言，高教园区设置在大城市，而职教园区多设置在中等城市；从所属区域来看，高教园区多分布在东部、中部地区，职教园区多分布在中西部地区。新经济地理学强调了两个因素对区域发展的重要性：第一地理特征强调距离港口等先天空间特性的重要性，对东部和中西部地区的划分在反映了这一地理差异；第二地理特征即市场潜力，强调了地区间经济活动的相互影响在经济集聚过程中发挥着至关重要的作用（Krugman，1991）。市场潜力越强，地级市的经济发展潜力越大，平均而言，高教园区所在地级市的市场潜力远强于其他城市，职教园区所在地级市的市场潜力与无大学城的城市无明显差异。

在对第一地理特征的刻画中，经济地理的已有文献多认为到海岸线距离是一个重要的初始优势，距海岸线越近，经济增长越快，收入水平越高（Black和Henderson，2003）。这是因为，距离海岸线越近越有利于节约国际贸易的交通运输成本，从而在国际贸易中获得比较优势。因此，有研究指出，港口在经济活动的空间分布中起到核心的作用（Fujita和Mori，1996）。根据已有研究（陆铭和向宽虎，2012；王媛和杨广亮，2016），采用地级市到3个主要港口（上海、深圳、天津）的最近距离衡量地级市的第一地理特征。表5.1显示，高教园区所在城市到大港口距离远小于其他城市，而职教园区所在地级市与未设大学城地级市的区位特征类似。

总的来看，上述地级市特征比较说明大学城选址，尤其是高教园区选址可能与城市经济发展水平正相关，这意味着选择效应可能对后文的高校扩张效应实证研究产生影响，后续需要着重处理这一内生性问题。

表 5.1　大学城与地级市特征

变　　量	观测值	均值	标准差	最小值	最大值
无大学城的地级市					
城市规模	150	2.13	0.80	1	4
所属区域	150	2.02	0.81	1	3
2000 年市场潜力（亿元 / 公里^2）	132	0.01	0.03	0.00	0.29
最近大港口距离（公里）	150	7.26	4.27	0.73	27.38
有高教园区的地级市					
城市规模	101	3.15	0.73	1	4
所属区域	101	1.51	0.72	1	3
市场潜力	101	0.06	0.23	0.00	2.03
最近大港口距离（公里）	101	4.16	3.07	0	13.40
有职教园区的地级市					
城市规模	71	2.32	0.86	1	4
所属区域	71	2.24	0.71	1	3
市场潜力	65	0.01	0.02	0.00	0.13
最近大港口距离（公里）	71	7.31	4.05	0.69	25.12

注：（1）城市规模变量为类别变量：小城市 =1，中等城市 =2，大城市 =3，特大城市 =4。按 2004 年地级市非农人口划分，参照《中国城市统计年鉴》的划分标准，共有 52 个小城市，101 个中等城市，100 个大城市，25 个特大城市。（2）所属区域变量为类别变量：东部地区 =1，中部地区 =2，西部地区 =3。按中国国家统计局的划分标准：东部地区包括北京、天津、河北、辽宁、上海、江苏、浙江、福建、山东、广东、海南 11 个省（市）；中部地区包括山西、吉林、黑龙江、安徽、江西、河南、湖北、湖南 8 个省；西部地区包括内蒙古、广西、重庆、四川、贵州、云南、西藏、陕西、甘肃、青海、宁夏、新疆 12 个省（市、自治区）。（3）地级市 i 的市场潜力为其他地区 GDP 的加权平均，计算公式为 $\sum_{j\neq i}\frac{GDP_i in2000}{d_{ij}^2}$，$d_{ij}$ 为城市 i 和 j 之间的距离。（4）最近大港口距离（公里）为地级市 i 的距三大港口——上海、深圳、天津的最短距离。

5. 规划与启用年份分布

中国大学城建设的热潮起于 1999 年中央提出高等教育大众化目标。2002 年全国职业教育工作会议以来，各地职业教育的发展受到中央支持，进一步推动了此后职业教育园区的扩张速度。从图 5.7 的各地大学城开工年份分布来看，大部分大学城的开建始于 1999 年，从开工建设到高校迁入平均需要两年时间。图 5.8 展示了大学城的启用年份，在 2002 年、2012 年左右，大学城的启用出现了两次高峰。区分大学城类型后发现（图 5.9），第一次高峰以高教园区为主，第二次以职教园区为主。

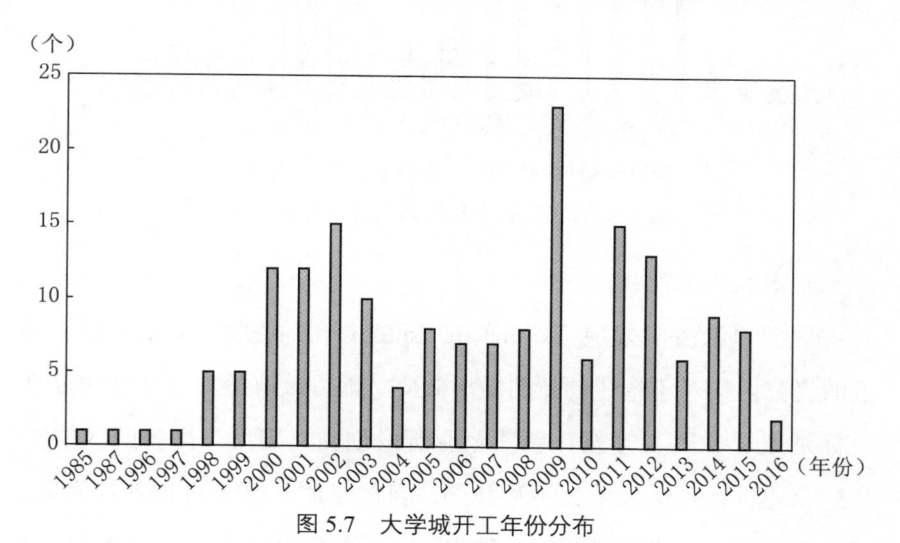

图 5.7　大学城开工年份分布

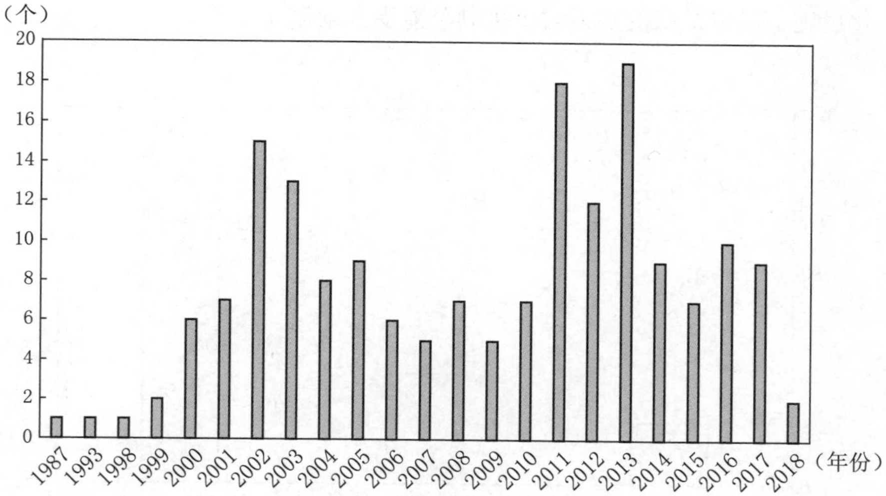

图 5.8　大学城启用年份分布

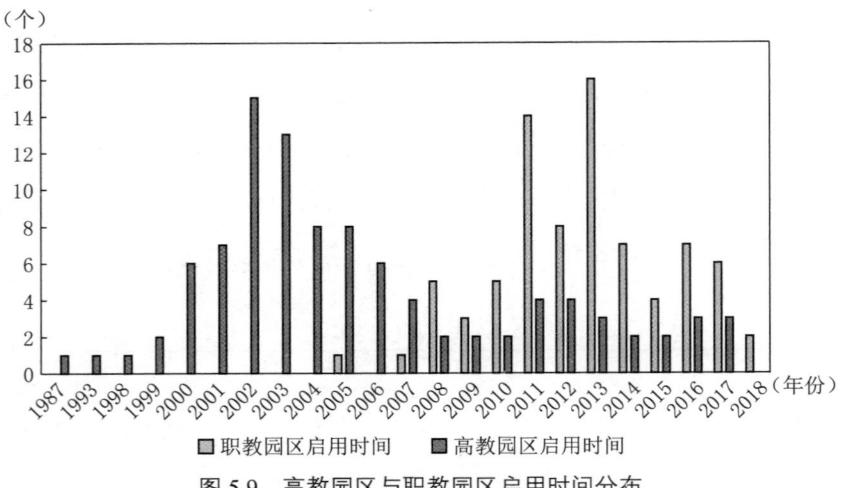

图 5.9　高教园区与职教园区启用时间分布

6. 科技孵化设施

关于知识溢出效应（knowledge spillover）的研究特别强调了邻近的研究机构对于企业创新的溢出效应。地方政府设立大学城的重要目标是通过发展高等教育带动企业研发创新，因此，高教园区中往往配套建设各种形式的大学科技园，目的是孵化高校科技创新成果。图 5.10 显示了大学城科技孵化设施情况，多数大学城并未设置科技孵化设施，高校扩张的知识溢出机制可能受到限制。

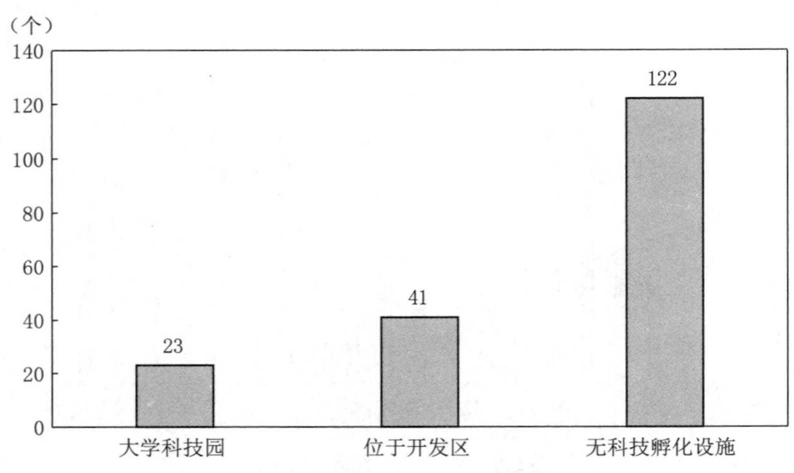

图 5.10　大学城科技孵化设施情况

三、大学城的选址偏误问题

研究的实证部分主要借助大学城建设的政策实验，采用标准的双重差分法（Difference-in-difference，后文简称为DID）或三重差分法（Difference-in-difference-in-difference）来估计大学扩张的影响。双重差分方法的有效性取决于平行趋势假设，即处理组与控制组事先有着相同的发展趋势。若这一假设无法满足，则无法解释因果关系。如果设有大学城的地区从一开始就有更大（或更小）的发展潜力，那么处理组和控制组在政策实施后的差异可能只是反映了这种不同的增长趋势。表5.2比较了初始时期（大学扩张政策前）设有大学城与未设大学城的地级市（或区县）在一些关键经济变量上的差异。

首先，拥有大学城的城市可能与没有大学城的城市存在差异。表5.2的第一部分比较了政策实施前设有大学城与未设大学城的地级市的发展潜力差异，选用的变量包括2000年的人口、2000年受过高等教育的人口占总人口的比例、2001年的高中生人数（有数据可查的最早年份）、2000年的本科生人数、2000年的大学数量、1999年的GDP、2000年的市场可达性和地区虚拟变量（东部、中部或西部）。总的来说，在这些变量上两组样本呈现出了显著差异。设有大学城的地级市更发达，对高等教育扩张的需求更大，而且集中在东部。因此，直接比较设有大学城和未设大学城的地级市会导致有偏的估计。

其次，在同一地级市内部，辖区内设有大学城的区县与其他区县存在差异。在区县层面，初始的经济状况和人口可能会影响大学城设立的可能性。考虑到郊区有着廉价的土地成本，城市规划者可能会将大学城建在远离市中心的地方，或者也可能将大学城建在市中心，以便更好地利用集聚经济。此外，城市内各区县的城市化水平和产业结构也存在差异（Tang和Hewings，2017）。

最后，表 5.2 的第二部分比较了大学城所在区县与同城的其他区县的差异。选用的变量包括 1992 年的夜间灯光亮度、2000 年的人口、区县中心与城市 CBD 之间的距离，以及区县行政单位（市区或县（县级市））的虚拟变量。相较而言，大学城所在区县往往人口更密集、更接近市中心，且集中于市区。因此，直接比较同城内设有大学城和未设大学城的区县也会导致有偏的估计。

由于缺乏随机实验，选址偏误是研究区位导向型政策（Place-based-policy）的文献面临的共同问题。在接下来的实证研究中，将采取以下思路缓解这一问题：第一，在区县或微观地理层面的研究中控制地级市 × 年份固定效应，这可以完全消除大学城在城市间的选址偏误问题；第二，借鉴相关研究的做法，纳入选址变量与年份虚拟变量的交叉项（Gentzkow，2006），从而控制由上述选择变量所引起的地区间的差异化发展趋势；第三，利用微观地理层面数据，将每个微观位置点分配到距离其最近的大学城，通过控制大学城 × 年份虚拟变量可以消除大学城在区县层面的选址偏误问题，控制微观地理层面的经济发展潜力变量（如初始年份的夜间灯光亮度、到市中心距离等）与年份虚拟变量交叉项、位置点的线性时间趋势等方法也有助于缓解大学城在更微观的地理层面的选址偏误问题。

表 5.2 大学扩张政策前处理组和控制组的特征差异

变　量	处理组	控制组	差异
Panel A：地级市层面			
2000 年人口数量（百万）	5.507 [4.133]	3.385 [1.866]	2.122*** (0.364)
2000 年大学以上人口占比（%）	4.97 [3.564]	2.783 [1.594]	2.188*** (0.313)
2001 年高中生数量（百万）	0.0630 [0.049]	0.0390 [0.025]	0.0250*** (0.004)
2000 年大学在校生数量（百万）	0.0470 [0.063]	0.0100 [0.012]	0.0370*** (0.005)

续表

变　　量	处理组	控制组	差异
2000 年大学数量	8.73 ［10.68］	2.385 ［2.224］	6.345*** （0.913）
1999 年 GDP（十亿元）	34.67 ［36.32］	13.89 ［11.20］	20.78*** （3.188）
2000 年市场可达性	154.2 ［54.66］	131.1 ［40.44］	23.09*** （6.143）
东部（东部 =1，西部 =0）	0.470 ［0.502］	0.292 ［0.456］	0.178*** （0.062）
中部（中部 =1，西部 =0）	0.265 ［0.444］	0.390 ［0.489］	−0.125** （0.062）
地级市数量	83	195	
Panel B：区县层面			
1992 年夜间灯光亮度	8.904 ［7.373］	10.49 ［16.51］	−1.585 （1.711）
2000 年人口数量（百万）	0.684 ［0.822］	0.549 ［0.344］	0.134*** （0.053）
到市中心距离（km）	19.87 ［15.95］	50.88 ［48.21］	−31.01*** （4.963）
行政单位（市区 =1；县或县级市 =0）	0.844 ［0.365］	0.423 ［0.494］	0.420*** （0.053）
区县个数	96	640	

注：（1）第一部分（Panel A）比较了拥有大学城的地级市与其他城市在潜在选址变量上的均值差异；第二部分（Panel B）比较了设有大学城的地级市内部，大学城所在区县与其他区县在潜在选址变量上的均值差异；第（1）列和第（2）列汇报了处理组和控制组的均值，中括号中是标准层；第（3）列汇报了两组样本在同一变量上的差值，括号中汇报了差值的标准误；*** p＜0.01，** p＜0.05，* p＜0.1。

（2）地级市 i 在 2000 年的市场可达性（Market access）根据公式 $\sum_{j\neq i}\frac{GDP_i in2000}{d_{ij}^2}$ 计算，其中 d_{ij} 是地级市 i 和 j 的地理距离。

（3）根据区县的地理中心到地级市人民政府所在地计算区县到市中心距离。

四、实证思路与模型

基准回归采用双重差分模型来估计大学城启用对所在区县的经济增长效应。其中，处理组为当年所在地级市有大学城的区县，控制组为当年所在地级市没有大学城的区县。具体回归设定如下：

$$y_{dt}=\beta \cdot Policy_{dt} \cdot \sum_{t=1999}^{2012} \gamma_t \cdot S_d \cdot year_t + u_d + \lambda_t + \delta_{pt} + \varepsilon_{dt} \tag{5.17}$$

其中，因变量 y 是夜间灯光亮度；下标 d 表示区县，p 表示地级市，t 表示年份。如果一个区县在 2000—2012 年间建立了大学城，则将该区县定义为处理组。$Policy_{dt}$ 是大学城启用的虚拟变量，区县启用大学城后，该变量取值为 1，启用大学城前以及没有大学城的区县，该变量取值为 0。u_d 和 λ_t 分别表示区县和年份固定效应。标准误聚类在地级市层面，以解决潜在的序列相关。系数 β 代表大学城启用对所在区县的经济活动产生的影响。

为缓解大学城的选址偏误问题，做以下处理：第一，控制地级市 × 年份固定效应（δ_{pt}）以消除大学城在城市间的选址偏误问题，此时所估计的大学城效应 β 为同一地级市内处理组与控制组区县在大学城启用前后的经济表现的差异。第二，纳入一组区县层面的选址变量（S_d）及其与年份虚拟变量的交叉项（$\sum_{t=1999}^{2012} \gamma_t \cdot S_d \cdot year_t$），以便控制随时间变化的区县初始禀赋对经济表现的影响。如表 5.2 的第二部分所示，S_d 包括 1992 年区县夜间灯光亮度、2000 年区县人口、区县中心与所在地级市中心间的距离以及区县行政单位虚拟变量。第三，采用 DID 方法进行政策评估的一个重要前提是，处理组和控制组满足平行趋势假设（parallel trend），即两组样本在大学城启用事件冲击之前不存在显著差异。在满足该假设的前提下，大学城启用后，若两组出现显著差异，可以解释为高校扩张效应；若不满足这一假设，会造成选择偏误问题，导致估计结果有偏（Besley 和 Case，1994）。为检验平行趋势假定，在基准模型的基础上加入一系列事件—时间虚拟变量，回归设定为：

$$y_{dt} = \sum_{\substack{k=-6,\\ k\neq -1}}^{6+} \beta_k \cdot Policy_{ut}^{k} + \sum_{t=1999}^{2012} \gamma_t \cdot S_d \cdot year_t + u_d + \lambda_t + \delta_{pt} + \varepsilon_{dt} \tag{5.18}$$

与前文的实证部分类似，$Policy_{ut}^{k}$ 是一系列虚拟变量，最近的大学城启用后（或启用前）的第 k 年，该变量等于 1，否则等于 0。令 t_p 作为最近的大学城启用的年份，若 $t-t_p=k$，则 $Policy_{ut}^{k}=1$，否则等于 0；若 $t-t_p \leqslant -6$，$Policy_{ut}^{-6}=1$，否则等于 0；若 $t-t_p \geqslant 6$，$Policy_{ut}^{6+}=1$，否则等于 0。$Policy_{st}^{-1}$（即大学城启用前 1 年）作为基准组省略掉。系数 β_k 衡量了最近大学城启用 k 年后（或 k 年前）对于区域经济发展的影响。当 $k<0$ 时，若 β_k 不显著异于 0，则可以排除处理组和控制组不可比的问题，可认为大学城启用与区域经济发展之间存在因果关系。

为了在更细致的地理层面估计大学城设立产生的溢出效应，利用 NOOA 夜间灯光数据提取了间隔约 1 公里的位置点的夜间灯光亮度。每个位置点被分配到距离最近的大学城，利用位置点和大学城的间距以及位置点层面的面板数据，设定以下回归模型来检验大学城建设对地区经济发展的溢出效应：

$$y_{it} = \beta_j \cdot Policy_{ut} \times \sum_{j=1}^{9} Dis_j + \sum_{t=1999}^{2012} \gamma_t \cdot D_i \cdot year_t + u_i \cdot t + u_i + \lambda_t + \eta_{dt} + \delta_{ut} + \varepsilon_{it} \quad (5.19)$$

其中，i、u、t 分别代表位置点、大学城和年份。距离虚拟变量 $Dist_j$（$j=1, 2, \cdots, 9$）表示以大学城为圆心的一组环形区域，每个圆环的宽度为 2 公里。若微观位置点到大学城距离处于（$j-1$）到（$j+1$）公里的区间内，则 $Dist_j=1$，否则 =0。为避免其他区域层面的遗漏变量影响，将样本限制为距离大学城 20 公里内的位置点，并将 18—20 公里半径内的位置点作为参照组。系数 β_j 表示每个环形区域内的位置点与参照组中位置点的经济表现差异。若大学城建设对周边地区的经济发展产生了正向溢出，那么预计 β_j 将随着到大学城距离的增加而递减。由于这一回归的分析层面是微观地理层面，可以控制大学城 × 年份固定效应（δ_{ut}）以及区县 × 年份固定效应（η_{dt}），从而避免了区县层面的大学城选址偏误的影响。式（5.19）还控制了线性时间趋势 × 位置点固定效应（$u_i \cdot t$）以及 × 位置点到城市 CBD 的距离（$\sum_{t=1999}^{2012} \gamma_t \cdot D_i \cdot year_t$），以缓解位置点层面的潜在选择偏误。

为了排除大学城效应主要是由大学校园本身的亮度增加所导致的可能性，式（5.19）剔除了大学城内部的位置点。然而，由于缺少每个大学城确切的地理边界信息，通过大学城总占地面积的信息来确定大学城的空间范围。具体来说，利用大学城位置坐标和大学城占地面积信息，并假设大学区域的形状为圆形，可以识别出大学城范围以及落在这些圆内的位置点。式（5.19）的回归中将去掉这些位置点，确保观测到的大学城效应是来自大学扩张的空间溢出。

中国大学城建设的热潮起于 1999 年中央提出高等教育大众化目标，因此各地的大学城建设多开展于 2000 年后。利用 2000 年和 2010 年的全国人口普查数据，实证的第二部分从区县层面检验大学城建设对于区域人力资本积累和人口集聚的长期影响。实证检验采用双重差分的设计思路，将所有样本分为处理组和控制组。若在 2000—2010 年间区县内开展了大学城建设，则视为处理组，否则是控制组。如果大学城建设在各区县中随机发生，则相较于 2000 年，2010 年两组人口的差异就是大学城建设对人口集聚的无偏估计量。回归设定如下：

$$\text{Ln}y_{dt} = \beta \cdot Policy_{dt} + u_d + \lambda_t + \varepsilon_{dt} \tag{5.20}$$

其中，y_{dt} 是区县 d 层面的各类人口数量的对数，包括总人口、外来人口、按教育水平分类的人口数量、按职业和行业分类的人口数量等。$Policy_{dt}$ 是大学城政策的虚拟变量：2010 年区县内启用了大学城，该变量赋值为 1；2000 年的所有区县以及 2010 年前未有大学城启用的区县，该变量赋值为 0。u_d 和 λ_t 分别是区县和年份固定效应。β 是核心回归参数，反映了大学城建设对于人口集聚的长期效应。

式（5.20）已控制了不随时间改变的区县固定效应，但大学城的建设仍可能与随时间改变的区县特征有关，即大学城存在选址偏误问题。为了缓解这一问题，做以下处理：第一，纳入地级市 × 年份固定效应，完全去除大学城在城市间的选址偏误；第二，借鉴相关研究的思路（Gentzkow，2006），纳入区县层面的控制变量 X_d× 年份固定效应，控制初始区域特征随时间变化的趋势。这些区县特征变量包括1992 年区县夜间灯光亮度、2000 年区县人口数量、区县到市中心的地理距离、区县虚拟变量（市区 =1；县或县级市 =0）；第三，利用1990 年的人口普查数据做平行趋势检验，若 1990—2000 年间处理组和控制组的人口特征没有显著差异，而 2000—2010 年后差异变得显著，则能够说明大学城建设对区县人口集聚具有因果效应。

鉴于在时间跨度较长的 DID 估计中，由于可能存在的时间序列相关会低估系数的标准误，同时，大学城启用事件的变异来自地级市层面，根据已有文献，所有回归设定采用了地级市一级的聚类标准误（Clustered-robust standard errors）（Cameron 和 Miller，2015）。

第五节　大学城建设与新城经济发展

表 5.3 根据式（5.17）估计了区县层面大学城建设的平均处理效应，第（1）列报告了基准回归的结果，结果显示大学城对当地经济表现产生了显著的影响，即其所在区县的夜间灯光密度平均增加了 3.535（1999—2012 年间所有区县的平均灯光亮度变化为 5.12）。

识别大学城效应面临的主要挑战是选择偏误问题。为缓解这一问题，表 5.3 第（2）列控制了年份虚拟变量和一系列区县特征的交叉项，即 1992 年的夜间灯光亮度、2000 年的总人口、区县中心与城市CBD之间的距离以及区县行政单位虚拟变量。平均处理效应减小至2.005，表明存在正向选址偏误，即发展潜力越高的区县，越可能开展大学城建设。后文将以表5.3第（2）列中的模型设定作为基准设定。

为了便于解释估计值的数量含义，表5.3第（3）列给出了使用Ln（灯光亮度）作为因变量①的结果。平均而言，在研究期间，大学城的设立导致所在区县夜间灯光亮度增加9%。根据Clark等（2020）对中国GDP增长相对于夜间灯光亮度增长的弹性的估计②，这一效应大约会引起当地GDP增长17.4%（($e^{0.09}-1$）/0.54）。在本章的样本中，大学城启用年份的平均值为2006年，相当于每年2.9%（17.4%/6），超过2006—2012年间全国GDP增长率的1/4（平均为10.6%）。值得注意的是，本研究只估计了相对短期的大学城效应，这种效应可能会随着时间的推移而增加（如表5.4所示）。此外，由于县区的平均面积超过3000平方公里，大学城效应是高度本地化的，下一节将重点讨论这一问题。总的来说，大学城对当地经济发展的影响是显著的。

表5.3第（4）列和第（5）列区分了高教园区和职教园区的效果，结果表明正向的大学城效应主要是由高教园区的建立驱动的。与本章其他部分的结果一致，这说明由于职业教育院校主要提供职业培训服务，职教园区的知识溢出作用十分有限。类似地，有研究发现了美国两年制大学对地区经济表现不存在显著影响（Drucker，2016）。

为了估计大学城建设的动态时间效应，在基准模型中用一组大学

---

① 为了不丢失所有灯光亮度为0的观测值，将平均夜间灯光亮度加上0.01的对数作为因变量。

② 相关研究发现，名义GDP增长率每增加1个百分点，总夜间灯光亮度增长率就会增加0.54个百分点（Clark等，2020）。

城事件虚拟变量代替 *Policy* 变量（式（5.18））。表 5.4 分别报告了高教园区和职教园区建设的处理效应，第（1）列表明高教园区具有持久的正效应，且有着逐年扩大的趋势。在大学城建立之前没有发现任何显著影响，即满足平行趋势假设，这是用 DID 估计因果效应的一个重要前提。相反，职教园区对于区县经济增长的影响十分微弱，一方面可能由于中国大规模的职教园区建设集中在 2010 年后，观测时长并不足够；另一方面，与前文的发现一致，职教园区的知识溢出效应较弱，导致高职院校对于地区经济发展的带动能力不足。

表 5.3 大学城设立对区域经济发展的影响

因变量：区县层面灯光亮度[第（3）列除外]

	基本模型	所有控制变量	Ln（灯光亮度）	高教园区	职教园区
	（1）	（2）	（3）	（4）	（5）
Post_treated	3.535*** （0.444）	2.005*** （0.515）	0.0905*** （0.0189）	2.395*** （0.645）	1.136 （0.790）
年份固定效应	是	是	是	是	是
区县固定效应	是	是	是	是	是
地级市 × 年份固定效应	是	是	是	是	是
地级市特征 × 年份固定效应		是	是	是	是
观察值	37716	27020	27020	26208	26250
R^2	0.984	0.989	0.989	0.989	0.989

注：观测值为区县—年份层面数据，样本期为 1999—2012 年；本表将处理组定义为 2000—2012 年期间在其管辖范围内至少建立了一个大学城的区县；第（3）列以 Ln（灯光亮度+0.01）为因变量。第（4）列和第（5）列分别删除了包含职教园区和高教园区的区县样本，以便比较不同类型大学城的效应；控制变量包括区县、年份、地级市 × 年份和大学城设立前的区县特征 × 年份固定效应；区县特征变量包括 1992 年的夜间灯光亮度、2000 年的总人口、区县质心与城市 CBD 之间的距离以及区县行政单位虚拟变量；括号中表示聚类在地级市层面的稳健标准误；*** $p < 0.01$，** $p < 0.05$，* $p < 0.1$。

表 5.4 大学城效应的时间趋势

因变量：区县层面夜间灯光亮度

	高教园区		职教园区	
	（1）		（2）	
	系数	标准误	系数	标准误
Pre6	−1.229	（1.155）	−1.525	（0.954）
Pre5	−0.718	（0.827）	−1.230*	（0.710）
Pre4	−0.453	（0.713）	−1.034**	（0.506）
Pre3	−0.502	（0.600）	−0.838	（0.549）
Pre2	−0.252	（0.331）	−0.323	（0.413）
Post0	0.821***	（0.277）	−0.347	（0.428）
Post1	0.987***	（0.305）	0.296	（0.703）
Post2	1.637***	（0.411）	−0.0411	（1.191）
Post3	1.555***	（0.467）	−0.130	（1.568）
Post4	1.792***	（0.577）	0.922	（2.373）
Post5	1.910***	（0.601）	1.062	（0.938）
Post6	3.008***	（0.819）	2.303***	（0.675）

注：表中汇报了式（5.18）中 β_k 的估计结果的绝对值；参照组（大学城建成前一年）被省略；括号中表示聚类在地级市层面的稳健标准误；*** $p < 0.01$，** $p < 0.05$，* $p < 0.1$。

进一步，利用位置点层面的灯光数据，从更微观的空间视角来研究大学城对区域经济发展的溢出效应。使用更精细的空间数据有一个优点，即可以将大学本身的影响与大学溢出效应分离开。具体地，将样本限制在距离最近大学城 20 公里范围内的位置点，且删除了位于估算的大学城半径内的位置点，从而排除了由大学自身活动引起的灯光亮度增加的情况。为了识别大学城的空间溢出效应，加入大学城启用虚拟变量和到大学城距离的一组虚拟变量的交叉项（见式（5.19））。为了尽可能缓解回归中的选择偏误问题，引入一系列固定效应，包括大学城 × 年份固定效应、区县 × 年份固定效应、位置点的线性时间趋势和位置点到市中心距离 × 年份固定效应。在表 5.5 的第（1）列中，18—20 km 范围内的位置点是基准组，即假定大学城建设对于 18—20 公里内的经济活动的影响接近于 0。这组交叉项的系数反映了大学城在不同地理范围内的经济效应，回归结果显示，大学城对邻近地区的经济表现显示出显著的推动作用，而且这一推动效应符合空间溢出效应的特征，即大学城的正向影响随着距离的增加而迅速衰减。在 8 km 以后大学城效应完全衰减为 0，这也表明大学城的经济拉动效应具有本地化的特征。与这一结论类似，一项经典研究利用美国 2000 年普查数据发现，人力资本溢出效应的空间范围在 5 英里（8 公里）左右（Rosenthal 和 Strange，2008）。另一项研究发现在纽约的广告代理行业，集聚效应的空间规模不到 1 英里（1.6 公里）（Arzaghi 和 Henderson，2008）。经济活动集聚于大学城周围可能源于大学扩张带来的知识外溢，也有可能是居民和企业搬迁至大学城周边所致，即资源转移效应。若资源转移效应是主导力量，应观察到较远离大学城区域的经济活力显著下降。表 5.5 的结果排除了这一可能，说明经济活动的地理转移并非大学城空间溢出效应的主要原因。

为了确保结果的稳健性，表 5.5 第（2）列进一步将样本限制在大学城 10 km 范围内的位置点，并使用 8—10 公里的距离组作为参照组，结果与第（1）列的结果十分相似。第（3）列和第（4）列进一步比较了高教园区和职教园区的影响，根据回归结果，从数量上看，职教园区的空间溢出效应比高教园区更小、更具本地化特征。

表 5.5　大学城建设的本地化效应：微观地理证据

因变量：位置点夜间灯光亮度

	0—20 km 半径	0—10 km 半径	高教园区	职教园区
	（1）	（2）	（3）	（4）
Post_treated × *Dist*1（0—2 km）	3.878***（0.830）	3.323***（0.739）	3.391***（0.902）	2.908**（1.190）
Post_treated × *Dist*2（2—4 km）	3.337***（0.577）	2.776***（0.502）	2.899***（0.694）	2.245***（0.697）
Post_treated × *Dist*3（4—6 km）	1.716***（0.386）	1.191***（0.329）	1.236***（0.442）	0.883*（0.467）
Post_treated × *Dist*4（6—8 km）	1.011***（0.338）	0.487***（0.171）	0.454**（0.223）	0.395（0.255）
Post_treated × *Dist*5（8—10 km）	0.500（0.314）			
Post_treated × *Dist*6（10—12 km）	0.317（0.248）			
Post_treated × *Dist*7（12—14 km）	0.188（0.188）			
Post_treated × *Dist*8（14—16 km）	0.167（0.152）			
Post_treated × *Dist*9（16—18 km）	0.122（0.0922）			
位置点固定效应	是	是	是	是
年份固定效应	是	是	是	是
区县 × 年份固定效应	是	是	是	是
大学城 × 年份固定效应	是	是	是	是
位置点到 CBD 的距离 × 年份固定效应	是	是	是	是
位置点固定效应 × 时间趋势	是	是	是	是
观察值	1724814	486668	304290	182378
R^2	0.981	0.979	0.978	0.977

注：观测值为位置点-年份层面数据；样本期间为 1999—2012 年；样本为大学城周围的微观位置点，不包括大学城内的位置点；第（1）列将样本限制在大学城半径 20 公里内的位置点，参照组是大学城半径 18—20 公里内的位置点；第（2）—（4）列将样本限制在 0—10 公里半径内，参照组为 8—10 公里半径内位置点；控制变量包括位置点、年份、区县 × 年份、大学城 × 年份、位置点到城市 CBD 的距离 × 年份固定效应，位置点固定效应 × 时间趋势；括号中表示聚类在区县层面的稳健标准误；*** $p<0.01$，** $p<0.05$，* $p<0.1$。

接下来，从大学城区位、规模以及科技孵化设施 3 个方面，检验大学城效应的异质性。

（1）大学城区位异质性。根据经济地理学的已有研究，经济活动的地理分布存在着明显的空间集聚特征，这是因为经济活动的集聚具有显著的正外部性。大学城的选址若靠近城市经济活动中心，那么受益于集聚经济，高等教育扩张的经济促进效应可能更强。表 5.6 将处理组根据大学城与所在地级市中心（人民政府）距离中位数区分为两组，以检验这一假说。结果显示，与市中心距离更近的大学城的溢出效应更强（区中心到大学城距离与大学城虚拟变量的交叉项绝对值较高）。这一结果说明来自城市中心的集聚经济将放大高校扩张的效果。中国现有大学城规划选址存在两种思路，即靠近城市与远离城市建立新城。本研究的结果说明前一种思路更有益于高校扩张经济促进效应的发挥。

表 5.6　大学城效应的异质性：根据大学城与市中心距离分组

因变量：区县夜间灯光亮度

自变量	（1）	（2）
	距市中心 9 公里以内	距市中心 9 公里以上
Policy	6.537*** （0.696）	4.679*** （0.819）
Policy × *Dist*	−0.0975*** （0.00942）	−0.0435*** （0.00875）
常数项	4.726*** （0.226）	11.12*** （0.326）
时间和区县固定效应	是	是
观察值	13020	13734
R^2	0.518	0.519
区县个数	620	654

注：表中两列根据大学城与所在市中心距离的中位数分组；括号中汇报了聚集在地级市级的标准误；*** $p < 0.01$，** $p < 0.05$，* $p < 0.1$。

（2）大学城规模异质性。样本大学城的占地面积由 0.067 平方公里到 75 平方公里不等，大学城的效应是否受到规模影响？是否规模越大的大学城具有更强的溢出效应？为回答这些问题，在式（5.17）基础上加入大学城占地面积与大学城虚拟变量、区中心与大学城距离的交叉项，以说明大学城规模对其溢出效应的影响。表 5.7 中并未发现大学城规模的显著效应，将占地面积替换为大学城内高校数量，同样未发现大学城规模对其溢出效应的显著影响。这可能因为对于城市发展更重要的不是大学城规模，而是大学城内高校的质量，前文发现的职教园区和高校园区的效应差别说明了这一问题，而学校质量在规模数据中无法体现。

表 5.7　大学城溢出效应的异质性：大学城规模

	因变量：区县夜间灯光亮度
Policy	5.126*** （0.737）
Policy × *Dist*	−0.0608*** （0.00917）
Policy × *Area*	0.00163 （0.0347）
Policy × *Dist* × *Area*	0.000770 （0.000648）
常数项	8.180*** （0.213）
时间和区县固定效应	是
观察值	24969
区县个数	1189
R^2	0.505

注：去掉了无大学城的区县样本，*dist*1 代表同一地级市的第一个大学城与本区县的地理距离（km），*area* 代表大学城占地面积；括号中汇报了聚集在地级市级的标准误；*** p＜0.01，** p＜0.05，* p＜0.1。

（3）科技孵化设施异质性。在研究人力资本外部性的文献中，有一支关于知识溢出效应（knowledge spillover）的研究特别强调了邻近的研究机构对于企业创新的溢出效应。高校扩张对地区经济发展的重要作用机制是知识溢出性，即通过发展高等教育带来的研究人员集聚及科研力量提升，所在区域的科技水平得以提高，从而提高企业生产率。在本章研究的182个大学城中，23个同时设有大学科技园，41个位于高新技术开发区或经济技术开发区内，这为高校科技创新成果转化为企业产品提供了便捷的平台。表5.8检验了设有这些科技孵化平台的处理组是否存在更强的高校扩张溢出效应。第（1）列和第（2）列分别区分了是否有科研孵化设施的情况，结果表明，设有大学科技园或在开发区内的大学城的溢出效应强于其他大学城。这说明了高校扩张的知识溢出效应的重要意义，即为加快高校科研成果转化为企业生产率，在发展高等教育的同时应注意科技孵化设施的配套设置。

表5.8　大学城溢出效应的异质性：是否有科技孵化设施

因变量：区县夜间灯光亮度

	（1）	（2）
	设有大学科技园或在开发区内	无科技孵化设施
Policy	5.988*** （1.058）	4.462*** （0.669）
Policy × *Dist*	−0.0911*** （0.0166）	−0.0390*** （0.00857）
常数项	11.97*** （0.374）	6.173*** （0.240）
时间和区县固定效应	是	是
观察值	8484	18270
区县个数	0.569	0.476
R^2	404	870

注：去掉了无大学城的区县样本，*dist*1代表同一地级市的第一个大学城与本区县的地理距离（km），*area*代表大学城占地面积；括号中汇报了聚集在地级市级的标准误；*** p＜0.01，** p＜0.05，* p＜0.1。

第六节　大学新城的人口、企业与就业集聚

人口集聚是新城发育的关键标准。利用 2000 年和 2010 年区县层面的全国人口普查数据，表 5.9 基于式（5.20）估计了大学城对所在区县人口规模和构成的长期影响。回归中均包括了区县和年份固定效应、地级市 × 年份固定效应以及区县层面的特征变量 × 年份固定效应。

表 5.9 第（1）列的结果表明，大学城对所在区县人口规模产生了显著的积极影响。与同一地级市内的其他区县相比，2000—2010 年间大学城所在区县的人口增加了 12.4%。基于美国 1840—1940 年的历史数据的一项研究发现，美国赠地大学使得县级人口密度每 10 年增加 6%（Liu，2015）。另一相关研究发现，在 2005—2014 年间加州大学默塞德分校的开设使当地就业人数增加了 13%（Lee，2019），这一结果接近本研究的估计。第（2）—（4）列区分了不同类型的外来人口，结果显示，大学城对人口规模的提升效应不是来自同一地级市内的人口流入（第（2）列），而是主要由所在地级市以外的人口流入所驱动的（第（3）列和第（4）列的因变量分别指来自同省内其他地级市的人口流入和来自其他省份的人口流入）。表 5.9 中的第二部分（Panel B）和第三部分（Panel C）进一步区分了高教园区和职教园区，前者显示出更强的人口集聚效应。而职教园区对人口规模的影响不显著，这可能与大规模的职教园区开展时间较晚有关（如图 5.9 所示），但较低的数值水平也意味着职教园区的人口集聚效应可能不足。

表 5.9 大学城设立对人口集聚的影响

因变量：Ln（人口数量）

	总人口	同地级市迁移人口	同省跨市迁移人口	跨省迁移人口
	（1）	（2）	（3）	（4）
Panel A. 全样本				
Post_treated	0.124*** （0.047）	0.003 （0.075）	0.234*** （0.084）	0.237*** （0.087）
Observations	4244	4244	4244	4244
R-squared	0.990	0.950	0.965	0.965
Panel B. 高教园区				
Post_treated	0.165*** （0.056）	−0.037 （0.080）	0.298*** （0.097）	0.302*** （0.099）
N	3184	3184	3184	3184
R-sq	0.991	0.950	0.965	0.967
Panel C. 职教园区				
Post_treated	−0.013 （0.049）	0.101 （0.189）	−0.034 （0.113）	−0.015 （0.116）
N	3276	3276	3276	3276
R-sq	0.992	0.947	0.958	0.954
区县固定效应	是	是	是	是
年份固定效应	是	是	是	是
区县特征 × 年份固定效应	是	是	是	是
地级市 × 年份固定效应	是	是	是	是

注：数据来自2000年和2010年人口普查；第（1）—（4）列中的因变量依次为对数区县人口、同市其他区县的迁入人口、同省其他城市的迁入人口、其他省份的迁入人口；面板B和面板C分别剔除包含职教园区和高教园区的区县；表中控制区县、年份、地级市 × 年份和大学城设立前区县特征 × 年份固定效应；区县特征变量包括1992年的夜间灯光亮度、2000年的总人口、区县中心与城市CBD之间的距离以及区县行政单位虚拟变量；括号中表示聚类在地级市层面的稳健标准误；*** p＜0.01，** p＜0.05，* p＜0.1。

现有研究多关注高校扩招带来的高技能劳动力的供给冲击（Knight等，2017；Li等，2017），而且这些研究对劳动力供给效应的分析多建立在加总层面上（主要是地级市层面），而本研究更关注的是大学的本地化效应（Localized effect）。由于大学毕业生在同一地级市内的流动性很高（城市内部不太可能存在劳动力市场分割），大学城建设并不能给所在区县带来强于其他区县的高技能劳动力的供给冲击。基于前文的研究结果，大学城给所在区县带来的潜在积极影响主要来自大学研究活动产生的知识溢出。相关文献已经证实，来自大学的知识溢出效应随着到大学地理距离的减少而增加（Abramovsky和Simpson，2011；Hausman，2013；Jaffe，1989；Neil等，1993；Woodward等，2006）。因此可以推测，大学集聚可以吸引更多创新型企业选址在大学城附近，进而产生对高技能劳动力的更大需求。如果上述机制起作用，则会发现大学城的设立对区域人力资本水平产生积极的影响。利用2000年和2010年的区县人口普查数据，表5.10使用区县平均高学历人口数量和平均受教育年限作为衡量人力资本水平的指标，高学历人口是指拥有学士及以上学位的人口总数。表5.10第（1）列的结果表明，大学城的建立显著提高了所在区县的人力资本水平。2000—2010年间，与同一地级市的其他区县相比，大学城所在区县的高学历人口增长了26%。相比之下，大学城的设立对区县低教育水平人口数量的影响程度较小且不显著。

全国人口普查数据提供了各区县就业的职业构成信息。基于这一数据，借鉴相关研究（Andersson等，2014；李红阳和邵敏，2017），将高技能劳动力定义为从事非常规工作任务的劳动力，用人口普查中以下职业的人数总和来衡量：国家机关、党群组织、企业、事业单位负责人、专业技术人员、办事人员和有关人员。其余的职业人口被定义为非技能劳动力。表5.10中的结果表明，大学城的设立对区县内的高技能劳动力集聚产生了积极的影响：相较于同一地级市的其他区县，大学城的建立使得所在区县的高技能劳动力多增加13%。在表5.10的第（2）列和第（3）列表明这一结果主要是由高教园区而非职教园区的设立所驱动的。这一差异说明大学研究的知识溢出效应在大学城的人力资本积累中发挥了重要作用。作为重要的创新因素，人力资本的积累将为区域未来的创新发展产生持续动力。

上述结果需要排除的一个可能性是，大学城的人力资本集聚效应是由大量学生和教师的流入造成的，而非源于大学知识的外溢。上述结果并不会受到大学城设立导致大量大学生流入的影响，因为本科生在人口普查数据中未被归类为高学历人口。然而，大学教师流入的影响无法排除。因此，表 5.10 的第 5—7 行分别估计了大学城对高技术岗位中每种职业类型人口规模的影响。结果表明，大学城所在区县的专业技术人员（大学教师多属于这一类别）显著增加，同时其他两类的增加在统计学意义上同样显著，这说明高校扩张对于人力资本集聚存在正向溢出效应。

为了排除处理组和控制组在大学城建成之前存在差异对结果造成的影响，利用 1990 年的人口普查数据来检验平行趋势假设。鉴于 1990 年的人口普查没有提供平均受教育年限的信息，表 5.11 将高学历人口以及其占总人口的比例作为因变量，同表 5.9 和表 5.10 一样控制了年份和区县固定效应、地级市 × 年份固定效应以及区县特征年份固定效应。结果显示，处理组和控制组在 1990 年并不存在显著差异，而在 2010 年后设有大学城的区县呈现了积极的人力资本集聚效应。这表明处理组和控制组在大学城建立之前存在相同的发展趋势，即满足平行趋势，说明大学城建设对区县的人力资本提升具有因果效应。

表 5.10　大学城设立对区县人力资本积累的影响

因变量：Ln（人口数量（教育年限）

因变量	全样本	高教园区	职教园区
	（1）	（2）	（3）
高学历人口	0.258*** （0.085）	0.349*** （0.097）	−0.069 （0.089）
低学历人口	0.068 （0.047）	0.097* （0.057）	−0.026 （0.049）

续表

因变量	全样本	高教园区	职教园区
	（1）	（2）	（3）
受教育年限	0.040*** （0.012）	0.048*** （0.014）	0.014 （0.012）
高技能工作	0.128** （0.049）	0.153*** （0.058）	0.036 0.068
国家机关、党群组织、企业、事业单位负责人	0.185** （0.093）	0.160 （0.108）	0.303* （0.181）
专业技术人员	0.126** （0.057）	0.178*** （0.064）	−0.059 （0.079）
管理人员	0.104* （0.058）	0.120* （0.069）	0.026 （0.087）
低技能工作	0.084 （0.059）	0.123* （0.072）	−0.035 （0.055）

注：本表使用 2000 年和 2010 年人口普查数据，模型设定与表 5.9 相同；表中各单元格汇报了式（5.20）中的 *Policy* 系数；括号中表示聚类在地级市层面的稳健标准误；*** $p<0.01$，** $p<0.05$，* $p<0.1$。

表 5.11　大学城对区县人力资本积累影响的平行趋势检验

	高学历人口	高学历人口比例
	（1）	（2）
Year 1990 × *Treated*	−0.188 （0.150）	−1.099 （1.304）
Year 2010 × *Treated*	0.659*** （0.193）	5.115*** （1.846）
年份固定效应	是	是
区县固定效应	是	是
区县特征 × 年份固定效应	是	是
地级市 × 年份固定效应	是	是
观察值	3604	3604
R^2	0.991	0.942

注：采用 1990 年、2000 年和 2010 年的人口普查数据进行平行趋势检验；模型设定与表 5.9 相同；括号中表示聚类在地级市层面的稳健标准误；*** $p<0.01$，** $p<0.05$，* $p<0.1$。

为考察大学扩张对于高人力资本劳动力的空间分布的影响，进一步在微观地理尺度分析大学城建设对新城区域人力资本积累产生的空间溢出。基于2010年人口普查数据，因变量为大学城周边环状区域层面的各类型人口数量，核心自变量是大学城启用的处理变量（*Policy*）与环状区域到大学城的距离（*Dis*）的交叉项。表5.12汇报了回归结果，第（1）列的基准模型仅控制了环状区域固定效应。结果显示，相对于较晚（2010年至2016年期间）设立大学城的城市，在研究期间设有大学城的城市内部，在地理上越靠近大学城，各类人口数量越多，但大学城效应的显著性不强。为缓解大学城的选址偏误问题，第（2）列纳入环状区域到市中心的平均距离和2000年平均夜间灯光亮度，分别控制了环状区域的区位和经济特征，所估计系数的显著性有明显提升且数值略有提升。考虑到远离大学的区域人口分布可能不会受大学扩张的影响，第（3）列进一步去掉了距离大学城50公里以外的区域，所估计的空间溢出效应显著性和数值均有了大幅提升。根据第（3）列的结果，大学城的设立对于常住人口分布具有显著的空间溢出效应，到大学城的距离每降低1公里，常住人口数量提升2.27%，从系数数值来看，主导力量是外来人口的增多（空间溢出效应为3.05%）。即使去除大学扩张导致的在校生数量增多，对比表5.12第1行和第3行的结果仍可以得出大学城的人口集聚效应由外来工作人口的增多主导。新增外来工作人口的来源可能有两部分：高校知识外溢带来的高技术人才增多，以及大学扩张对服务业产生的乘数效应。从空间溢出效应的数值来看，大学扩张对高人力资本劳动力数量的空间溢出效应（3.23%）高于外来工作人口（2.79%），这再次验证了高校对于区域人口集聚和人力资本积累的重要作用。表5.12第（4）列和第（5）列按照大学城的类型加以区分，与前文结果一致，高教园区对于人口增长的空间溢出效应普遍高于职教园区。但职教园区仍然在促进区域人力资本积累方面发挥了显著的空间溢出效应，而且其数值（2.1%）与高教园区（2.63%）相差不大。结合前文的研究，虽然职业教育园区在参与创新方面表现不足，但发展职业教育有助于提升区域人力资本积累，从而为区域创新积蓄能量。

表 5.12　大学城对不同类型人口数量的空间溢出效应

自变量：*Policy* × *Dis*

因变量	（1）	（2）	（3）	（4）	（5）
	基准回归	控制到市中心距离和历史夜间灯光亮度	大学城周围 50 km	高教园区周围 50 km	职教园区周围 50 km
人口总量	−0.00296 （0.00250）	−0.00256 （0.00199）	−0.0227*** （0.00481）	−0.0239*** （0.00630）	−0.0128 （0.00833）
外来人口总量	−0.00841* （0.00439）	−0.00981*** （0.00278）	−0.0305*** （0.00656）	−0.0204** （0.00790）	−0.0162 （0.0115）
外来人口（去除在校生）	−0.00781* （0.00399）	−0.00900*** （0.00265）	−0.0279*** （0.00588）	−0.0195** （0.00766）	−0.0158 （0.0104）
大学以上教育人口	−0.00442 （0.00307）	−0.00463** （0.00209）	−0.0323*** （0.00581）	−0.0263*** （0.00738）	−0.0210** （0.00943）

注：研究样本是 2010 年大学城周边间隔为 1 公里的环状区域；表中各单元格汇报了 *Policy* × *Dis* 的交叉项系数；表中各行是因变量，代表不同类型的人口数量（取对数），各列为不同形式的回归设定；表 8 的第 2 行为外来人口总量，当户籍所在地级市与普查人口所在地级市不相同时，定义为外来人口，第 3 行为外来人口去除学业完成情况为“在校”的情况，第 4 行为受教育程度为大学以上的人口数量；第（1）列的控制变量是环状区域固定效应，第（2）—（5）列在此基础上控制了环状区域到市中心的平均距离和 2000 年平均夜间灯光亮度，第（3）—（5）列的样本分别为大学城、高教园区、职教园区周边 50 公里范围内的环状区域；括号中是聚集到地级市的标准误；*** $p < 0.01$，** $p < 0.05$，* $p < 0.1$。

企业集聚是新城可持续发展的关键，为了检验大学城建设对企业集聚的影响，本部分采用了 2008 年中国经济普查数据。这一数据库由中国国家统计局所发起，涵盖了在中国经营的所有企业层面的信息。表 5.13 将企业的数量和就业情况汇总到行业—区县级别。由于仅有 2008 年普查数据同时涵盖了服务业和制造业，因此无法观察到企业在大学城建成前后的表现差异。如果 2008 年之前已建成大学城的区县与 2008 年之后建成大学城的区县相似，则可以将后者作为前者的反事实（或可比的控制组）。沿着这一思路，表 5.13 在控制区县特征的情况下，比较了2008年前与2008年后建成大学城的各区县企业数量、就业以及高技能就业人数的差异。若区县2008年之前建立大学城，则 *Treated*=1，否则=0。研究结果表明，大学城对于区县内的企业数量、就业和高学历就业的影响显著为正。特别是，高技术行业[①]的公司比低技术行业的公司表现出更强的大学城效应。企业的流入，特别是高科技企业的流入，可能会从研究和教育活动中获取知识溢出效应（Hausman，2013；Jaffe，1989），这反过来也促进了人力资本集聚以及新的就业中心的形成。

表5.13　大学城设立对企业数量及就业的影响

因变量：Ln（区县层面的企业数量、就业人数、高技术就业人数）

	企业数量	就业人数	高技术就业人数
	（1）	（2）	（3）
Panel A. 全样本			
Policy	0.410*** （0.141）	0.356** （0.144）	0.716*** （0.203）
Panel B. 高技术产业			
Policy	0.605*** （0.177）	0.671*** （0.243）	1.089*** （0.381）
Panel C. 低技术产业			
Policy	0.387*** （0.140）	0.331** （0.140）	0.686*** （0.193）
区县特征	是	是	是
地级市固定效应	是	是	是
观察值	125	125	125

注：样本限制在2000—2017年期间建成的大学城所在区县；将2008年中国经济普查的企业数据在区县层面汇总（或平均），得到因变量数值；2008年以前设立大学城的区县为处理组，2008年以后设立大学城的区县为控制组；控制了地级市固定效应以及区县特征变量，后者包括1992年的夜间灯光亮度、2000年的总人口、区县中心与城市CBD之间的距离，以及区县行政单位虚拟变量；括号内为稳健标准误；*** $p<0.01$，** $p<0.05$，* $p<0.1$。

① 高技术行业的名单来自中国国家统计局的高技术行业分类，包括制造业部门（如生物医药、电信设备）以及生产性服务业（如信息技术、研究和设计）。

根据乘数效应的相关研究，劳动力市场的正向冲击将提高对不可贸易的商品和服务的需求，从而对当地服务业就业产生带动效应（Liu 和 Yang，2021）。而且，已有研究发现，由于工资水平及消费能力更高，高技能劳动力就业的提升将带来更强的乘数效应，因为高技能劳动力的消费能力更高（Moretti，2010；Moretti 和 Thulin，2013）。表 5.14 的结果显示，大学扩张对于区域高技能劳动力就业带来了正向冲击，若上述乘数效应的逻辑成立，应观察到大学城邻近地区的服务业就业出现显著提升。基于 2000 年和 2010 年的普查数据，采用式（5.20）的设定，表 5.14 检验了大学城设立对于不同行业的就业人数的长期效应。表 5.14 前两行汇报了大学城设立对服务业和制造业大类的就业效应。对比前两行的结果，大学城的设立对所在区域的服务业就业提升效应显著，而制造业的就业提升效应并不显著。这与已有研究发现的乘数效应对于可贸易部门就业没有影响相一致（Moretti，2010；Faggio 和 Overman，2014；Wang 和 Chanda，2018）。产生这一情况的主要原因是，可贸易部门在全国市场上竞争，而大学城设立带来的地价增长通过一般均衡效应作用于可贸易部门，降低了其价格竞争力，从而进一步限制了其就业规模的扩大。对于高教园区而言，服务业的就业乘数效应达 12.9%，但职教园区的服务业就业效应并不显著，且数值远低于高教园区。这再次印证了已有研究发现——乘数效应主要来源于高人力资本水平的就业规模扩大（Moretti，2010；Moretti 和 Thulin，2013）这一观点。

表 5.14 的其余各行汇报了细分行业的结果。大学城所在区县的教育、文化艺术及广播电影电视业的就业规模显著上升了 18.6%。这与大学城本身的行业属性直接相关。值得注意的是，职教园区的教育行业就业没有显著提升，且数值远小于高教园区。这可能与大规模的职教园区建设开展于 2010 年后有关（见图 5.9），建设时间距离观察年份（2010 年）较近，可能不足以观察到职教园区的长期效应，但上述结果意味着职教园区在推动教育产业扩张方面仍然力度不足，现实中不少职教园区

均面临着高校入驻率低的情况。与乘数效应的推测一致，大学城所在区县的社会服务业以及批发和零售贸易、餐饮业的就业规模分别显著上升了 12% 和 8.7%。对比高教园区和职教园区的行业效应差异，职教园区的金融保险业、科学研究和综合技术服务业就业上升显著，分别为 62.9% 和 11.6%，而高教园区的行业带动效应集中在社会服务业以及批发和零售贸易、餐饮业等生活服务业。这可能是由于职教园区建设时间较短，对人口的集聚效应尚未凸显（见表（5.9）），但对企业集聚产生了一定吸引力，从而带动了区域内的生产服务业的快速发展。

表 5.14　大学城设立对不同行业就业量的影响

因变量：Ln（就业量）

行　业	全样本	高教园区	职教园区
	（1）	（2）	（3）
服务业大类	0.115** （0.047）	0.129** （0.058）	0.050 （0.051）
制造业大类	0.032 （0.054）	0.036 （0.057）	−0.004 （0.134）
农林牧渔业	0.108 （0.205）	0.201 （0.262）	−0.237*** （0.089）
采掘业	−0.175 （0.163）	−0.184 （0.201）	−0.139 （0.206）
制造业	0.026 （0.065）	0.038 （0.069）	−0.039 （0.160）
电力、煤气及水的生产和供应业	0.087 （0.125）	0.061 （0.133）	0.188 （0.309）
建筑业	0.025 （0.065）	0.007 （0.076）	0.082 （0.115）
地质勘查业、水利管理业	−0.072 （0.159）	−0.017 （0.192）	−0.217 （0.243）
交通运输、仓储及邮电通信业	0.077 （0.062）	0.105 （0.074）	−0.024 （0.079）
批发和零售贸易、餐饮业	0.087* （0.051）	0.120** （0.059）	−0.052 （0.073）
金融保险业	0.103 （0.081）	0.098 （0.102）	0.116** （0.056）

续表

行业	全样本	高教园区	职教园区
	(1)	(2)	(3)
房地产业	0.178 (0.109)	0.110 (0.118)	0.403 (0.248)
社会服务业	0.120* (0.072)	0.089 (0.084)	0.206 (0.146)
卫生、体育和社会福利业	0.032 (0.059)	0.072 (0.066)	−0.114 (0.101)
教育、文化艺术及广播电影电视业	0.186*** (0.055)	0.216*** (0.065)	0.089 (0.077)
科学研究和综合技术服务业	0.106 (0.135)	−0.048 (0.139)	0.629** (0.304)
国家机关、政党机关和社会团体	0.071 (0.065)	0.045 (0.073)	0.139 (0.140)

注：因变量是2000年和2010年区县层面按行业类型区分的各类人口数量；表中各单元格汇报了式（5.20）中的*Policy*的交叉项系数；括号中是聚集到区县的标准误；*** $p < 0.01$，** $p < 0.05$，* $p < 0.1$。

第七节　高校与企业创新互动机制

本部分选取上海市的紫竹高新区与松江大学城两个现实案例，分析大学城如何通过知识溢出渠道对企业创新活动产生影响。紫竹高新区是上海市唯一一家由政府、企业和高校联合投资组建、政府主导市场化运作的新型科技园区，借由这一案例，我们将探讨大学与园区在产学研推动科技创新的过程中发挥的作用。松江大学城设有7所高校，是上海市规模最大的大学城。松江大学城所在的松江区是长三角正在协同发展打造的G60科创走廊的起点和重要承载区，通过这一案例我们重点关注大学在区域科技创新发展中发挥的作用。

一、紫竹高新区案例

紫竹高新区于2002年获批成立，园区的设立主要依托于上海交通大学和华东师范大学闵行校区，同时配备了新兴产业研发基地和配套区（包括紫竹基础教育园区和生活社区）。其中，上海交通大学闵行校区于 20 世纪 80 年代落成，华东师范大学闵行校区于 2004 年正式启用。依托上海交通大学在生物学、机械工程、材料科学与工程、信息与通信工程等学科的科研优势以及华东师范大学在软件工程、数学等学科的专业积累，紫竹高新区构建了信息软件、数字视听、生命科学、智能制造、航空电子、新能源与新材料六大类主导产业。借助两所知名高校的人才集聚优势和创新潜力，紫竹高新区引进了中航通用电气航电、中广核等国家和省（市）级重大项目，拥有英特尔、微软等多家世界 500 强公司的研发中心和地区总部。2011 年 6 月，紫竹高新区升级为“国家高新技术产业开发区”。

为了反映紫竹高新区成立后周边地区的人口、创新活动和经济活动的空间分布的影响，利用前文整理的微观地理数据进行简单的描述性统计。具体地，下文的分析使用了 2010 年全国人口普查数据、1985—2015 年的国家知识产权局的发明专利数据库以及 2005—2015 年的全国工商注册数据。首先，为了反映高新区对于人口聚集产生的影响，利用全国人口普查数据中的受访者所在居委会（村委会）地址信息定位至经纬度、利用户籍人口和常住人口信息确定流动人口数量、利用教育程度信息确定高学历人口；其次，为了分析高新区对于创新产出的溢出效应，利用全国发明专利数据库中专利所在位置信息定位至微观经纬度；再次，为了考察高新区设立对于各类企业集聚的影响，利用全国工商注册数据的企业地址信息定位至微观经纬度。基于以上数据库，可以得到人口、企业、创新活动在紫竹高新区周围的空间分布情况。为了剔除其他因素的影响，仅保留位于紫竹高新区 8 km 半径区域内的流入人口、专利以及企业样本。为便于分析，以 1 km 为单位将紫竹高新区周边 8 km 内的区域分为 0—1 km、1—2 km、……、

7—8 km 等 8 组，汇总计算得到位于每组区域内的流入人口数、发明专利申请数以及企业注册数量。

图 5.11 反映了 2010 年紫竹高新区附近流入人口的地理分布。流入人口数量（常住人口 – 户籍人口）并未呈现随紫竹高新区距离拉长而衰减的趋势，但本科及以上学历的高学历人口出现了围绕高新区的集聚现象——其空间分布集中在园区周围 1 km 内区域，占流动人口比重超过 18%。图 5.12 显示了紫竹高新区周边地区历年专利申请数的变化趋势，从 2000 年起专利申请量明显有逐年增长的趋势，并在 2012 年开始增速加快。图 5.13 显示园区成立后发明专利集中在园区周围 2—3 km 范围内，校企合作专利集聚在园区 1 km 区域内，且呈现出明显的随到高新区距离增多而衰减的趋势，这说明校企合作行为在园区附近更加密集，这验证了大学的知识溢出效应。图 5.14 显示了园区周边历年存量企业数量和新增企业注册数量的变化趋势。2002 年紫竹高新区设立后，周边地区存量企业总数呈现逐年上升的趋势，且上

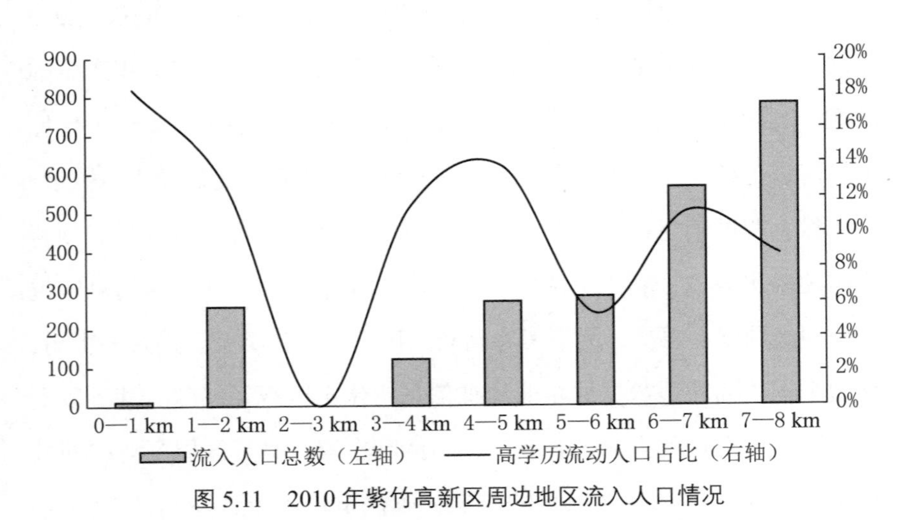

图 5.11　2010 年紫竹高新区周边地区流入人口情况

数据来源：2010 年全国人口普查数据。

注：流入人口数由常住人口数 – 户籍人口数得到；高学历人口指受教育水平为本科及以上的人口。

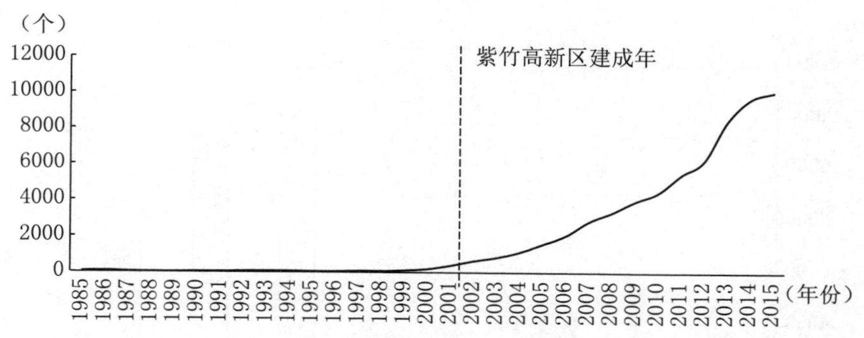

图 5.12　1985—2015 年紫竹高新区周边地区每年发明专利申请数量变化趋势

数据来源：国家知识产权局专利数据库。

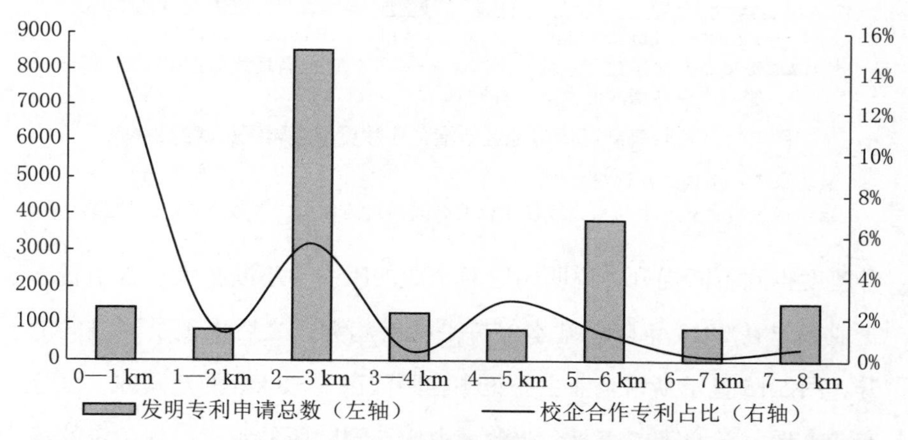

图 5.13　2003—2015 年紫竹高新区周边地区发明专利申请数与距园区距离的关系

数据来源：国家知识产权局专利数据库。

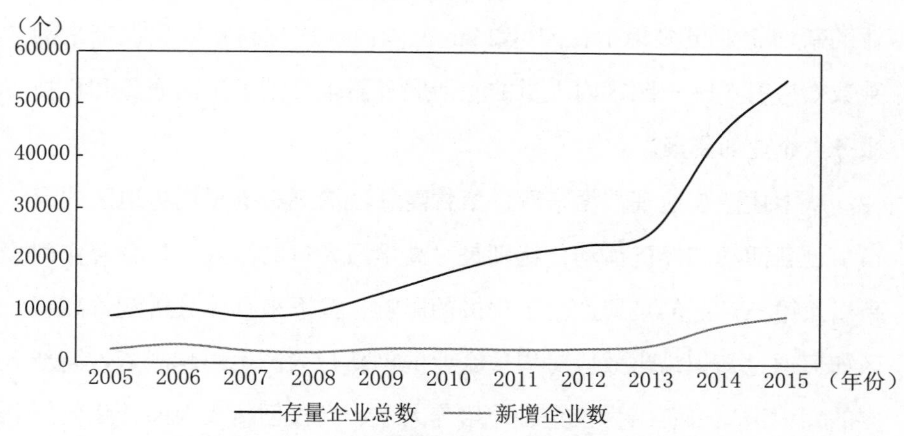

图 5.14　紫竹高新区周边地区企业注册数变化趋势

数据来源：全国工商注册数据。

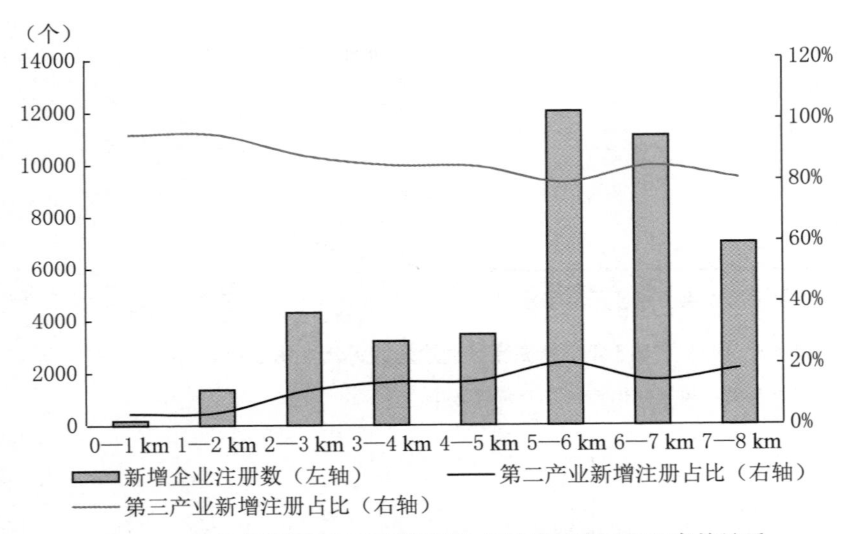

图 5.15　紫竹高新区周边地区新增企业数量与距园区距离的关系

数据来源：全国工商注册数据。

注：图 5.11—5.15 中的周边地区指以紫竹高新区为圆心，半径为 8 km 的区域。

升速度得到不断提升，说明园区对企业的吸引力不断扩大；其中新增企业数量在 2013 年以前基本保持平稳的趋势，之后出现了明显的上升。图 5.15 显示新增企业主要集中在距园区 6—8 km 的范围内。区分产业来看，新增第二产业企业数量占比与到园区的距离呈现一定的正相关关系，这可能与高校用地周围对工业用地有所限制有关。第三产业的新增企业更多集中在园区 2 km 范围内，这与高新区建设带来的乘数效应有关——园区内人员的生活服务需求带动了生活服务和科技服务类企业的集聚。

从上述微观地理数据来看，紫竹高新区深刻影响了周边地区的人口、创新活动和经济活动，特别是对高学历人口的流入、校企合作创新以及第三产业的集聚产生了积极的影响。接下来具体分析紫竹高新区如何通过知识溢出效应对周边企业的创新行为产生影响。紫竹高新区的知识溢出可总结为校企合作培养人才、高校创新成果的转化应用以及校企研发合作三方面。

首先，紫竹高新区与周边高校不断深化校企合作，构建了较为完善的校企人才流动机制，覆盖了从人才培养、项目实训再到企业录用的整个流程。例如，英特尔与上海交通大学联合成立上海交通大学—英特尔国家级工程实践教育中心，为学生提供技术培训，并配有企业导师，指导学生的创新创业实践。对于学生而言，可以通过接触一流企业的先进技术，在实训中有效锻炼实践能力和问题解决能力；对于企业而言，这一培养过程有利于发掘高校中的人才，并与优秀的学生提前建立良好的关系，更能借此平台接收到高校的隐性知识溢出。除了英特尔以外，上海交通大学还与紫竹高新区内的其他多家高新技术企业建立了良好的合作关系，通过学生联合培养、设置奖学金、联合组织竞赛等方法进一步培养实用型人才，推动了企业积累优质人力资源，最终实现人力资本与技术知识的转移。为了进一步健全产学研协同创新机制、完善人才培养机制、实现资源整合与共享，华东师范大学与紫竹高新区合作共建了亚欧商学院、华东师范大学—海法大学转化科学与技术联合研究院两大基地。其中，亚欧商学院实行双导师制，每位学生同时拥有学术型导师和企业导师。学术导师由学院专任教师担任，主要负责学生学术方面的发展；企业导师为国内外知名企业的高管，主要从实践方面培育学生的综合素质。这种校企联合的教育模式为培养创新创业人才、促进学生综合发展打下坚实的基础。华东师范大学—海法大学转化科学与技术联合研究院依托两校的优势学科展开深度研究合作，主要涵盖生命医学与新药研发、生态与环境工程、神经与脑科学、数据科学四个领域。研究院通过联合培养优秀博士生、硕士生并招聘博士后研究人员，推动了高层次应用型人才的培育、区域教育国际化以及高校研究资源向应用型科技创新的转化。

其次，紫竹高新区通过建立校企沟通平台，促进了高校创新成果的转化应用，也进一步推动了企业自身创新能力的提升。上海交通大学于2009年成立了先进产业技术研究院，其目的是促进上海交通大学与紫竹科学园共建科技成果转化平台，进行大学科研成果的转化。先进产业技术研究院与紫竹园区中的科研中心定期进行前瞻性课题的交流讨论，有力推动了高校创新知识与产业实践需求的双向沟通。紫竹高新区建立了以知识产权托管为核心的知识产权服务体系，向园区内的小型企业提供半公益的专业知识产权服务，利于企业在初创期占得知识产权先机，促进中小企业参与创新。由近年高校和企业专利授权同步提高的成果来看，可以证明高校的研发创新对企业创新形成了示范—模仿效应。

最后，校企的研发合作进一步推动了高校向企业的知识溢出。上海交通大学与闵行区于2010年共建了紫竹新兴产业技术研究院，这一研究院汇集了多家国家级工程创新基地，聚集大量高管人员、研究人员和高校研究生，建立了一个能够实现自我循环的产业技术培养和形成体系，其运行机制包括企业与高校合作研发、从市场需求角度遴选研发项目、整合创新要素建立专利保护机制、期权激励以激发积极性和创造性、区校联动支持研究院等。紫竹新兴产业研究院与上海交通大学的先进技术研究院实现了功能对接，有力推动了高校科研成果转化。2014年，紫竹高新区与上海交通大学和华东师范大学签署了“校企共建协议”，一方面，紫竹高新区支持高校基础设施建设及科研成果产业化；另一方面，高校支持高新区的研发与产业孵化基地建设、服务高新区人才培养、招商引资等。协议中明确，双方合作构建科技服务平台、培育优势产业、在前沿领域合作开展科学研究，并推动高新区内企业与高校在科学研究、学术交流、人才培养方面积极合作。

二、松江大学城案例

上海松江大学城于1999年立项，2001年10月第一批学生入园，

2005年基本建成。园区占地约8000亩，共有7所高校入驻，分别为上海外国语大学、东华大学、华东政法大学、上海对外经贸大学、上海立信会计金融学院、上海工程技术大学、上海视觉艺术学院，是上海市规模最大的大学城。松江大学城由教学区、生活园区与资源共享区几部分构成，为推动高校间、校企间的知识流动，其独具特色之处在于不设“围墙”。一方面，各校之间不存在有形的围墙，而是以绿化带或河流区分边界；另一方面，园区实行一体化发展路线，七所高校分别以文、理、艺术类见长，可以实现优势互补、资源共享。大学城内高校集聚的教育资源和科研能力优势以及人才发展潜力吸引了多家企业入驻，又孵化了一大批创新型企业。据统计，2020年松江大学城双创集聚区内新注册企业数达到737家①。

与前文类似，我们基于描述性统计探讨松江大学城对周边地区的人口、创新活动和经济活动的空间分布的影响。这里使用的数据以及处理样本的方法与紫竹高新区案例相同，在此不再赘述。图5.16显示，2010年大学城周边区域的流入人口数量（常住人口 – 户籍人口）并未呈现随到松江大学城距离拉长而衰减的趋势，而高学历（本科及以上学历）流入人口集中在大学城2—3 km以内，显示出明显的人力资本集聚。图5.17显示，松江大学城周边地区发明专利申请数在2005年（即大学城建成当年）及后续年份出现明显增长，这与松江大学城对周边区域创新活动推动效应有关。图5.18显示，发明专利集中于大学城附近1—2 km内的区域，且校企合作专利比例在大学城周围1—2 km区域内达到峰值，说明大学城的设立起到了促进周边区域校企合作的作用。松江大学城的建立也推动了周边区域的企业集聚。图

① 腾讯网:《松江大学城新注册企业数井喷，激活高校创新策源功能》，2021年4月28日，https://new.qq.com/rain/a/20210428A06RRP00。

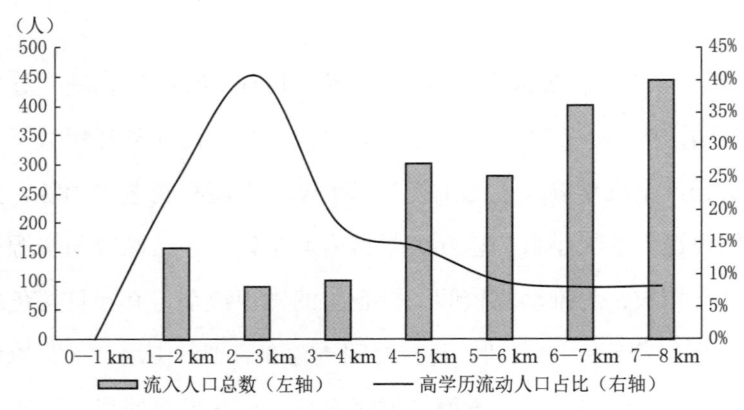

图 5.16　2010 年松江大学城周边地区流入人口情况

数据来源：2010 年全国人口普查数据。

注：流入人口数由常住人口数 - 户籍人口数得到；高学历人口指受教育水平为本科及以上的人口。

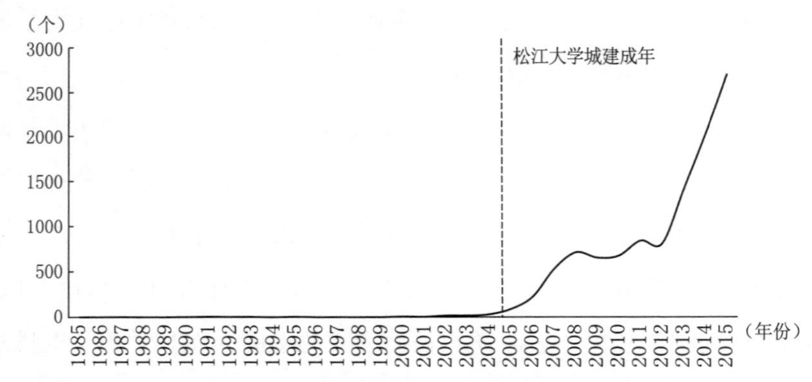

图 5.17　1985—2015 年松江大学城周边地区每年发明专利申请数量变化趋势

数据来源：国家知识产权局专利数据库。

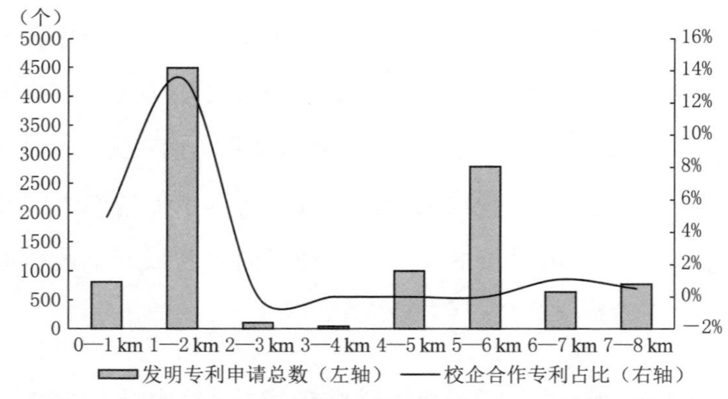

图 5.18　2006—2015 年松江大学城周边地区发明专利申请数与距园区距离的关系

数据来源：国家知识产权局专利数据库。

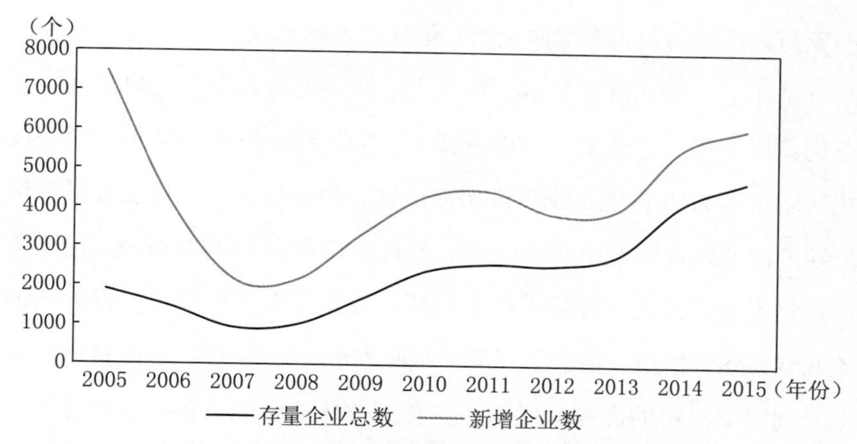

图 5.19　松江大学城周边地区企业注册数变化趋势

数据来源：全国工商注册数据。

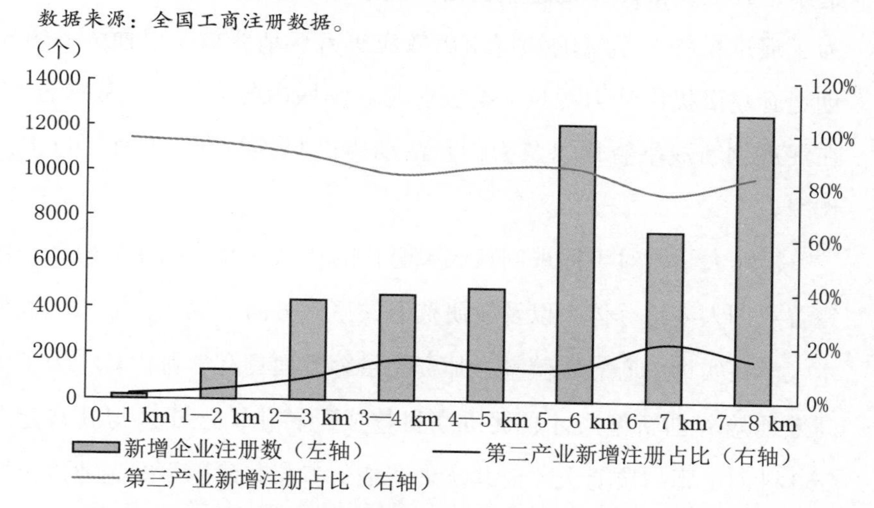

图 5.20　松江大学城周边地区新增企业注册数与距园区距离的关系

数据来源：全国工商注册数据。

注：图 5.16—5.20 中的周边地区指以松江大学城为圆心，半径为 8 km 的区域。

5.19 显示，尽管受大学城建设涉及的大规模拆迁影响，在大学城建成的两年内（2005—2007 年）周边区域的注册企业数量出现大幅下降，但 2008 年后大学城周边地区的存量企业数和新增注册企业数均快速上升。与紫竹高新区的案例类似，新增企业集中在距松江大学城 6—8 km 的范围内（见图 5.20）。区分产业来看，第二产业新增企业占比随着与大学城的距离增加而递增，第三产业则相反。

总体上，微观数据显示，松江大学城在促进高学历人口流入、企业创新以及第三产业发展方面发挥了正向作用。下文将从长三角一体化战略中的G60科创走廊建设层面出发，分析松江大学城在促进区域创新方面如何发挥作用。2016年，松江区提出在G60高速公路沿线建设科创走廊的构想，随后不断有杭州、嘉兴等新城市加入，目前已形成九城共建的格局，覆盖了江浙沪皖四省市[①]。2019年G60科创走廊上升到国家战略的高度，成为长三角一体化战略的重要组成部分。在这条走廊上，松江区是起点，松江大学城则又是松江区的创新引擎。为了促进松江大学城的知识溢出效应更有效地释放，以便为G60科创走廊建设提供动力源泉，松江区与大学城内各高校深化战略合作，在促进创新成果孵化以及为创新活动提供服务两方面发挥了巨大的作用。

松江大学城对于促进创新成果孵化的贡献主要体现在区校企合作完善双创人才培养体系以及科研资源共享等方面。例如，上海工程技术大学在实训中心、实验室、师资力量等方面具有学科优势。为了更高效地培养创新型人才、促进高科技成果转化，松江区与其共建了G60科创走廊高技能人才公共实训基地。参与共建项目的企业以及职业院校可以借助上海工程技术大学的科研资源和学术积淀，提升自身创新实力。实训基地启动后的半年内成功发展了十几个高技能人才培训项目，实现了有效的人才培养与人才储备。此外，为了提高松江区对人才的吸引力，将优质人力资本汇聚于G60科创走廊，从而为长期可持续发展提供动力源，部分走廊企业与基地展开了校企合作，包括开放共享实验室和建立大学生实习见习基地。这不仅有助于推动创新

① 包括上海、嘉兴、杭州、金华、苏州、湖州、宣城、芜湖、合肥9个城市。

创业导向的人才培养模式，也能够搭建起毕业生在松江本地就业的平台，形成人才反哺企业的良性循环。

为了促进产教融合、推动科技成果转化，松江综合保税区与上海对外经贸大学共建了松江大学城双创集聚区。双创集聚区旨在为创业群体打造众创空间，承担着企业孵化器的使命。例如，德稻集团与松江区政府共同成立了德稻知识资本创新中心，通过为创业者配备导师、提供优惠的入驻政策等举措，为创业者尤其是大学生创业者提供高效细致的创业指导。东华大学也加入双创集聚区，依托自身在纺织、材料等领域的学科优势，力图建成全球纤维材料等研发中心集聚地，带动周边相关产业发展。目前，双创集聚区已培育出国家级科技企业孵化器——松江电商孵化器，另有若干区级创业孵化基地、市级创业指导站等。双创集聚区所属的广富林街道成立了大学生创新创业联盟，成功举办了“广富林杯”创业创新大赛、大学生创新创业博览会以及各类比赛、展览，并引入上海市大学生科技创业等基金 3000 多万、产学研合作项目 4 个①。这些平台有效地激励了创新人才的创新活力，且为催化科创成果转化提供了良好的平台。

持续为创新活动和创新人员提供服务也是松江大学城在 G60 科创走廊建设中所做出的突出贡献。上海视觉艺术学院在设计与艺术领域实力领先，且具备一定的国际化人才资源。围绕着 G60 科创走廊发展规划，松江区、德稻教育集团与上海视觉艺术学院共建 G60 科创走廊国际大师对接服务中心，实现区校企三方联手合作，旨在调动各方资源优势，充分释放高校的知识溢出效应。服务中心的职责包括定期组织重要会议，对接 G60 科创走廊共建城市和国际各领域内的专家，为

---

① 上海市人力资源和社会保障局官网：《双创集聚，松江特色创业型社区助力 G60 科创走廊建设》，2020 年 11 月 30 日，http://rsj.sh.gov.cn/ttpxw_17107/20201130/t0035_1396534.html。

沿线城市相关产业的未来发展提供咨询服务，协同推动产业创新。服务中心还在一些城市设立了大师工作室，共建城市推荐的企业可免费享受工作室的产品设计服务。此外，为了提供给共建城市更多的设计方案和参考标准，服务中心专门设立了国际大师项目库。项目库汇集了众多知名大师的创意，库存资源丰富，充分满足共建城市的多样化需求。依托此平台，跨城市的知识流动、创新合作得以更有效地开展。

创新知识有正外部性的特点，因此，在实现创新产出的过程中，对科创成果的保护尤为重要。松江区依托华东政法大学的法学底蕴和法律人才资源，与之共建 G60 科创走廊知识产权法律服务中心。服务中心的工作重心在于为走廊上的企业、科研机构和人员提供全面配套的知识产权法律服务，覆盖到科研创新的每个环节，从而激活高技术人才的创新活力。另外，2021 年初松江区与华政再度签约共建长三角 G60 科创走廊法治研究中心。研究中心以企业需求为导向，以服务 G60 科创走廊为宗旨，致力于开展法学前沿课题的，从法治保障的理论上为走廊的长远发展打好基础。凭借学校专业优势在实际应用和理论领域的双助力，华东政法大学提供的创业服务将为 G60 科创走廊做出卓越贡献。

综上所述，从紫竹高新区和松江大学城的案例分析中可得出前文发现的大学城效应，更准确地来说，高教新城效应主要是通过以下机制提升区域经济集聚和经济发展：大学的知识溢出效应将吸引高科技企业入驻邻近区域，产学研协同机制一方面直接提升企业创新产出、推动城市集聚，另一方面促进高校科技创新成果的孵化。然而，观察这两个案例可以发现，大学城建设仍存在一些不足之处。以松江大学城为例，松江区是上海重要的工业基地，但松江大学城并没有很好地实现产城融合。主要原因有：第一，选址问题。松江工业区位于松江城区的东西两翼，而大学城坐落在中部区域，距离工业园区的距离较远，限制了大学城对相关产业发展的溢出作用。第二，高校与产业匹配度较低。重点发展工业的松江对制造业人才有高度需求，但松江大学城的七所高校中，仅有上海工程技术大学和东华大学两所理工类高校，在对产业的人才供给上存在劣势。第三，引进高校的科研实力需提高。松江大学城的七所高校中仅有东华大学和上海外国语大学两所“211 工程”高校，整体科研水平并不具备领先优势，可能无法为区域的高质量发展提供较高水平的技术资源支持。

第八节　大学城建设的资本化效应

前文发现了大学城对经济活动（夜间灯光亮度）、高技能劳动力以及高科技企业集中度的显著影响，从而验证了大学扩张存在知识溢出效应。为了从这种正向溢出中获益，企业和劳动力将竞相进入大学城附近区域，成为地价上涨的潜在推力。理论上，若企业和劳动力完全流动，那么大学城所创造的所有社会效益将归于土地所有者。然而，在现有研究中，由于数据缺乏，很少有研究使用固定要素（如土地）的价格来估计政策的福利效应（Donaldson 和 Hornbeck，2016）。在本文的研究情境下，由于企业和劳动力在县区层面能够自由流动，所以用土地价格的上涨来衡量大学城的社会福利是合适的。此外，大学城建设主要是由政府主导投资的，因此，在不造成政府严重债务的情况下，这项工程在财政上是否可持续的关键也取决于大学城建立后实现的土地收入。沿着这一思路，本节基于地址信息匹配大学城与地块交易数据，分析大学城对邻近区域土地价格的影响，由此计算出大学城引起的土地增值效应，用以反映大学城政策的经济收益。最后，将收益与大学城的平均建设成本做比较，可以估算大学扩张政策的福利效应，系统评估各地大学城建设的得失。

表 5.15 基于 2007—2017 年的全国微观地块出让数据估计大学城的资本化效应。为确保样本可比，将样本限制在大学城周围 20 公里范围内的地块，并剔除了 4 个直辖市。因大学城建设的资本化效应主要体现在市场化程度更高的商业、工业和住宅用地上，样本剔除了公共事业和基础设施等其他用途的地块。为缓解选择偏误问题，回归纳入的固定效应包括年 – 月、区县 × 年份、大学城 × 年份、地块到城市 CBD 的距离 × 年份，回归中控制的地块特征包括地块到 CBD 的距离（对数）、土地面积（对数）、容积率、土地用途、土地等级和出让方式等。

表 5.15 的结果显示，相较于大学城周围 10—20 公里内的地块，大学城建立后，10 公里范围内的土地价格上涨了 7% —12%。大学城的资本化效应还表现出随距离衰减的特征，这与前文发现的大学城建设的空间溢出效应相一致。表 5.15 第（2）列显示，商业用地的价格上涨具有高度的本地化特征——资本化效应在大学城 2 公里范围内最强（价格上涨 24%），而 8 公里以外则衰减为接近于零且不显著。相比之下，大学城建立后，工业用地的价格上涨最小，也不存在明显的随距离衰减的特征（第（3）列）。这些结果表明，对于不同产业而言，大学城效应的大小和地理范围各不相同，这一结果是缘于不同产业的集聚经济效应有差异。例如，有研究利用地租和工资数据发现，与制造业相比，金融服务业的本地集聚经济效应更强，且随着距离的增加，其影响衰减得更快（Dekle 和 Eaton，1999）。工业用地升值幅度相对较低的另一种可能性是，地方政府往往通过降低工业用地价格来竞争企业投资（Tao 等，2010）。而商业和住宅的产品是高

度本地化的，空间流动性更低，因此此类用地较少成为地方政府引资竞争的工具。大学城设立带来的就业增加，特别是高技能劳动力的增加，创造了巨大的住房需求，导致住宅用地大幅升值。表 5.15 第（4）列显示，位于大学城 6 公里半径内的住宅用地价格增长了 11%—15%。

依据上述结果，可以粗略估计大学城设立带来的土地增值，即根据表 5.15 第（1）列的结果计算出每个环形区域内的土地价值（不包括大学城区域）。考虑到样本中大学城 10—20 公里范围内的平均地价为 1348 元 /m^2，在 2007—2017 年期间，平均意义上的大学城周围 10 公里范围内的土地增值为 319 亿元。这一收益以土地出让收入的形式直接流向了地方政府。

由于缺乏大学城建设总成本的官方数据，我们参考《广州城记》一书，以广州大学城为例对大学城建造成本做简单测算。该书作者林树森为广州市前市委书记，参与了广州大学城建设的整个过程。书中详细介绍了广州大学城的规划和建设情况。广州大学城总投资约 310 亿，其中基础设施投资 36 亿元、7 个公共项目投资 28.5 亿元、征地补偿费 46 亿元、高校校园建设成本 140 亿元、其他市政设施建设成本 20 亿元、其他投资 39.5 亿元。投资费用全部由广州市政府承担。用这一数值（310 亿）除以广州大学城规划面积（43 平方公里），可得到平均成本为 7.21 亿元 / 平方公里。不妨将该值作为全国大学城的单位面积建设成本，可将 7.21 乘以样本内大学城的平均面积（6.6 平方公里），则得到平均意义上的大学城建设成本为 48 亿元。将这一成本值与前文估算得出的土地增值相比（319 亿元）可以得出，即使不考虑税收增加或人力资本提高带来的社会效益，大学城土地资本化的收益也远超过综合建设成本。

表 5.15　大学城设立对于微观地块价格的影响

因变量：Ln（土地价格）

	所有	商业	工业	住宅
	（1）	（2）	（3）	（4）
Post_treated × *Dist*1（0—2 km）	0.119***（0.0366）	0.239***（0.0817）	0.0547（0.0366）	0.114**（0.0551）
Post_treated × *Dist*2（2—4 km）	0.0904***（0.0307）	0.116**（0.0575）	0.0373（0.0258）	0.152***（0.0497）
Post_treated × *Dist*3（4—6 km）	0.0948***（0.0313）	0.164***（0.0471）	0.0186（0.0278）	0.141***（0.0424）
Post_treated × *Dist*4（6—8 km）	0.0711***（0.0260）	0.0938**（0.0415）	0.0614***（0.0226）	0.0401（0.0425）
Post_treated × *Dist*5（8—10 km）	0.0655**（0.0323）	0.0427（0.0675）	−0.00128（0.0204）	0.0842*（0.0447）
地块特征	是	是	是	是
月份固定效应	是	是	是	是
年份固定效应	是	是	是	是
区县固定效应	是	是	是	是
区县 × 年份固定效应	是	是	是	是
大学城 × 年份固定效应	是	是	是	是
地块到城市 CBD 的距离 × 年份固定效应	是	是	是	是
观察值	55161	13075	18407	22028
R^2	0.677	0.673	0.783	0.651

注：样本为 2007—2017 年大学城所在地级市的所有土地出让数据，将样本限制在大学城半径 20 公里内的地块；*Dist#* 是地块到大学城距离的虚拟变量，对照组是距离大学城 10—20 公里的地块；地块特征包括地块与 CBD 的距离（对数）、土地面积（对数）、容积率，以及土地使用类型、土地等级和拍卖类型的虚拟变量；控制变量包括区县、年份、月份、区县 × 年份、大学城 × 年份、地块到城市 CBD 的距离 × 年份固定效应；括号中表示聚类在区县市层面的稳健标准误；*** $p<0.01$，** $p<0.05$，* $p<0.1$。

第九节　本章小结

党的十八大明确提出“科技创新是提高社会生产力和综合国力的战略支撑，必须摆在国家发展全局的核心位置”。作为知识高地，高校扩张是否能为区域创新注入活力，是学界和政策制定者密切关注的问题。本章基于知识溢出效应的理论视角，采用1999年高校扩张政策后各地兴起的大学城建设作为识别工具，利用大量地理坐标相匹配的微观数据和双重差分法，从城市、企业、劳动力等多个维度细致分析了大学城建设对于城市发展产生的影响。首先，基于城市经济学的空间均衡模型说明了大学对城市发展的影响机制，高校扩张对总产出的影响可分解为知识溢出效应、集聚经济以及生产要素需求3个部分。在此基础上采用空间均衡模型得出，高校扩张通过生产率效应提高了城市的要素价格，通过禀赋提升效应降低了工资、提高了地租。其次，衡量了大学城建设对于区域经济发展的总体效应和空间分布效应。利用微观地理尺度的夜间灯光数据作为区域经济活动水平的指标，研究发现大学城的设立对周边区域的经济活动密度显示出显著的提升效应以及空间溢出效应。再次，检验了大学城建设对于区域人力资本水平及劳动力市场的影响。基于微观地理坐标匹配手工收集的大学城数据库和全国人口普查微观数据发现，大学城的设立显著推动了所在区县的人口集聚以及人力资本水平提升，人力资本这一创新要素的提升将为区域未来的科技创新能力积蓄能量。此外，根据分职业类型的人口数据发现，大学城的设立对于服务业就业产生了乘数效应。总的来看，上述结果说明大学城有力推动了新城区域的经济集聚。异质性分析表明，大学城内高校的规模及其知识创造能力是确保大学城作为城市创新政策有效性的重要因素。大学科技园等配套科技孵化设施显著强化了大学城效应。总体而言，高教园区相较于职教园区在知识创造、人力资本积累、推动经济发展等方面均发挥着更强的效应，而多数情况下职教园区对于区域的创新发展未显示出显著影响。最后，衡量了大学城政策的经济收益。基于微观地块出让数据，利用土地价格变化来衡量大学为区域发展带来的正外部性，研究发现，大学城建设对于邻近地区的土地增值效应显著，大学城所在区域内的土地价格上涨了7%—12%，在平均意义上大学城政策能够获得经济收益。

作为创新驱动发展战略的重要一环，高等教育院校的创新策源作用备受关注。《国家新型城镇化规划（2014—2020）》强调，城市政府应推动高等教育及产学研协同机制以增强城市创新能力。本章的研究结果肯定了高等教育对城市科技创新以及区域经济发展的积极作用，明确了高校知识溢出效应的作用机制，能够为利用高校研究机构推进科技创新中心建设的发展战略提供科学依据。基于本章结果，聚焦于影响大学创新推动效应的关键因素，从以下方面提出大学作为区域创新发展策源的若干对策建议：

（1）以政校合作、政校企合作吸引高校研究机构，借力正外部性推动区域科技创新。本章强调，知识的溢出效应是大学成为区域科技创新策源的关键机制。由于知识的创造存在正外部性，若不加以干预则难以实现社会最优供给水平。尤其对于区域发展而言，若缺乏高校研究机构，科技创新的动力机制难以形成。因此，对于缺乏高校或科研机构的区域，以政校合作或政校企合作的方式吸引优质高校以多种形式入驻合作，是借力科研知识的正外部性谋求区域科技创新发展的重要路径。在此方面，深圳市的举措值得借鉴。相较于其他一线、二线城市，限于发展历史较短，深圳市缺乏优质高校资源，一度成为城市创新发展的一大桎梏。2000 年前后，在特区优惠政策红利释放殆尽之际，深圳市确立了科技转型的发展战略，发展高等教育成为重中之重。2000年，深圳市政府与清华大学合作建立深圳清华大学研究院，随后北京大学、香港科技大学与深圳市政府三方合作建立深港产学研基地，名校入驻进一步产生了示范效应，引发20多所重点高校前来寻求合作。这些创新载体成为区域创新策源，对于科研成果产业化产生了极大的推动效应，成为政产学研的发展样板。与其他案例城市不同，在城市内土地资源有限的情况下，深圳并未专设大学城，如何能借助高校资源在最大程度上发挥知识溢出效应呢？为了拓宽与高校合作的范围、集全国名校资源之力支持深圳市的科技创新，深圳市政府提出了建设虚拟大学园的方案，以一座建筑面积1.5万平方米的创新基地大厦作为实体，成立第一年即吸引了34所全国著名高校携高新技术成果和科研人才加盟。到2018年，虚拟大学园已聚集了60所海内外著名高校（李子彬，2020），在科研创新能力、科研成果产业化、高层次人才培养等方面均获得了引人注目的成绩，形成“深圳无名校，名校在深圳”的格局。

重庆市近年来保持了高速增长，其十三五规划明确了打造以高端制造业为代表的战略性新兴产业集聚中心、建设创新型城市和西部创新中心的目标。西部地区优质高校资源欠缺是普遍现象，为最大程度上利用高校科研资源，重庆市大力引进外来高校在渝设立研究机构。2017年11月出台的《重庆市与知名院校开展技术创新合作专项行动方案（2017—2020年）》提出，到2020年力争引进国内外100所以上知名高校、科研机构等创新资源以多种模式落户重庆。为推动国家级新区、“西部创新中心的核心展示区”——两江新区发展，重庆已在全球范围内引入多所重点高校合作建立研究院，成为新区科技创新发展的重要引擎。其中包括同济大学重庆研究院、华东师范大学重庆研究院、上海交通大学重庆研究院、新加坡国立大学重庆研究院、湖南大学重庆研究院、吉林大学重庆研究院、北京理工大学重庆创新中心、中国科学院大学重庆学院、西北工业大学重庆科创中心、重庆鲁汶智慧与可持续基础设施国际研究院、中科院计算所西部高等技术研究院、中国药科大学重庆研究院、哈尔滨工业大学重庆研究院等。

（2）抓住特大城市的高校扩张需求，以校市异地合作促进区域间知识流动和一体化发展。现阶段高等教育资源集聚的区域中心城市均面临不同程度的“大城市病”，围绕着优化城市内部空间结构的目标，中国的新型城镇化规划明确提出了“推动特大城市中心城区部分功能向卫星城疏散”。北京市近年来已着手若干举措，备受关注。2015年通过的《京津冀协同发展规划纲要》明确了北京市“四个中心”的定位，疏解非首都功能的工作开始有序进行，其中重要的一环是高等教育疏解。2016年北京市教委宣布“十三五”期间，支持在京中央高校和市属高校通过整体搬迁、办分校、联合办学等多种方式向郊区或河北、天津转移疏解[①]。在此期间内出现的外迁高校包括北京交通大学威海校区、北京化工大学秦皇岛校区、北京理工大学河北怀来校区、北京理工大学秦皇岛分校、北京理工大学珠海校区、中国人民大学苏州校区等。实际上，受限于北京市区土地资源紧张，多数在京高校均有扩张校区面积的需求，在区域一体化战略的背景下，缺乏优质高等教育资源的河北省成为承接北京高等教育资源的理想接收地。据报道[②]，河北省秦皇岛市的北戴河新区规划建设了总面积约370公顷的滨海大学城，集中承接北京教育产业转移，重点引进国家211、985综合性大学。2021年5月，国家发展改革委发布的《“十四五”时期教育强国

① 《京津高校密集规划建设新校区，河北有机会吗》，2021年3月14日，https://baijiahao.baidu.com/s?id=1694182057596874304&wfr=spider&for=pc。

② 《北京高校大疏解下的“突围”部分纷纷在异地办学》，《新京报》2015年7月3日，http://politics.people.com.cn/n/2015/0703/c1001-27247559.html。

推进工程实施方案》指出，要“支持一批在京中央高校疏解转移到雄安新区”。

高校异地校区或研究机构之间的联动将有力促进知识跨市、跨省、跨城市圈的流动，从而实现创新要素的配置效率提升。借由以高校异地联动将进一步促进城市间经济联动，从而提升区域一体化发展。2020年底，教育部、广东省印发的《推进粤港澳大湾区高等教育合作发展规划》提出，“持续推进高等教育合作发展，成为内地与港澳教育全面合作发展的生动典范，强化大湾区高校科研协同创新，服务支撑国际科技创新中心建设，实现创新要素跨区域自由流动”。与此同时，基于微观专利和企业数据的研究表明，企业间的科研人员之间形成的知识创新网络将对网络内企业产生创新的正外部性影响（Zacchia，2020）。同理，依托高校异地校区或研究机构，城市间尤其是区域中心城市将对非中心城市的科技创新将产生外溢效应，成为区域间平衡发展的重要推动力。近年来，西部高校与东部城市开展多种形式的合作①，如西北工业大学太仓校区、成都电子科技大学长三角研究院（衢州）和长三角研究院（湖州）、西安电子科技大学广州研究院、兰州大学管理科学研究院（深圳）等。此举一方面有助于推动东部城市的科技创新成果向西部辐射，另一方面有助于西部高校科研有效对接科技市场需求，促进东西部地区平衡发展。

（3）创新要素跨地流动面临的行政壁垒以及高教资源集聚的正外部性均要求发挥中央或省级政府的协调作用。从全国层面来看，高等教育的异地布局遵循市场规律，倾向于选址经济实力更强、产业耦合度更高的城市，高校优势学科与地区优势产业相结合，带来了高等教

① 《985高校“西学东渐”，中西部高校的无奈与冲动》，《中国新闻周刊》2020年10月9日，https://baijiahao.baidu.com/s?id=1679955800152235993&wfr=spider&for=pc。

育资源配置效率的提升。然而，一方面，创新要素的跨行政区流动面临行政壁垒。鉴于中国地方高校的资金来源主要是地方财政，其办学的重要宗旨是服务于当地经济。在财政分权、地方政府间竞争的制度背景下，地方高等教育资源的跨地配置可能存在行政障碍，这与广泛存在的商品和要素跨地流动的行政壁垒现象在逻辑上是一致的（唐为，2021）。例如，据中国新闻周刊调查，“有个别地方政府出台政策，省属高校毕业生须在本省就业，若就业比例低于政府规定，将对有关高校实施罚款，即把政府拨款收回”①。针对这种行政壁垒问题，需要从更高的层面解决地方政府间协调的问题，前文所述的区域一体化政策为解决这一问题带来了契机。

另一方面，创新要素集聚的正外部性属性要求中央或省级政府推动落后地区的高等教育发展。高等教育资源的跨地流动有利于配置效率的提升，同时也导致欠发达地区缺乏创新发展机遇。基于城市经济学理论，经济要素集聚，尤其是创新要素集聚对于地区经济发展而言具有正外部性（Henderson 和 Becker，2000）。若不实施地方政府补贴，新区或落后地区难以形成集聚动力。而且，不同于其他产品，高等教育提供的产品——创新知识本身具有正外部性，为了克服正外部性商品市场供给不足的问题，须引入政府干预。发展高等教育的资金大部分来自中央或地方财政支持，尤其是作为优质高教资源的中央直属高校，财政支持主要来自中央财政。推动地区平衡发展是中央财政的职能所在，因此，在允许高等教育资源跨地配置的同时，中央或省级政府应当采取一定的区域平衡手段，培育与促进优质高等教育资源向落后地区覆盖，以高等教育资源重新配置推动地区平衡发展。出于

① 《一大批“国家重点”来了，区域经济对大学有多重要》，《中国新闻周刊》2021 年 3 月 1 日，https://baijiahao.baidu.com/s?id=1692460576408646420&wfr=spider&for=pc。

这样的考虑，2003 年科技部设立了“省部共建国家重点实验室培育基地计划”，重点实验室依托单位是地方所属的大学、科研院所等实体法人单位。2020 年获批的若干省部共建国家重点实验室重点布局中西部高校，如依托青海大学的三江源生态与高原农牧业国家重点实验室、依托昆明理工大学的非人灵长类生物医学国家重点实验室、依托太原理工大学的煤基能源清洁高效利用国家重点实验室、依托石家庄铁道大学的交通工程结构力学行为与系统安全国家重点实验室、依托河南农业大学的小麦玉米作物学国家重点实验室[①]。

（4）围绕产业链布局高等教育资源，利用创新载体推进高校科研成果转化。前文的研究结果在平均意义上肯定了高校对于地方经济产生的知识溢出效应，但也强调了大学效应的异质性影响。高校的知识创造能力、高校与高技术企业的空间选址、大学科技园等创新载体的配备与否都将显著影响高校对于区域科技创新的带动效应。

首先，从城市层面，引入高校资源时必须考虑与城市产业链相互配合。例如，利用靠近上海的地理优势，江苏省太仓市确立了智能制造、生物医药、新材料和物贸 + 总部经济的产业定位，正在培育的产业包括半导体、人工智能、航空。为了更好地承接上海市航空产业集群的溢出效应，2018 年 10 月太仓市政府与中国商飞民用飞机试飞中心、西北工业大学太仓长三角研究院签订政校企人才全域合作协议[②]，旨在借助高校和科研机构的知识溢出效应，帮助当地航空产业升级。又如，作为“国家高速列车技术创新中心”的青岛市拥有中车青岛四

---

① 《一大批“国家重点”来了，区域经济对大学有多重要》,《中国新闻周刊》2021 年 3 月 1 日，https://baijiahao.baidu.com/s?id=1692460576408646420&wfr=spider&for=pc。

② 《985 高校“西学东渐”，中西部高校的无奈与冲动》,《中国新闻周刊》2020 年 10 月 9 日，https://baijiahao.baidu.com/s?id=1679955800152235993&wfr=spider&for=pc。

方机车车辆股份有限公司、中车车辆研究所有限公司等品牌企业。为了进一步发挥高校知识对本地产业发展的溢出效应，2016 年 9 月以政校合作的方式引入拥有轨道交通特色专业的西南交通大学，创办了西南交通大学青岛轨道交通研究院。再如，华东师范大学重庆研究院重点围绕大数据、人工智能、生物医药、生态环境、信息通讯、新材料等领域开展合作，这与重庆两江新区的产业主攻方向高度契合。

然而，多数大学城的资金主要来源是地方政府筹措的银行贷款①。在大学扩张政策初期（2000 年后），借助住房市场化改革后全国房地产市场的快速发展，房地产开发相关收入成为大学城资金运转的支柱（林树森，2013）。在房地产市场快速发展的现实背景和地方政府以土地经营城市的制度背景下，有些大学城的建设偏离了利用知识溢出效应促进科技创新的主旨，掺杂了政绩工程、教育地产经营、高等教育“产业化”、“以地生财”等目标，一度被批评为高等教育“大跃进”（Sum，2018）。2004 年中国土地审计收紧之时，上述问题引发全国关注。2004 年 6 月国家审计署对南京、杭州、珠海、廊坊 4 个城市的“大学城”开发建设情况进行了审计调查。审计结果强调，大学城建设过程中项目建设违规审批和非法圈占土地问题突出。据新华社报道，国土资源部土地利用司指出了大学城建设中的两个突出问题：一是大学城规模过大，大量圈占土地，浪费严重；二是有的大学城里用划拨地搞经营性房地产项目，严重扰乱了土地市场秩序②。在这些情况下，房地产成为引入异地高校后的主导产业，以至于入驻高校的优势学科与当地主导产业是否契合、是否为校企沟通搭建了有效的平台并不受关

① 《审计署解剖“大学城”疯狂圈地》,《中国青年报》2004 年 7 月 27 日，https://news.sina.com.cn/c/2004-07-26/04403824278.shtml。

② 《大学城成“圈地”怪胎》,《新闻晨报》2004 年 6 月 18 日，http://news.sohu.com/2004/06/18/72/news220587250.shtml。

注，因此引发了一系列负面问题。最为著名的一个案例是1999年开建的中国第一个大学城——位于河北廊坊的东方大学城的兴衰，以“教育产业化”为目标的东方大学城并未将教育产业化的方向对标廊坊当地的优势产业。据报道，大学城通过审批的规划面积仅为5000多亩，但二期工程开建后实际用地已达11000多亩，其中高尔夫球场占地竟达6640亩，超过了大学城建筑面积[①]。东方大学城的运营目标远远偏离了高校知识溢出效应的基本机制，由此带来了一系列负面问题。从二期工程开始，东方大学城的开发者东方大学城投资发展有限公司已遭遇严重债务危机，无钱支付垫资的建筑商，导致2003年大学城三期工程被迫暂停。同时，由于管理混乱，2003年开始入驻的院校陆续撤离。据估算，2005年年末，东方大学城开发有限公司负债总额18.69亿，2006年上升至25.59亿，2007年年末负债总额则达到24.16亿。

其次，在城市内部层面，由于创新知识的溢出效应仍依赖科技人员与企业的面对面沟通，因此大学的带动效应呈现出随地理而衰减的现象（如前文的实证结果所示）。考虑到这一点，必须在布局上实现高校与高技术企业的最优空间配置，基于本章的结果，承接高校科研创新的企业到高校的最优地理距离在10公里以内，最远不能超过30公里。一个典型的负面案例是广州大学城，尽管到市中心的直线距离并不远（15公里左右），由于与广州市区之间的交通不便，大学城所在地小谷围岛在地理上与实体企业相隔离，成为一座“孤岛”（Sum, 2018），难以发挥高校知识对产业的支持效应，反而发展成为典型的“房地产先行”新城。与此同时，岛内的产业用地规划不足，大量土地用以建设高端住宅，以致在大学城设立后，由农地变为高端房地产密

---

① 《东方大学城：中国第一个大学城的十年生死》，《南方周末》2010年6月24日，http://www.infzm.com/contents/46806。

集的“富人岛”[①]。

再次，根据前文的实证结果，尽管大学扩张起到了创新带动作用，但科技创新向企业全要素生产率的转化十分有限，这说明高校科研知识向市场应用的转化渠道仍然不畅通。为解决这一问题，科技部、教育部推进了大学科技园的建设，主要目标是“将高校科教智力资源与市场优势创新资源紧密结合，推动创新资源集成、科技成果转化、科技创业孵化、创新人才培养和开放协同发展”(《科技部　教育部关于印发〈国家大学科技园管理办法〉的通知》，2019)。自2002年至2021年，中国科技部、教育部共批准设立了142个国家大学科技园。前文的实证结果说明，依托配套建设的大学科技园或附近的经济技术开发区，大学城对创新产出、企业集聚、区域经济发展实现了更强的知识溢出效应。因此，设立创新载体或平台机构能够在很大程度上促进校企之间的知识流动，从而有力推动高校科研成果孵化以及校企间以市场需求为导向的科研合作。

---

① 《广州大学城沦为“富人岛”之忧》,《华夏日报》2013年6月1日，https://www.chinatimes.net.cn/article/36703.html。

第六章

虹吸抑或扩散？高铁开通与县域经济发展

第一节　引言

党的十九大提出了交通强国的发展目标，明确提出要“加强水利、铁路、公路、水运、航空、管道、电网、信息、物流等基础设施网络建设”。通过压缩时空距离、促进要素和产品的跨区域流动，交通网络的发展成为推动国内大循环的重要实现手段。近十余年间，中国高速铁路的发展尤令世界瞩目。2007 年开始，中国进行了第 6 轮大规模铁路提速，并开始运营时速 200 公里的动车组列车。此后高铁网络以前所未有的速度扩张，根据国家统计局数据，高铁营业里程从 2008 年的 672 公里增至 2020 年的 38000 公里，高铁总里程达到全球第一。截至 2020 年底，中国高铁网络已覆盖所有人口超过 100 万的主要城市。高铁网络的快速扩张带来了要素和资源在城市间的重新分布，而交通网络的发展对沿线城市经济与人口集聚的促进效应已成为许多研究的共识。对于集聚程度较低的外围区域（peripheral regions），高铁连通后产生的可达性提升可能帮助当地承接中心城市的产业转移，由此带来资金、企业和人才的汇集。因此，地方政府将高铁连通视为发展边缘区域的重大契机，多地一度出现了围绕高铁走线和设站展开的“高铁争夺战”。

事实上，尽管近期越来越多的文献探讨了交通基础设施对城市经济增长的影响，而关于交通分布效应的研究还相对较少。对于集聚水平较低的外围区域来说，高铁连通是“祝福”还是“诅咒”在理论上并未取得一致的结论（Baum-snow，2017，2020；Faber，2014；Benerjee 等，2020；Cuberes 等，2021）。现有研究提出了两种相反的作用机制，扩散效应（或增长的溢出效应）认为，地区间运输成本的下降扩大了中心城市集聚效应的空间范围（Ahlfeldt 和 Feddersen，2017），从而推动了制造活动从中心地区分散到要素价格较低的外围地区（Rothenberg，2011；Ghani 等，2017）。然而，新经济地理学的中心—外围（Core-Periphery）模型表明，地区间交通条件的改善会推动资本和劳动在集聚效应的驱动下从外围地区集聚到中心地区，（Krugman，1991；Faber，2014），这一过程又被称为“虹吸效应”。若外围地区受到了虹吸效应的影响，那么称它落于中心城市的集聚阴影。简言之，扩散效应强调交通基础设施在缩小地区差距方面的作用，虹吸效应则暗示着交通网络的扩张可能会损害外围地区的经济发展。因此，理清何种机制主导了交通扩张对外围地区（即县域）的经济影响具有重大的政策意义。

本书利用我国的高速铁路（以下简称“高铁”）建设回答这一问题。作为有史以来最大的客运铁路投资项目，到 2020 年底，中国高铁网络已成为世界上运营里程最长的、连接中国所有人口超过 100 万的主要城市的交通网络。高铁开通加速了经济要素在区域间的流动，在重塑中国经济活动的空间分布方面发挥了关键作用。然而，现有的研究尚未就高铁对外围地区的影响达成共识。一些研究发现，高速公路、铁路等交通基础设施的建设会对外围地区产生负面影响（Faber，2014；Qin，2017；Deng 等，2019；Wang 等，2020；Baum-snow 等，2020）；也有研究基于德国、印度、法国、美国和中国等国的证据，得出了截然相反的结论（Ahlfeldt 和 Feddersen，2017；Baum-Snow 等，2017；

Mayer 和 Trevien，2017；Banerjee 等，2020；Lin 等，2019）。

总体而言，这些不一致的结论很大程度上源于所研究的地理范围、交通设施和经济环境的差异，尤其是当研究交通对于 GDP、人口和工资的影响时，由于存在一般均衡效应，实证研究的结果可能存在偏误。例如，高铁开通可能会将经济活动从中心地区转移到外围地区，推高外围地区土地价格，反过来阻碍企业和劳动力的进一步流入。此时，数值较小的高铁开通效应并不一定意味着交通产生的社会收益有限。可以证明，在空间均衡假定下，若劳动力和企业能在地区间充分流动，则土地价值能够捕捉交通带来的所有社会收益（Arzagh 和 Henderson，2008）。因此，考虑到一般均衡效应，检验交通设施对于土地价值的影响能够更准确地捕捉交通带来的社会福利提升。尽管城市研究的一系列文献强调了交通设施在房地产价格中扮演的重要作用（Ahlfeldt，2012；Zhou 等，2017；Huang 和 Du，2021；Kanasugi 和 Ushijima，2018），但正如有学者指出的，目前的文献仍缺乏使用固定要素（如土地）价格来研究交通对社会福利的影响（Donaldson 和 Hornbeck，2016）。

因此，本研究的第一个增量性贡献是，在全国性土地微观交易数据集的基础上，研究高铁开通对中国外围地区的长期资本化效应。由于在本章研究期间（2009—2017 年）①，地区间劳动力流动的政策限制已大大缓解，可以推断，土地价格上涨能够在很大程度上反映高铁带来的社会效益提升。另外，本研究还使用了公司层面的数据集来进一步探究外围区域土地价格上涨的原因，在此意义上，研究结果也有助于理解交通设施对企业选址的影响（Ghani 等，2017）。

---

① 在这期间根据《国务院关于进一步推进户籍制度改革的意见》（国发〔2014〕25 号），建制镇和小城市落户限制已完全放开，同时，中等城市的落户限制也有序放开。

现有关于交通分布效应的文献尚未达成共识的另一个潜在原因是交通对外围地区影响存在异质性。基于已有研究，不同规模的中心地区会对外围地区的经济增长产生截然不同的影响（Partridge 等，2009）。相关文献分别利用巴西公路网和日本高铁扩建，验证了交通对外围地区影响存在距离以及产业异质性（Bird 和 Straub，2014；Li 和 Xu，2018）。受这些研究的启发，本章侧重于分析高铁通车后，不同规模的中心城市对外围地区产生的异质性影响。我们发现，大规模中心城市附近的县域相比于更偏远的县域在高铁开通后呈现出更多的要素流出。这一结果有助于我们更深入地理解交通网络对于外围地区产生的影响。

第二节　文献综述与研究假说

在现实中，经济活动在地理上的分布高度不均。劳动力和企业在选址决策时面临着以下的权衡取舍——虽然要素价格（如地价、房价）在人口稀疏的外围地区更便宜，但这些地区受到中心地区的集聚溢出也往往更低（Mayer 和 Trevien，2017）。地区间交通成本的下降可能会改变这种权衡。如前文所述，关于高铁开通对外围地区产生的效应，现有文献结论并不一致。我们强调这一不一致性本质上源于高铁通车产生的两种机制的相对大小：一是集聚的地理范围扩大而产生的增长溢出效应强化；二是中心城市周围的空间竞争加剧而产生的集聚阴影效应。若前一机制主导了高铁通车效应，则体现为外围地区的要素流入与经济增长；反之，若后一机制主导，则体现为外围地区的资源流出与增长下滑。本部分首先梳理了关于两种机制的已有研究，然后提出本章的研究假说。

一、交通网络的增长溢出与集聚阴影效应

增长溢出效应往往用来解释交通扩张对于外围地区产生的积极影响。关于企业内部空间分离的一系列文献指出，企业为最小化生产成本，倾向于将其日常运营的部门转移到中心城市周边的小城镇（Acosta等，2021）。交通基础设施通过降低区域间的运输及沟通成本，使企业能够在保持总部和研发部门留在中心城区以承接集聚经济优势的同时，将工厂装配等功能分布在外围地区以充分利用其廉价劳动力及土地。就此，企业经营的地理范围呈现日益扩大的特点（Duranton和Puga，2005）。在此意义上，交通网络的扩张使得外围地区得以承接中心地区的产业转移，尤其是制造业发展能够迎来新的发展机遇。例如有研究发现，印度尼西亚公路的改善带来了制造业活动在地理上的分散（Rothenberg，2011）。近期的一项研究发现，印度的公路项目显著提高了沿线外围地区制造业企业的进入率和生产率（Ghani等，2017）。

公路修建带来的产业扩散效应是因为货物等运输成本的降低，而高铁等客运交通的作用机制是通过降低区域间投资的信息成本和跨地区企业的管理成本从而促进资本、知识和企业向外围地区流入。相关文献验证了这一机制，研究发现，随着法国高铁扩张，公司总部和其分支机构之间的通行时间不断减少，与此同时，更远的分支机构内管理性岗位在减少，而生产性岗位的比例在增多（Charnoz等，2018）。有学者在地区加总层面进行了论证（Ahlfeldt和Feddersen，2017）发现，德国高铁网络的扩张使得外围地区更多获益于中心城区的增长带动效应。采用市场潜力方法，他们证明了这一正向增长效应主要是源于高铁带来的中心城区的集聚经济的地理范围扩张。

与增长溢出效应完全相反，集聚阴影效应可能使得外围地区受到交通网络连通的负面影响。新经济地理学的中心—外围模型可以推导

出，受企业内部规模经济驱动，地区间货物运输成本的下降将使经济活动从外围地区不断转移到中心地区，即经济活动的空间分布变得更为集中（Krugman，1991）。在此意义上，交通网络的扩张可能会阻碍外围地区的经济增长（Faber，2014）。中心—外围模型的另一个重要启示是，外围地区的经济表现与其到附近大城市中心的距离有关。后续有学者在理论上提出了市场潜力与到中心城市距离的∽型关系（Fujita 等，1999）。根据这一理论，中心城市的邻近地区将面临更为激烈的价格竞争而陷入“集聚阴影”（Dobkins 和 Ioannides 2001；Meijers 等，2016）。在这些“集聚阴影”地区，企业与劳动力被吸引到邻近的中心城市（Fujita 等，1999），地区间交通条件的改善将进一步加剧这一过程（Faber，2014；Baum Snow 等，2020）。利用城市位置的历史数据，一项重要研究发现，新城市形成的可能性随着与现有城市中心的距离先减少后增加——正符合理论预测的∽型关系（Bosker 和 Buringh，2017）。另一研究发现，19 世纪末美国的铁路建设使得距离车站 5—10 千米的城镇落入了集聚阴影（Hodgson，2018），从而陷入经济衰败。近期的研究分别利用美国和西班牙的长期数据，发现 19 世纪末 20 世纪初，中心地区对外围地区产生了负面影响——即集聚阴影效应，但到了 20 世纪中期，这种关系发生了逆转，此时增长溢出效应占主导地位，外围地区更多承接了中心地区的经济溢出。这一逆转体现了集聚阴影与增长溢出的相对重要性出现了变化（Cuberes 等，2021；Beltran Tapia 等，2021）。现有研究强调了运输成本下降在这一过程中扮演的重要作用（Cuberes 等，2021）。与这一论断一致，有研究发现巴西的公路网扩张促进了大城市邻近地区的经济集聚，而更偏远的外围地区出现了经济副中心（Bird 和 Straub，2014）。

总体而言，交通对外围地区的经济影响取决于增长溢出效应和集聚阴影效应孰强孰弱，而两种效应的相对重要性又取决于外围地区到最近的中心城区的距离。然而，只有少量文献关注到这一距离异质性。从这一点出发，本章将为交通设施的分布效应的机制提供新的证据。

二、研究假说

综上所述，高铁扩张可能带来增长溢出或集聚阴影效应，而对外围地区产生的净影响取决哪种效应占主导地位。一方面，高铁的扩张可能会通过扩大中心城市集聚效应的空间范围，从而将制造业活动分散到遥远的外围地区（Ahlfeldt 和 Feddersen，2017），这增加了住宅和工业用地的需求，推高了外围地区的土地价格；另一方面，基于中心—外围模型的预测，与高度集聚的城市中心区相邻的外围地区面临着更激烈的空间价格竞争，从而阻碍了增长，即集聚阴影效应。在这些地区，经济活动往往被吸引到邻近的中心地区以利用集聚优势。高铁开通会通过改善经济要素的跨区流动来加速这一进程，最终对外围地区的土地价格产生不利影响。

正如相关研究强调的（Partridge 等，2009；Fujita 等，1999），由于受中心地区的集聚力量影响程度不同，增长溢出与集聚效应的相对重要性在外围地区有差异，这也使得高铁开通对外围地区的影响存在异质性。例如，一项基于美国历史数据的重要研究得出，中型城市给周边的外围地区带来增长效应，而大城市则对周围地区的发展产生了增长阴影（Partridge 等，2009）。因此，本研究推测，高铁对外围地区的效应与其邻近的中心城区规模密切相关，大城市周围的地区比小城市周围的地区承受更大的集聚阴影效应。由于中心—外围模型主要适用于制造业部门（贸易品部门）的空间分布，本研究重点关注高铁对工业地价的异质性影响，并提出了第一个待检验的研究假说：

假说 1. 开通高铁后，与低等级城市外围地区相比，高等级城市外围地区的工业用地价格涨幅更小。

理论上，集聚阴影效应随着与中心城区的距离增加而下降，超过一定距离，增长溢出效应将成为主导力量（Bosker 和 Buringh，2017）。根据已有研究，制造业的集聚空间范围远大于服务业（Dekle 和 Eaton，1999；Li 和 Xu，2018），这意味着中心城区制造业活动的增长溢出可以到达更远的外围地区。高铁的开通不仅扩大了增长溢出的空间范围，而且促进了企业内部的空间分离——在总部区位不变的前提下，制造装配等功能得以迁移到偏远的外围地区以利用低廉的要素价格（Duranton 和 Puga，2005），共同结果是推高了外围地区的土地价格。此外，中国自 2015 年以来实施了一系列环境监管政策[①]，这一政策因素推动了污染型制造业企业从大城市迁移到偏远的外围地区，交通基础设施建设则加快了这一进程。已有研究表明，中国高速公路网络扩张推动了污染企业从发达地区转移到欠发达地区（He 等，2020）。沿着这一思路，高铁连通可能促进制造业公司会转移到更偏远的外围地区，从而推动工业用地价格大幅上涨。由此提出第二个待检验的假说：

假设 2. 高铁连通后，距离高等级城市更远的外围地区的工业地价增长幅度更大。

第三节　数据和模型

一、数据

1. 外围地区的定义

我国的地级及以上级别城市由市辖区、县和县级市（面积相对较

① 为了实现“十三五”规划中的环境目标，中国自 2015 年起提高了环境监管标准，并加强了对环境违法行为的调查和处罚。这一时期的相关法律或官方文件包括《中共中央国务院关于加快推进生态文明建设的意见》《生态文明体制改革总体方案》等。

小，主要包含农村腹地）组成。在本研究中，县级单位（县及县级市）指代区域经济学理论中集聚水平较低的“外围地区”（peripheral regions），而市辖区为其相邻的中心地区。①

2. 高铁连通

如前所述，2008 年以来中国高铁网络以前所未有的速度扩张，越来越多的外围地区被纳入高铁网络。图 6.1 显示了中国历年新开通高铁的县及县级市的数量。如图所示，自 2008 年以来，县域新开通高铁数量迅速扩张，在此期间，259 个县或县级市新设立了 302 个高铁站。后文将利用这些县域高铁开通作为外生事件冲击，分析高铁网络的连通对于当地土地市场产生的影响。

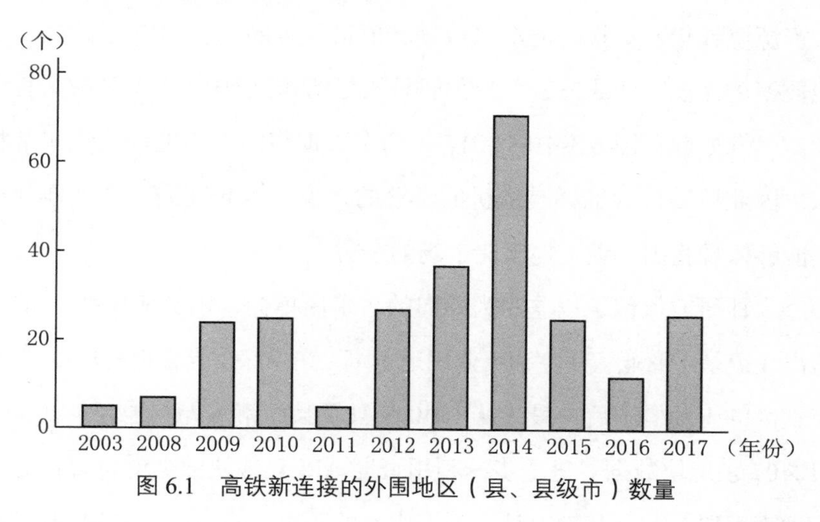

图 6.1　高铁新连接的外围地区（县、县级市）数量

3. 土地价格

中国自 21 世纪初逐渐建立了城市土地使用权的市场化出让制度，即所有盈利性用地应当进行公开、公平的招标、拍卖和挂牌②。理论上，土地使用者也可以在二级市场上购买城市土地使用权，然而，现

① 样本不包括在研究期间无下辖县或县级市的地级市，例如珠海、佛山等。

② 参见文献中有关中国土地交易制度的详细介绍（Wang 和 Hui，2017）。

实中由于交易成本高，土地资产通常以公司股权的形式进行转让，二级市场的交易价格信息是不完整的。因此，本章只关注一级土地市场上的土地使用权出让价格。为了检验高铁开通的资本化效应，从中国土地市场官网（https://www.landchina.com）获取了 2007 年 1 月—2017 年 7 月的地块出让的详细信息。该数据集几乎涵盖了中国所有城市，包含 339 个地级及以上城市的 1740857 宗一级土地市场交易记录。为确保样本代表性，图 6.2 和图 6.3 分别从土地出让总价值和平均地价的角度比较了本研究的微观土地出让数据与《中国国土资源统计年鉴》的加总数据。如图 6.2 所示，在大多数年份（2007 年、2008 年和 2017 年除外），基于本研究的微观数据计算的土地出让总价值接近《中国国土资源统计年鉴》报告的汇总数据。值得注意的是，2017 年的微观土地数据集存在数据缺失，因为我们只跟踪到截至 2017 年 7 月的交易记录。尽管如此，图 6.3 中的 2017 年两个数据集的平均地价趋势非常相似，因此可以认为抽样是随机的。总的来说，本研究的微观土地数据集能够体现我国一级土地出让市场的全貌。

实证研究保留了以盈利为导向的、采用招标、拍卖和挂牌[①]的土地出让记录（商业、住宅和工业用地）[②]。在排除了异常值的样本[③]和市辖区的土地样本后，最终从 1840 个县及县级市（外围地区）获得了 512407 宗地块数据。进一步，利用百度 API 对地块数据的位置信息进行地理编码，在此基础上计算到市中心的距离（指市人民政府的位置）

---

① 协议出让通常适用于有特殊要求的项目，如经济适用房和公共建筑，在分析中排除了这些样本。

② 根据现行国家标准的土地使用分类，如果土地用途是商业、金融和商业服务、批发和零售、体育和娱乐、新闻和出版物以及酒店和餐饮，将土地用途归类为商业用途。如果土地用途是住房、商业住房和高端住房，则将土地用途归类为住宅用途。如果报告的土地用途是制造业、工业、采矿和仓储，则定义为工业用地。

③ 具体而言，排除了价值为 0 或小于 0 的样本，保留 1%—99% 区间的样本。

和到县高铁站的距离①。

表 6.1 给出了主要变量的描述性统计。在研究期间（2007—2017 年），21% 的土地交易发生在高铁开通县，11.5% 的土地交易发生在高铁县开通高铁之后。表 6.2 比较了高铁开通县和未开通县的土地价格。表 6.3 比较了高铁县在高铁开通前后的地价差异。总体而言，高铁开通县的地价高于未开通高铁的县域，这意味着高铁开通产生了显著的资本化效应。总的来看，高铁开通后，县域的住宅地块价格上涨幅度最大，其次是商业用地，工业地块的价格略有上涨。

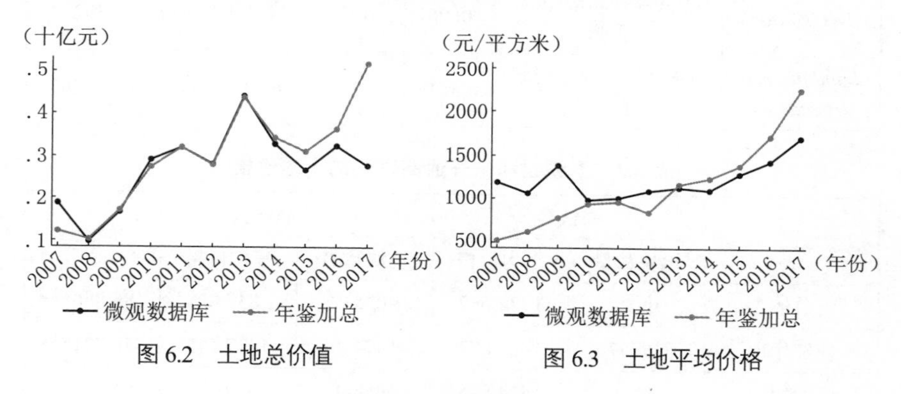

图 6.2　土地总价值

图 6.3　土地平均价格

表 6.1　描述性统计

变量名称	定　义	观察值	平均值	标准差	最小值	最大值
Land Price	单位面积土地价格（元 / 平方米）	506847	780.512	1215.141	1	9895.833
Post	=1 高铁县开通高铁后；否则 =0	512407	0.115	0.319	0	1
Treated	=1 高铁县；=0 未开通高铁县	512407	0.214	0.41	0	1
Area	土地面积（公顷）	512383	2.589	6.287	0.0009	1266.17
Grade	土地等级，取值 1—19	510503	9.431	6.817	1	19

① 本研究中的距离项表示两个地点之间的地理距离，即地球表面两个地点间最短路径的长度。

续表

变量名称	定　义	观察值	平均值	标准差	最小值	最大值
English Auction	拍卖 =1，其他 =0	512407	0.153	0.36	0	1
Listing	挂牌 =1，否则 =0	512407	0.836	0.37	0	1
Commercial	商业用地 =1，否则 =0	512407	0.215	0.411	0	1
Industrial	工业用地 =1，否则 =0	512407	0.427	0.495	0	1
FAR	容积率	381994	1.916	1.472	0	20
Dis_CBD	到市中心的距离（千米）	492901	61.994	39.44	0	261.966
Dis_station	到县高铁站的距离（千米）	106961	16.113	13.505	0	392.77
Land finance dependence	县级土地收入 / 财政收入	503519	0.818	0.732	0.00005	4.967

表 6.2　高铁县和未开通高铁县的土地价格

	高铁县		未开通高铁县		价格差
	地块数量	平均价格	地块数量	平均价格	
总体	109807	1024.687	402512	837.82	186.866***
住宅用地	36247	1963.872	147440	1427.152	536.721***
商业用地	19110	1424.876	90900	1070.601	354.274***
工业用地	54450	259.024	164172	179.663	79.361***

注：土地价格单位为元 / 平方米。高铁开通县是指截至 2017 年开通高铁的县或县级市，到 2017 年没有开通高铁的县被认定为非高铁开通县；*** $p < 0.01$，** $p < 0.05$，* $p < 0.1$。

表 6.3　高铁县开通高铁前后的土地价格

	高铁开通后		高铁开通前		价格差
	地块数量	平均价格	地块数量	平均价格	
总体	58740	1145.273	51067	885.981	259.291***
住宅用地	18070	2322.679	18177	1607.178	715.5***
商业用地	9978	1611.285	9132	1221.197	390.088***
工业用地	30692	300.571	23758	205.352	95.219***

注：土地价格单位为元 / 平方米；样本是开通高铁的县和县级市；*** $p < 0.01$，** $p < 0.05$，* $p < 0.1$。

4. 企业数据

为了探究高铁开通引起土地增值的原因，后文使用了两个企业层面的数据集。首先，利用2005—2015年的工商注册数据研究高铁对外围地区新企业进入的影响（Dong等，2021）。该数据包含了中国所有注册公司的信息，涵盖了25545850家注册公司。据此可以计算研究期间每个县或县级市新注册企业的数量，用以反映高铁开通对企业的选址的影响。其次，利用2003—2013年的中国工业企业数据库分析外围地区制造业企业经营业绩变动。该数据库涵盖了年销售额在500万元或以上的所有国有企业和非国有企业，追踪了908283家公司的经营信息。尽管该数据库只能反映规模以上制造业企业的经营情况，但其优点是提供了更全面的企业经营绩效指标，据此可以计算每个县或县级市的企业进入与退出数量、总产出和就业情况，用以衡量高铁开通后当地企业的经营绩效变化。

二、实证模型

实证模型采用双重差分（Difference-in-difference）的思路，检验外围地区（县与县级市）高铁开通对于土地价格的影响，即高铁的资本化效应。基于县域的土地微观出让数据，基准回归旨在比较高铁县和非高铁县在高铁开通前后的土地增值情况，回归设定如下：

$$\mathrm{Ln}\,(price)_{it}=\beta\cdot Post_{ct}+\gamma\cdot Treated_{c}+\sum\theta\cdot x_i+u_{pt}+\rho_t+\varepsilon_{it}\quad(6.1)$$

$\mathrm{Ln}\,(price)_{it}$ 表示 t 年 p 市 c 县的 i 地块的单位土地面积的出让价格（取对数）。将2007—2017年间开通高铁的县或县级市视为处理组（$Treated=1$），其他县域的土地样本视为控制组（$Treated=0$）。高铁开通后，虚拟变量 $Post_{ct}$ 取值为1，否则取值为0。x_i 表示一系列地块特征，包括土地面积、土地等级、出让方式和土地用途的虚拟变量、容积率、地块到市中心的距离。为了控制地方政府干预土地出让的潜在影响，纳入地方土地财政依赖度变量，具体表示为县级土地收入 / 财政收入[①]。ρ_t 和 u_{pt} 表示时间（年–月）固定效应和城市 × 年份固定效应。系数 β 反映了高铁开通对外围地区土地价格的影响，β 为正则表示高铁开通导致外围地区的土地升值，负值表明高铁开通导致了土地贬值。该系数的符号反映了两种相反的作用机制的净效应，即由于集聚的地理范围扩大而产生的增长溢出效应和由于与邻近中心城市的空间竞争增强而产生的集聚阴影效应。

为了检验研究假说，接下来的实证设计重点关注不同规模的中心城市产生的异质性影响，并进一步研究县域到高等级城市中心距离的影响。对于中心城市的等级设定（高等级或低等级），依据了新一线城市研究院 2017 年发布的城市排名，即中国城市商业魅力排行榜[②]。该数据通过对城市商业活动集中度、城市中心度、城市居民活动度、生活方式多样性和未来灵活性等标准进行评分，形成综合评分，将中国 338 个地级及以上城市分为 4 个一线城市、15 个新一线城市、30 个二线城市、70 个三线城市、90 个四线城市和 129 个五线城市。根据这一排名，将样本中的县所属的地级市区分为高等级（一线、新一线和二线）和低等级（三到五线）城市，前者的中心城区与比后者集聚水平更高。为了研究县邻近的中心城区规模造成的异质性影响，在式（6.1）的基础上纳入城市等级虚拟变量和高铁开通的交互项，具体设定如下：

---

① 在中国的土地出让制度下，地方政府不能直接决定拍卖结果。然而，他们可以通过改变地方土地供应量和确定土地使用用途来影响土地价格。因为土地出让收入是地方财政收入的主要来源之一（Wang 和 Hui，2017），政府干预的可能性与当地对土地财政的依赖程度密切相关。

② 详见 https://www.sohu.com/a/143806620_391478。

$$\text{Ln}(price)_{it}=\alpha\cdot Tier_p\cdot Post_{ct}+\beta\cdot Post_{ct}+\gamma\cdot Treated_c+\sum\theta\cdot x_i+u_{pt}+\rho_t+\varepsilon_{it} \tag{6.2}$$

其中，如果县域所属的地级市为高等级，则 $Tier_p$ 取值为 1；否则 $Tier_p$ 取值为 0。考虑到集聚效应的影响范围因行业而异（Dekle 和 Eaton，1999；Li 和 Xu，2018），式（6.2）将分别考察城市等级和高铁连通对住宅、商业和工业用地价格产生的交互影响。若系数 α 为负则表示高等级城市外围县域的高铁资本化效应弱于低等级城市县域，这意味着大城市周边县域更多受到集聚阴影效应的影响；反之，若系数 α 为正，则表示大城市周边县域在高铁开通后更多受到增长溢出效应的影响。

进一步，除了城市规模的异质性影响，根据研究假说 2，到高等级城市中心的距离可能改变集聚阴影和增长溢出效应的相对重要性（Bird 和 Straub，2014），从而对高铁开通效应产生异质性影响。为了检验这一假说，式（6.3）加入 $Post_{ct}$ 和县域到其最近的高等级城市中心的距离（Dis_c）（取对数）的交互项。如果高铁开通的资本化效应随着到大城市距离的增加而下降，则交互项系数（η）为负。为捕捉距离的非线性影响，式（6.4）进一步纳入距离的二次项。中心—外围模型指出，外围地区的经济绩效随着与中心城区距离的增加先降低后上升（Fujita 等，1999；Dobkins 和 Ioannides，2001），若高铁开通效应符合这一预测，则式（6.4）中的 η_1 应为正值，η_2 为负值。

$$\text{Ln}(price)_{it}=\eta\cdot Dis_c\cdot Post_{ct}+\beta\cdot Post_{ct}+\gamma\cdot Treated_c+\kappa\cdot Dis_c+\sum\theta\cdot x_i+u_{pt}+\rho_t+\varepsilon_{it} \tag{6.3}$$

$$\text{Ln}(price)_{it}=\sum_{j=1}^{2}\eta_j\cdot Dis_c^j\cdot Post_{ct}+\beta\cdot Post_{ct}+\gamma\cdot Treated_c+\sum_{j=1}^{2}\kappa_j\cdot Dis_c^j+\sum\theta\cdot x_i+u_{pt}+\rho_t+\varepsilon_{it} \tag{6.4}$$

三、内生性问题

关于交通经济效应的文献中的主要识别困难在于交通网络的非随机选址问题。例如，如果经济发展潜力更高的县域更可能开通高铁，则对我们的估计结果带来正向偏误，则高估了高铁的资本化效应。相反，如果高铁设站旨在促进缺乏增长潜力的县域发展，则会带来负向偏误，即估计结果低估了高铁的资本化效应。为了缓解这一偏误，回归中均纳入了地级市 × 年份固定效应（u_{pt}），从而得以完全去除地级市层面高铁设站的选择偏误。此时式（6.1）中的系数 β 衡量了高铁开通前后同一地级市内处理组和控制组之间的价格差异。鉴于高铁选线的决策主要是考虑中心城区的发展需求，因而本章的识别策略事实上依赖于交通文献中常用的“无关紧要的选址方法”（the inconsequential place approach），也就是说，外围县域的不可观测因素不会影响高铁的线路走向（Qin，2017）。一方面，根据国务院 2004 年发布的《中长期铁路规划》，高铁网络旨在连接主要城市，而外围地区并不是高铁选线的政策目标；另一方面，县级政府很难直接影响中央政府的高铁选线决策。考虑到这些政策背景，可以认为县级地区开通高铁是准随机的（quasi-random）。

为了控制县一级的其他不可观测的因素，在回归中加入了县固定效应。注意，由于存在共线性，这些固定效应完全吸收了不随时间变化的县级层面的控制变量的系数，如 *Treated*、*Tier* 和 *Dis*。

此外，考虑到高铁开通县和非高铁开通县存在系统性的差异，本章还尝试将样本限制在 2017 年前开通高铁的 259 个县及县级市，并控制地块到高铁站的距离。这意味着高铁开通的变异（variation）来自高铁开通的时间差异。最后，为解决潜在的误差项序列相关问题，研究将标准差聚类在县级层面。

第四节　高铁开通对县域土地价格的影响

一、基准回归结果

本部分基于双重差分模型识别高铁开通对县域土地价格的影响，即外围地区高铁开通的平均资本化效应。表 6.4 报告了基准回归结果，第（1）列给出了标准 DID 估计结果，研究发现高铁开通对县域土地价格并未产生显著影响；为了缓解高铁开通的选择偏误，第（2）列加入了一系列土地特征控制变量，以及时间、县、地级市 × 年份固定效应；第（3）列将样本限制在 2017 年之前开通高铁的县，高铁开通的平均效应仍然不显著，且接近于零。这与现有文献的结论不同。相关研究采用了与本研究相同的微观土地数据，研究周期为 2007—2014 年，研究得出高铁开通推动地价上涨 7%（Zhou 等，2017）。另一项研究基于 2014—2017 年的微观地块数据得出，高铁开通推动地价上涨近 10%（Huang 和 Du，2021）。由于这两项研究都涵盖了市辖区的土地出让，本章的结果无法与其直接比较。此外，上述研究主要关注高铁开通带来的地级市之间的平均价格差异，而本章的结果反映的是同一地级市内外围县域之间的价格差异。因此，与这些研究结果的差异说明高铁开通对于外围地区的发展起到了截然不同的作用。为了得到高铁开通的因果效应，本章剩余部分的实证分析统一采用表 6.4 第（3）列中的回归设定。

第（4）—（6）列区分了高铁开通对不同用途用地价格的影响。结果显示，高铁开通对外围地区的工业用地价格的影响不显著，且接近于零；相较而言，高铁开通显著提升了外围地区的商业和住宅用地价格，资本化效应分别为 13.6% 和 7.4%。这一结果与相关研究类似（Zhou 等，2017；Huang 和 Du，2021）类似。高铁开通产生的价格提升效应有明确的经济含义：基于第（5）列和第（6）列的结果，2007—2017 年间高铁开通带来的住宅用地价格上涨超过了同期县域住宅地价年增长率（22.5%）的三分之一，高铁开通带来的商业用地价格上涨超过了同期县域商业地价年增长率（6.2%）的两倍。

图 6.4 将处理变量（Post）分解为提前期和滞后期以检验高铁开通的时间趋势，高铁开通前 3 年作为基期。如 Panel A 所示，高铁开通后工业用地表现出显著的长期资本化效应[①]，而住宅和商业地块（Panel B 和 Panel C）的价格并未持续上涨。这一差异表明，在本章研究期间，外围地区制造业活动的增加并未对非贸易部门（服务业）产生显著的乘数效应。这是因为高铁开通主要提升了偏远外围地区的低技术企业的绩效（后文将展现具体结果），在此基础上，本研究的结果与乘数效应的一项重要研究的发现一致（Moretti，2010）。该研究表明，低技能行业的扩张带来的乘数效应十分有限。总的来看，图 6.4 表明，从长远来看，中心城区的增长溢出效应对制造业的影响远大于集聚阴影效应。有学者基于中国高速公路扩张的研究得到了相反的结论（Baum-snow 等，2020）。即公路网的扩张将制造业活动从外围地区转移到了中心地区。值得注意的是，该研究聚焦于 1982—2010 年间的公路建设，当时中国的大中城市均处于工业化的早期阶段，而本章的数据反映了最新的情况。在本章研究期间，中国大中城市的产业结构已实现转型，变现为制造业占比下降和服务业作为主导部门日益兴起。本章的结果说明，在这一新的时代背景下，外围地区的制造业活动在更大程度上受益于中心地区的扩散。

---

① 值得注意的是，工业土地价格在高铁开通前两年开始上涨，这说明在高铁建设期间制造业活动开始向外围地区迁移。因此，表 6.4 第（4）列中的 DID 估计结果在某种程度上低估了高铁开通的效应。

表 6.4　高铁开通对县级土地价格的影响

因变量：Ln（土地价格）

	（1）	（2）	（3）	（4）	（5）	（6）
	全样本		高铁开通县	工业用地	商业用地	居住用地
Post	−0.017 （0.043）	0.008 （0.024）	0.016 （0.032）	0.012 （0.027）	0.136** （0.065）	0.074 （0.05）
Treated	0.06 （0.049）					
Ln（*Area*）		−0.034*** （0.004）	−0.038*** （0.008）	−0.046*** （0.008）	−0.06*** （0.011）	−0.024** （0.011）
Grade		−0.019*** （0.001）	−0.015*** （0.002）	−0.002 （0.002）	−0.022*** （0.003）	−0.024*** （0.003）
English auction		0.377*** （0.06）	0.476*** （0.082）	0.131 （0.137）	0.689*** （0.162）	0.451*** （0.083）
Listing		−0.136** （0.061）	−0.028 （0.078）	−0.079 （0.102）	0.117 （0.16）	0.011 （0.081）
Commercial		−0.085*** （0.012）	−0.171*** （0.024）			
Industrial		−10.342*** （0.019）	−10.454*** （0.04）			
FAR		0.181*** （0.005）	0.167*** （0.009）	0.044*** （0.011）	0.194*** （0.015）	0.196*** （0.012）
Ln（*Dis_CBD*）		−0.127*** （0.014）	−0.134*** （0.028）	−0.066*** （0.025）	−0.187*** （0.044）	−0.153*** （0.04）
Land finance dependence		0.114*** （0.007）	0.107*** （0.018）	0.015 （0.012）	0.113*** （0.031）	0.129*** （0.02）
Ln（*Dis_station*）			−0.125*** （0.014）	−0.046*** （0.013）	−0.129*** （0.025）	−0.18*** （0.019）
地级市 × 年份固定效应	是	是	是	是	是	是
县固定效应	否	是	是	是	是	是
年—月固定效应	否	是	是	是	是	是
观察值	511376	362757	74857	26853	16633	31061
R^2	0.249	0.704	0.72	0.815	0.635	0.641

注：样本为 2007—2017 年县或县级市的住宅、商业和工业用地出让；因变量是单位面积的土地价格（对数）；第（3）—（6）列将样本限制在开通高铁的县域地块；第（4）—（6）列区分工业、商业和住宅地块；括号中是在县级层面聚类的稳健标准误；*** p＜0.01，** p＜0.05，* p＜0.1。

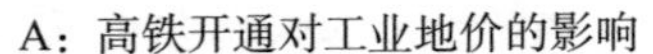

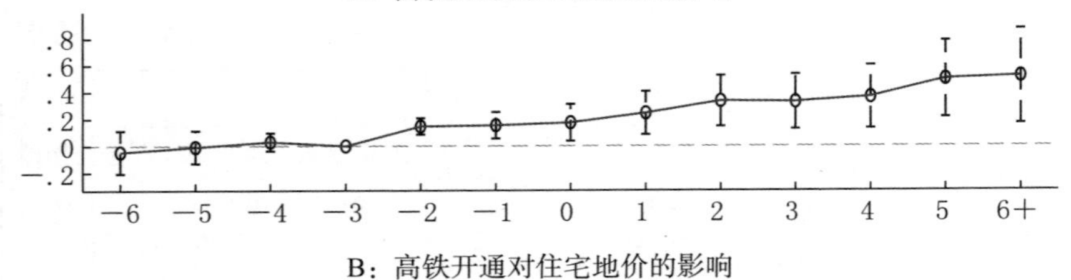

B：高铁开通对住宅地价的影响

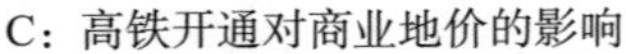

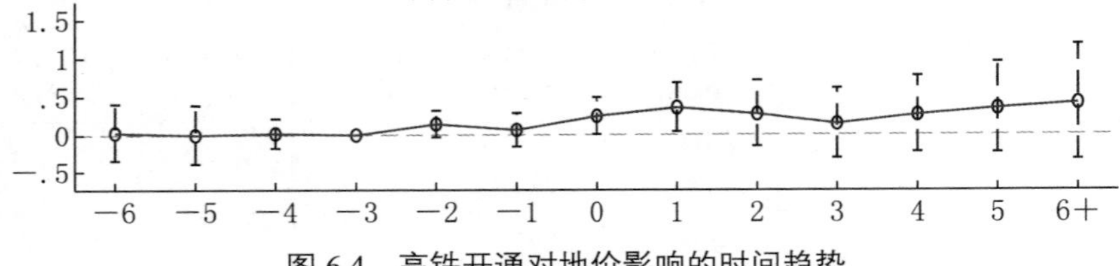

图 6.4　高铁开通对地价影响的时间趋势

注：将表 6.4 第（4）—（6）列中的处理变量（*Post*）替换为一组代表提前期或滞后期的虚拟变量，图中各点代表了这些系数的估计值；*x* 轴表示提前或滞后期，−6 和 6+ 分别表示高铁开通 6 年前和 6 年后；*y* 轴表示各期的高铁开通效应估计值以及 90% 的置信区间；将高铁开通前 3 年设为研究基期。

二、中心城区规模与高铁开通效应

为了检验研究假说 1，本部分探讨中心城区规模差异对高铁资本化效应产生的异质性影响。表 6.5 加入了高铁开通和县所属地级市规模等级的交互项，结果表明，城市规模等级的差异（以下简称等级效应，Hierarchy effect）对于不同用地类型的影响有明显差异。工业地块表现出负向（尽管不显著）的等级效应——与低规模等级城市相比，高规模等级城市的外围县域的高铁资本化效应更小。这与假说 1 的判断一致，即在高铁开通后，集聚能力更强的中心城区会使邻近的周边县域的制造业承受更强的集聚阴影效应。相比之下，住宅和商业地块表现出正向的等级效应，这意味着高等级城市外围县的服务业更多受益于由高铁开通带来的增长溢出。上述结果在很大程度上与相关研究一致（Li 和 Xu，2018），该研究发现，日本高铁的修建导致东京外围地区服务业集聚强化，而制造业则向更偏远的外围地区扩散。

表 6.5 提供了县所属地级市规模等级影响的初步证据。值得注意的是，依据行政管辖区来区分县可能存在问题，因为地级市政府可能会对其下辖县实施有利政策，以促进地级市内部的发展平衡。这可能是表 6.5 中大多数结果不显著的根本原因，因此下一节将重点关注县域与最近的中心城区地理距离对高铁效应产生的异质性影响。

表 6.5　县所属地级市的规模等级对高铁资本化效应的影响

因变量：Ln（土地价格）

	（1）	（2）	（3）
	工业	商业	住宅
Post	0.035 （0.057）	0.089 （0.11）	−0.017 （0.088）
Post×Tier	−0.035 （0.065）	0.079 （0.137）	0.175* （0.104）
地块特征变量	是	是	是
地级市 × 年份固定效应	是	是	是
县固定效应	是	是	是
年—月固定效应	是	是	是
观察值	26551	16420	30700
R^2	0.816	0.638	0.645

注：如果县或县级市行政隶属于高规模等级的地级市，则 *Tier*=1，否则 *Tier*=0；表 4 第（3）列中的所有控制变量均已纳入。

三、到高规模等级城区的距离与高铁开通效应

本部分探讨高铁开通对外围区域地价的影响如何随着到高等级城

市的距离而变化。表 6.6 纳入了县到最近的高规模等级城市中心的地理距离与高铁开通的交互项。第（1）—（3）列基于式（6.3）的设定考虑了线性距离效应，结果发现，所有用地类型的距离交互项均显著小于 0，即距离高规模等级的中心城区越远，高铁开通给县域土地的增值效应越小。考虑到新经济地理学文献中强调距离非线性效应，（4）—（6）列采用式（6.4）的设定，加入距离二次项与高铁开通的交互项①。图 6.5 展示了估计得到的距离非线性效应。如图所示，工业和商业用地呈现 U 形的距离效应，即随着到高等级中心城区距离提升，高铁开通的资本化效应先降后升。这一趋势与中心—外围模型的预测一致——交通成本的下降推动了经济活动向中心区集聚，同时促进了偏远地区副中心的出现。

对于工业用地（表 6.6 第（4）列），U 形曲线的转折点位于 66 km 处。鉴于仅有 20% 的县位于高等级城市中心区 66 km 范围以内（转折点左侧），大多数工业用地价格的演变趋势符合假说 2 的推测——高铁的资本化效应随县域到高等级中心城区的距离增大而提升。在 40—115 km 的区间内，集聚阴影效应占主导地位，此时高铁开通导致工业地价下降。有 30% 的县落在这一距离区间内，高铁开通使得这些地区面临的来自邻近高等级中心城区的竞争愈发激化，从而导致企业等经济要素外流。其余较偏远的县（距离高等级中心城区超过 115 公里，占全部县的 61%）主要表现为增长溢出效应，且越远离高等级中心城区，地价的升值幅度越高。这一趋势说明，高铁开通后，集聚能力更强的中心城区给邻近的外围地区带来更多增长阴影，而制造业倾向于向更远的外围地区分散。

① 纳入高铁开通和距离的三次项的交叉项，得到的结果类似。由于现实中县域与高等级城市中心之间的距离不够远，实证并未发现中心—外围理论推出的∽型关系中的波峰（Fujita 等，1999）。

商业用地的结果（表 6.6 第（5）列）和工业用地相似，但距离区间有所不同。高等级市中心的经济集聚范围更大——70 公里范围内的县得到了正向的高铁资本化效应，占全部县的 21%。位于 70—185 km 距离区间的县陷入集聚阴影，即高铁开通造成了商业地价下降，只有一小部分远离中心区的县（大于 185 km，占比 34%）显示出增长溢出效应。这表明，对于服务业而言，来自高等级城市中心的直接增长溢出限于中心城区的邻近区域（在本章的样本中，距离区间为 70 公里以内）。尽管如此，偏远地区制造业企业的流入也可能会对服务业产生乘数效应，从而促进商业地价提升。与工业地块的情况相比，正向距离效应的临界值高得多（185 公里 V.S. 115 公里），这与偏远地区的商业开发需要更长的时间才能实现这一事实相一致。

表 6.6 第（6）列显示，居住用地价格并未显示出显著的非线性距离效应。如图 6.5 所示，高铁开通对住宅地价的影响随着县域到高等级中心城区的距离提升而单调递减。这意味着邻近中心城区的外围地区的房地产开发更多受益于居民由市中心向郊区的空间分散（Heuermann 和 Schmieder，2019），而更偏远的外围地区（距离中心区超过 157 km）在高铁开通后由于集聚阴影效应而出现了人口外流，从而导致居住用地价格呈现显著下降。

总的来说，距离效应的非线性趋势表明，高铁开通加速了经济活动向中心城区集中，从而带动了紧邻中心城区的县域土地市场的发展，而更偏远的外围地区则受到中心区集聚阴影效应的影响，有要素外流的风险。对于进一步远离高等级城市中心的县域而言，增长溢出效应开始主导制造业和商业用地的升值——高铁带来的土地增值随着到高等级中心区的距离增加而增长。

表 6.6　到最近的高等级城市中心距离对高铁资本化效应的影响

因变量：Ln（土地价格）

	（1）	（2）	（3）	（4）	（5）	（6）
	工业	商业	住宅	工业	商业	住宅
Post	0.305*** （0.073）	10.186*** （0.205）	0.367*** （0.131）	10.261*** （0.269）	30.519*** （10.227）	0.414 （0.426）
$Post \times Dis$	−0.073*** （0.018）	−0.262*** （0.049）	−0.071** （0.031）	−0.612*** （0.158）	−10.499** （0.601）	−0.097 （0.239）
$Post \times Dis^2$				0.073*** （0.023）	0.158** （0.072）	0.003 （0.032）
地块特征变量	是	是	是	是	是	是
地级市 × 年份固定效应	是	是	是	是	是	是
县固定效应	是	是	是	是	是	是
年—月固定效应	是	是	是	是	是	是
观察值	26551	16420	30700	26551	16420	30700
R^2	0.816	0.639	0.645	0.816	0.639	0.645

注：*Dis* 代表该县到最近的高等级城市中心的地理距离（对数）；表 6.4 第（3）列中的控制变量包括在内。

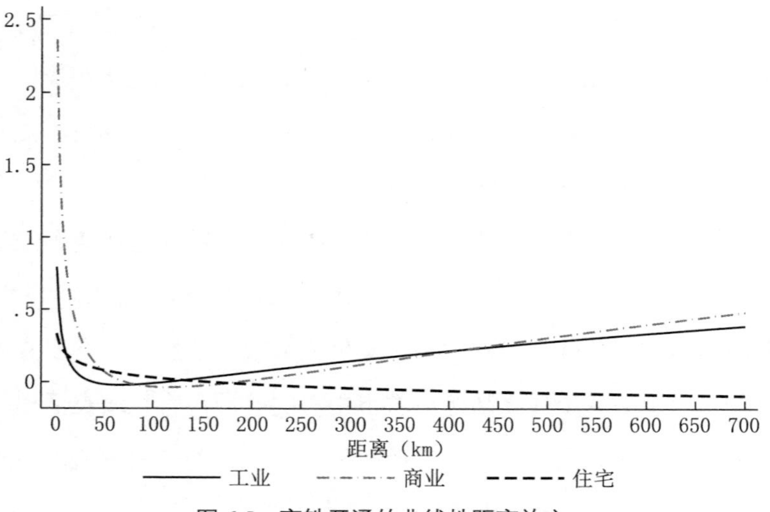

图 6.5　高铁开通的非线性距离效应

注：该图根据表 6.6 第（4）—（6）列中 *Post*、$Post \times Dis$ 和 $Post \times Dis^2$ 的估计系数绘制，横轴是县域到最近的高等级城市中心的地理距离。

第五节　高铁开通对企业选址的影响

为了探究县域土地价格上涨的原因，本节进一步讨论高铁开通对外围地区经济活动产生影响。基于企业层面的微观数据集，采用类似式（6.1）—（6.4）的结构进行县级层面回归，设定如下：

$$\mathrm{Ln}(y)_{ct}=\beta\cdot Post_{ct}+\lambda_c+\rho_t+\varepsilon_{ct} \tag{6.5}$$

$$\mathrm{Ln}(y)_{ct}=\alpha\cdot Tier_p\cdot Post_{ct}+\beta\cdot Post_{ct}+\lambda_c+\rho_t+\varepsilon_{ct} \tag{6.6}$$

$$\mathrm{Ln}(y)_{ct}=\eta\cdot Dis_c\cdot Post_{ct}+\beta\cdot Post_{ct}+\lambda_c+\rho_t+\varepsilon_{ct} \tag{6.7}$$

$$\mathrm{Ln}(y)_{ct}=\sum\nolimits_{j=1}^{2}\eta_j\cdot Dis_c^j\cdot Post_{ct}+\beta\cdot Post_{ct}+\lambda_c+\rho_t+\varepsilon_{ct} \tag{6.8}$$

其中，因变量 y_{ct} 是 c 县 t 年的企业数量或企业绩效。其他变量的定义与方程（6.1）—（6.4）中相同。在上述设定下，系数 β、α、η、和 $\eta_{i\,(i=1,2)}$ 的估计值分别代表了高铁开通后的地价变化、城市规模等级产生的交叉效应、到高等级城市中心的距离产生的交叉效应以及距离的非线性效应。为简化起见，后文用高铁效应、等级效应、距离效应和非线性距离效应来指代上述效应。

为了检验高铁开通对县域新企业进入的影响，基于工商注册数据库，将新注册企业的数量汇总到县一级。表 6.7 报告了新企业数量的高铁效应、等级效应、距离效应和非线性距离效应的估计结果。结果显示，对县域新企业数量而言，不存在显著的高铁效应和等级效应，但存在显著的非线性距离效应——县到高等级城市中心的距离与高铁效应之间存在显著的 U 形关系。第（2）列和第（3）列区分了制造业和服务业企业，两类企业进入数量的距离效应并不相同。一方面，高铁开通后，到高等级城市中心的距离对于制造业企业进入数量的影响呈现显著的U形特征，转折点出现在69公里处，几乎与工业用地的结果相同（见表6.6第（4）列），当距离超过69公里，制造业企业的进入数量随距离增加而增加，这与假说2预测的趋势一致，即高铁开通推动了制造业企业从大城市迁移到偏远的外围地区；另一方面，高铁对县域服务业企业进入的影响随着与到高等级城市中心的距离增加而单调递减，这意味着高铁开通带来的服务业增长溢出在很大程度上局限在大城市的周围。这些结果与前文关于工业和住宅用地价格的距离效应的结果一致，表明高铁对外围地区地价的增值效应在很大程度上是由新企业的加速进入带来的。

表6.7　高铁开通对县域新企业进入的影响

因变量：Ln（新注册企业数量）

	（1）	（2）	（3）
	全样本	制造业	服务业
高铁效应（β）	−0.031 （0.035）	−0.045 （0.043）	0.006 （0.036）
等级效应（α）	−0.034 （0.055）	−0.033 （0.071）	0.087* （0.051）
距离效应（η）	0.038 （0.034）	0.011 （0.039）	−0.059** （0.029）
非线性距离效应一次性（$\eta 1$）	−0.396** （0.179）	−0.425* （0.226）	−0.307 （0.189）
非线性距离效应二次项（$\eta 2$）	0.05** （0.021）	0.05** （0.025）	0.029 （0.021）
观察值	2901	2901	2901
县固定效应	是	是	是
年份固定效应	是	是	是

注：样本为2005—2015年开通高铁的县或县级市；因变量是基于工商注册数据计算的县域范围内新注册企业的数量（对数）；每一列分别报告所有企业、制造业企业和服务业企业的β、α、η和$\eta_{i\,(i=1,2)}$的估计系数；为了节省篇幅，不报告第（2）—（4）行的*Post*系数；括号中的聚类稳健标准误在县级层面聚类；*** $p<0.01$，** $p<0.05$，* $p<0.1$。

进一步，利用中国工业企业数据库探讨高铁开通对外围地区制造业企业绩效的影响。类似地，首先将企业进入和退出数量加总到县级层面。根据中国国家统计局的高技术产业分类，进一步区分了高技术企业和低技术企业，并在县层面进行汇总。由于该数据库仅包含规模以上制造业企业，表 6.8 得到的回归结果与表 6.7 略有不同。如表 6.8 第（1）行所示，高铁的开通显著降低了大型制造业企业进入数量，同时也导致了外围地区大型制造业企业的退出。第（2）和（3）行的结果表明，在高铁开通后，大城市辖下或邻近的县域均陷入了集聚阴影，表现为制造业企业进入数量的显著降低。这一结果与假说 1 的推测一致，表明大型制造业企业在高铁开通后倾向于向偏远的外围地区分散。对比高技术企业与低技术企业的结果（第（2）列、第（3）列、第（5）列和第（6）列）可以发现，上述结果是由两方面的因素造就的，即高技术企业和低技术企业进入的减少以及高技术企业退出的增加。第（4）行的结果显示，高铁对大型制造业进入的影响并未表现出显著的非线性距离效应，但企业退出数量显示出与此前结果相一致的非线性距离效应，即随着县域远离高等级城市中心，大型制造业退出的数量先增加后减少。

表 6.8　高铁开通对县域规模以上制造业企业进入和退出的影响

因变量：Ln（制造业企业数量）

	新企业进入			企业退出		
	全样本	高技术	低技术	全样本	高技术	低技术
	（1）	（2）	（3）	（4）	（5）	（6）
高铁效应（β）	−0.275*** （0.086）	−0.245* （0.125）	−0.272*** （0.087）	0.109* （0.06）	0.025 （0.093）	0.116* （0.06）
等级效应（α）	−0.634*** （0.142）	−0.886*** （0.228）	−0.651*** （0.138）	0.106 （0.095）	0.281** （0.14）	0.1 （0.095）
距离效应（η）	0.362*** （0.084）	0.532*** （0.105）	0.364*** （0.086）	−0.072 （0.055）	−0.348*** （0.093）	−0.07 （0.057）

续表

	新企业进入			企业退出		
	全样本	高技术	低技术	全样本	高技术	低技术
	（1）	（2）	（3）	（4）	（5）	（6）
非线性距离效应一次性（$\eta1$）	0.415 （0.795）	0.662 （0.705）	0.263 （0.777）	0.716*** （0.232）	10.372 （0.895）	0.804*** （0.224）
非线性距离效应二次项（$\eta2$）	−0.007 （0.094）	−0.016 （0.087）	0.013 （0.092）	−0.093*** （0.027）	−0.204** （0.101）	−0.104*** （0.026）
观察值	2692	2692	2692	2692	2692	2692
县固定效应	是	是	是	是	是	是
年份固定效应	是	是	是	是	是	是

注：样本为2003—2013年间开通高铁的县或县级市；数据来源于中国工业数据库，涵盖了年销售额在500万元或以上的所有国有企业和非国有企业；因变量是加总到县级的企业进入或退出的数量（对数）；每一列分别报告了所有企业、高技术企业和低技术企业的β、α、η和$\eta_{i\,(i=1,2)}$的估计系数；为了节省空间，不报告第（2）—（4）行的*Post*系数；括号中的聚类稳健标准误在县级层面聚类；*** p＜0.01，** p＜0.05，* p＜0.1。

最后，表6.9检验了高铁开通对大型制造业企业绩效的影响。基于加总到县级的企业产出和就业数据，第（1）行显示高铁开通显著增加了外围地区的就业规模，尤其是低技术企业就业。与前面的发现类似，第（2）行和第（3）行发现了显著的等级效应和距离效应。尽管在统计上不显著，所有回归都表现出U形的非线性距离效应。对比第（2）列、第（3）列、第（5）列和第（6）列的结果，无论是从产出指标还是就业指标来看，高铁开通对外围地区的低技术制造业的影响起到了主导作用。

总的来说，关于企业选址和绩效的回归结果与前文发现的高铁资本化效应的基本规律一致。这些结果说明，一方面，高铁连通通过恶化大城市周边外围区域现有企业的竞争环境和抑制制造业企业的进入，加强了中心城区的集聚阴影效应，并将大城市的增长溢出扩散到更偏远的外围地区；另一方面，高铁连通加速了居民从城市中心转移到外围地区，从而推动了大城市邻近区域的服务业发展。

表 6.9　高铁开通对县域规模以上制造业企业绩效的影响

因变量：Ln（企业绩效）

	（1）	（2）	（3）	（4）	（5）	（6）
	产出			就业人数		
	全样本	高技术	低技术	全样本	高技术	低技术
高铁效应（β）	−0.052 （0.053）	−0.148 （0.111）	−0.049 （0.05）	0.093** （0.041）	−0.121 （0.107）	0.098** （0.041）
等级效应（α）	−0.306*** （0.096）	−0.37* （0.188）	−0.336*** （0.086）	−0.124** （0.061）	0.12 （0.186）	−0.125** （0.062）
距离效应（η）	0.147** （0.072）	0.122 （0.105）	0.169** （0.07）	0.071 （0.048）	−0.024 （0.143）	0.07 （0.048）
非线性距离效应一次性（$\eta 1$）	−0.415 （0.389）	−0.262 （0.434）	−0.416 （0.458）	−0.267 （0.604）	−20.898* （10.697）	−0.232 （0.617）
非线性距离效应二次项（$\eta 2$）	0.07 （0.047）	0.048 （0.057）	0.073 （0.055）	0.041 （0.072）	0.35 （0.214）	0.037 （0.074）
观察值	2852	2852	2852	1572	1166	1572
县固定效应	是	是	是	是	是	是
年份固定效应	是	是	是	是	是	是

注：样本、数据来源及回归设定与表 6.8 相同；因变量是加总到县级的制造业企业的产出和就业人数（对数）。

第六节　本章小结

交通基础设施对欠发达地区而言究竟是“祝福”还是“诅咒”，现有研究结论并不一致。产生这些研究分歧的主要原因是，城市间交通成本的下降将改变中心城市与外围地区间的关系，尤其是大城市产生的集聚阴影和增长溢出效应的相对重要性将发生改变。为了理清交通连通对于外围地区的影响机制，本部分探讨了近年来中国高速铁路网络的扩张对于县域土地价格产生的异质性影响。基于全国微观土地出让数据库的研究发现，高铁开通对外围地区土地价格的平均效应不显著。区分不同土地使用类型后发现，偏远的外围地区的工业用地更多受益于高铁连通带来的增长溢出，而紧邻高等级城市的外围地区则获得了更高的居住用地升值。进一步，利用微观企业数据研究发现，高铁开通对外围地区企业选址和绩效的影响呈现出非常相似的趋势。总的来说，本部分的结果表明高铁开通将制造业活动转移到了更偏远的外围地区，而大城市附近的外围地区更容易受到制造业和劳动力外流的冲击，即集聚阴影效应。

这些发现有助于更好地理解高铁网络的扩张对于区域间经济活动空间分布产生的影响。虽然总体而言外围地区受益于交通网络的连通，但高铁开通如何影响当地经济发展存在着明显的空间异质性。交通连通性提升后，紧邻大城市的外围地区的服务业能够受益于居民由市中心向市郊区的空间分散，但来自城市中心区的激烈竞争可能会对这些外围地区的制造业产生挤出效应。相较而言，通过扩大大城市增长溢出的地理范围，交通网络的扩张可以为偏远地区的制造业发展带来机遇。近年来高速铁路网络的扩张过程中，中国许多偏远的县抓住了大型制造业公司从发达城市转移的机会。例如，下辖于中部的三线城市阜阳市的颍上县一度面临严重的人口外流问题，在商丘—合肥—杭州高铁和郑州—阜阳高铁开通后，积极承接了来自长三角和珠三角的产业转移，2019 年来引进人力资源近万人，实现了来自电子产业和食品加工等领域的 8500 人次企业用工合同[①]。自 2009 年京广高铁开通以来，来自中部的四线城市咸宁已成为珠三角产业转移的主要目的地

① 《充分挖掘高铁效应，做大“朋友范围”》,《阜阳日报》2020 年 1 月 8 日，https://www.ahjjw.com.cn/xianyu/2020/0108/86022.html。

之一。据统计，截至 2013 年，来自珠三角的投资约占咸宁引进项目的 70%[①]。

对于政策制定者来说，未来的产业政策应充分考虑交通网络扩张带来的这种空间再分配效应。为了更好地利用高铁开通带来的发展机遇，地方政府应提供差别化的政策支持以吸引投资：一方面，大城市邻近的外围地区应努力为服务业创造良好的政策环境，提高城市生活质量，以满足来自市中心的居民的迁移需求；另一方面，来自大中城市的制造业迁移的潜在需求对偏远外围地区的城市治理和制度环境提出了新的要求。在高铁时代，能够提供更好政策支持的外围地区更有可能成为产业转移的赢家。

---

① 《高铁效应集中显现，沿线地区迎来产业转移新机遇》，《经济日报》2013 年 5 月 31 日，http://district.ce.cn/zg/201305/31/t20130531_24437741.shtml。

第七章

有形壁垒的拆除：交通网络与资本的空间配置

第一节　引言

国家发展改革委发布的《2019年新型城镇化建设重点任务》提出，“强化交通运输网络支撑，发挥优化城镇布局、承接跨区域产业转移的先导作用，带动交通沿线城市产业发展和人口集聚”。交通网络的发展对沿线城市经济与人口集聚的促进效应已成为许多研究的共识（Redding，2015）。相较而言，较少研究关注微观机制问题，即交通网络扩张如何能够“推动跨区域产业转移”以及如何“带动交通沿线城市产业发展和人口集聚”？

跨区域产业转移的核心载体是企业投资的跨区域流动，本章从企业空间组织的角度理解交通网络的经济效应。随着企业专业化程度提高，管理与生产职能得以分开。由于不同组织职能所依赖的中间投入品有差别，最优的地理分布必然有差异。如管理、研发等职能依赖于多样化创造的外部经济（即城市化经济，urbanization economy），而生产职能更依赖于专业化带来的外部经济（即地方化经济，localization economy）（Duranton 和 Puga，2005）。因此，企业组织形式的空间分散是区域以及企业发展的必然趋势。例如，注册地在北京市的京东方，其子公司分布在北京、重庆、四川、武汉、江苏、安徽、福建、内蒙古等地；又如注册地在武汉市的东风汽车，子公司分布在武汉、广东、河南、上海、江苏等地。图 7.1 显示，中国 A 股上市公司的新增异地子公司数量增速日益加快，从 2005 年的 943 家上升至 2017 年的 12386 家。与此同时，母公司与其异地子公司的平均距离迅速增加（图 7.2），由 2005 年的 854 公里上升至 2017 年的 951 公里。

企业组织的空间分散加速了资本的跨地区流动，也加强了城市间的经济联系。已有研究表明，即便在信息技术高速发展的时代，地理距离仍是跨区域企业活动的重要屏障。远距离带来的信息获取成本深刻影响了企业投资决策（Kang 和 Kim，2008；Giroud，2013；Kalnins 和 Lafontaine，2013；Gokan 等，2019）、公司治理结构（Duranton 和 Puga，2005；Charnoz 等，2018）、供应链关系（Fort，2017；Bernard 等，2019；饶品贵等，2019）、投资者关系（Kose 等，2011；Shai 等，2016；黄张凯等，2016；龙玉等，2017；赵静等，2018）等。对于企业异地经营而言，子母公司之间的信息不对称带来了大量监管成本。距离子公司越近，母公司越容易获取其经营状况的信息；反之，距离越远，母公司对子公司信息的获取难度增高，这意味着更高的监督管理成本（Kose 等，2011）。因此推断，与母公司的地理距离越远，子公司的选址可能性以及投资规模越小。

直接分析地理距离对子公司选址的影响存在严重的遗漏变量问题。事实上，地区间的信息成本更依赖于时间距离（Giroud，2013），即两地的通行时间。利用交通网络扩张的外生冲击，可以有效识别信息成本的改变对于企业异地投资的影响。可以推测，交通网络的建设缩短了城市间的时间距离，跨地经营的信息成本得以降低，母公司更倾向于在交通网络扩张的受益地区设置子公司或加大投资规模。由于跨地信息流动更依赖于客运而非货运交通，结合数据的可得性，本研究着重分析近年来中国高速铁路网络的扩张对于上市公司异地投资的影响。

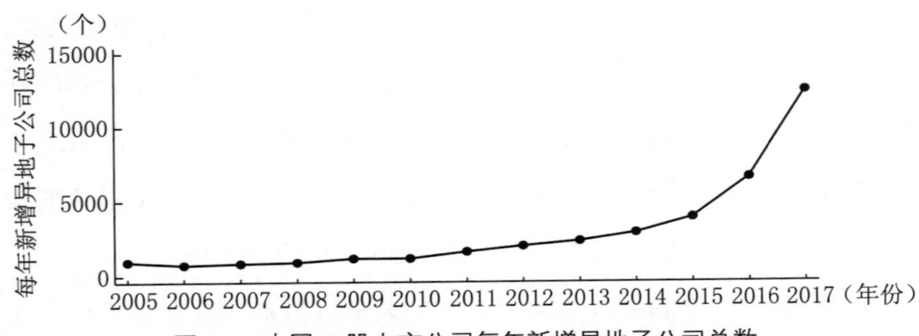

图 7.1　中国 A 股上市公司每年新增异地子公司总数

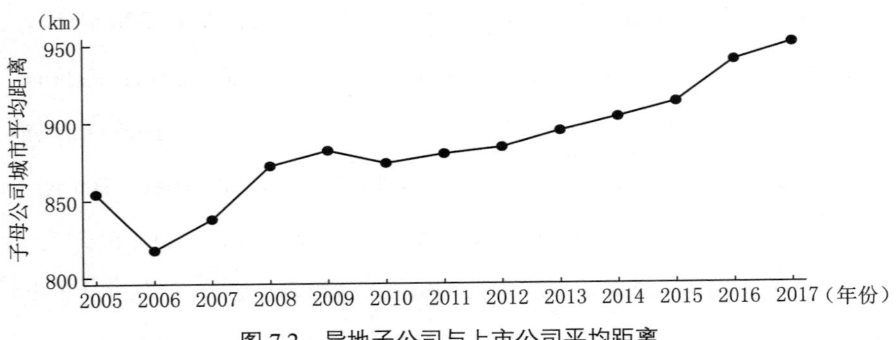

图 7.2　异地子公司与上市公司平均距离

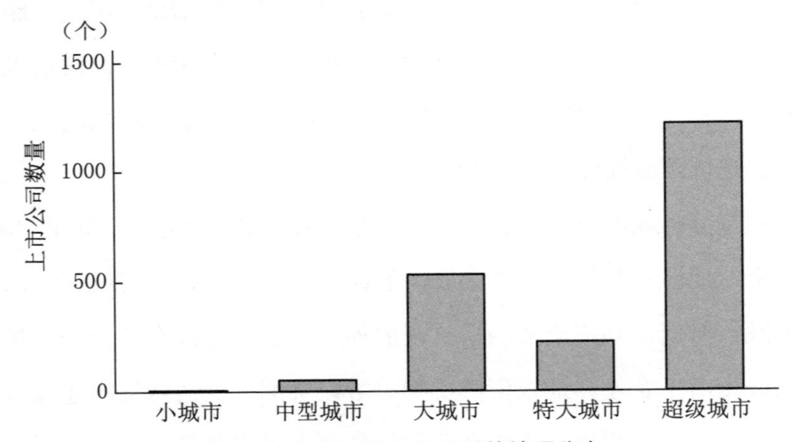

图 7.3　中国 A 股上市公司的地理分布

注：基于上市公司注册地所在城市的 2010 年常住人口，按照国务院印发《关于调整城市规模划分标准的通知》(2014) 分为超级城市、特大城市、大城市、中型城市、小城市 5类。

基于2005—2017年高铁、铁路和公路等交通网络以及上市公司的异地子公司投资数据，构建了投资发起城市—目的地的城市对数据库。研究结果显示，高铁连通显著推动了地级市间的投资流动。与上市公司所在地级市之间的通行时间越短，子公司数量及总注册资本越多。这说明交通网络扩张推动了资本的跨区域流动。图7.3显示，中国上市公司总部主要分布在北京、上海、天津、广州、深圳、重庆等超级城市，交通网络是否能够促进上市公司投资从发达地区流向欠发达地区？异地投资是在全国范围内展开还是局限于特定区域？区分投资流动方向和流动范围后，本章发现交通网络扩张更多推动了从发达到相对欠发达城市的投资流动，但这一效应主要集中于东部区域以及同一省份内部，这说明跨地投资仍可能存在行政壁垒。最后，为了说明信息成本的微观机制，本章得出，所在行业的经营业绩越不确定，上市公司异地投资对城市间通行时间的变化越敏感。这意味着当母公司管理者更依赖本地信息时，对于时间距离的改变更敏感。信息不对称的缓解带来了企业内监督成本的降低，这体现为子母公司间通行时间的缩短显著降低了上市公司的管理费用。

本研究在以下方面有增量贡献：

第一，从微观企业决策的视角分析交通网络扩张带来的资本配置效应。大量文献分析了高速公路、铁路、高铁等交通网络的建设对区域整体经济发展的效应（Lin，2017；Donaldson，2018；Baum-snow等，2020），大多采用人口、产业结构、GDP等总量性指标评估，较难呈现微观作用机制。另有一部分研究从微观企业生产决策的视角分析交通改善对于企业生产率、价格等的影响（如Holl，2016；李兰冰等，2019）。本研究从企业空间组织决策的视角出发，分析交通网络扩张对企业投资跨区域流动的影响，是对已有研究视角的有益补充。

第二，在城市对层面开展研究，能够更细致地显示资本流动的方向，从而打开区域间资本流动的“黑箱”。基于中心—外围理论，城市间货物运输成本的降低将推动生产集中分布，体现为生产从欠发达向发达地区迁移的虹吸效应（Krugman，1991）。若干经验研究发现高速公路或铁路建设后，区域中心城市经济发展水平提升但外围城市经济发展水平降低（Faber，2014；Qin，2017；Baum-snow 等，2020），这与虹吸效应的预测一致。但上述研究并未追溯至要素流动的发起地和目的地，即并不能判断欠发达地区的要素被吸收至何处，也就无法排除遗漏变量对结果的干扰。关于交通网络影响跨地区投资的文献集中在公司金融与公司治理领域，大多分析了当地是否连通高铁或航线对市场主体投资决策的影响（如 Shai 等，2016；黄张凯等，2016；龙玉等，2017；赵静等，2018）。这种识别策略同样不能追溯资本流动的发起地和目的地，也无法说明资本流动的方向。本研究分析了城市间的通行时间对于城市间子公司投资的影响，这一分析思路与相关的开创性研究（Campante 和 Yanagizawa-Drott，2018）类似，该研究发现城市间的国际航线连通带来了更多的商业联系，使得机场区域经济发展提升。在此基础上本研究着重分析了城市间的资本流动方向。

第三，基于交通网络降低异地信息成本的视角，给出相应的微观证据。多数研究聚焦于货运交通基础设施对于地区经济增长的影响。他们的研究视角是，高速公路或普通铁路的扩张降低了贸易成本、提高了市场潜力，进一步通过企业选择效应和生产率提升效应促进了沿线经济增长（如 Donaldson，2018；Holl，2016；李兰冰等，2019）。在本研究的研究期间，客运交通方式——高铁网络的扩张主要通过降低跨地沟通成本进而降低跨地信息成本，从而对区域间投资产生影响。已有研究较少从这一视角理解客运交通的经济效应。公司金融与公司治理领域的相关研究将交通网络扩张带来信息成本下降与投资者行为联系在一起，如黄张凯等（2016）、赵静等（2018）、龙玉等（2017）

等强调了高铁通车对于风险投资以及风险资产定价效率的影响。另有研究分别利用美国新航线的引入以及法国高铁扩张的政策实验，分析了时间距离缩短对于子公司投资和经营模式的影响（Giroud，2013；Charnoz 等，2018）。本研究的视角与上述研究思路一致。在上述研究基础上，本研究在子公司和上市公司层面展开分析，引入行业经营业绩不确定性识别了信息成本的作用机制，并分析了交通网络扩张对企业跨地管理成本的影响。

第二节 文献综述

企业的异地投资、并购等行为均是资本跨区域流动的表现形式。现有研究主要从文化壁垒（杨继彬等，2021；曹春方，2019）、社会网络（曹春方，2020）、制度环境（王凤荣和苗妙，2015；陈胜蓝和刘晓玲，2020）、政企关联（夏立军，2011；蔡庆丰等，2017）、政府干预（钱先航和曹廷求，2017；徐现祥，2019）、地理障碍（Jin 等，2021）、行政壁垒（Carril-Caccia 等，2021）等视角分析了异地投资或并购决策的影响因素。本研究关注交通设施的发展对于破除城市间地理壁垒，进而对资本的空间流动产生的效应。

在中国交通基础设施建设加速的背景下，交通网络的经济效应近年来引起了学界的广泛关注。一系列研究证实了高速公路、铁路、高速铁路、航空等交通基础设施建设对沿途城市经济发展的促进效应（如 Baum-snow 等，2020；Donaldson，2018；Lin，2017；Campante 等，2018）。交通基础设施对区域经济发展的直接影响是运输与沟通成本下降带来的城市可达性提升，商品或服务能够在更短时间内到达范围更广的市场，市场潜力的提升将直接提高交通沿线地区收入水平（Donaldson，2018）。交通基础设施的间接影响是地区间要素流动带来的资源配置优化，地区间要素流动的加总视角关注交通发展的非对称效应。根据中心—外围理论，交通网络发展加速了经济要素在区域间的转移，使得市场整合效应在空间上产生非对称性，经济要素更多转移到中心城市，而非中心城市经济发展可能受到负面影响。若干研究验证了中国高速公路建设、铁路提速对于沿途非中心地区的经济发展存在显著的负向影响（Faber，2014；Baum-snow，2020；Qin，2017）。地区间要素流动的微观视角更关注交通网络扩张带来的劳动力、资本跨地区流动。劳动力的跨地区流动效应主要缘于交通网络扩张带来的通勤成本降低，沿线城市得以搜寻到更合适的劳动力（Heuermann 和 Schmieder，2019）以及享受更高的知识溢出效应从而提高生产率（Dong 等，2020）。对于资本的跨区流动而言，交通成本的下降降低了市场主体获取异地信息的成本，从而推动异地投资。对这一问题的分析需要依托于投资主体跨地投资行为的研究。

公司金融与公司治理领域的一束文献将交通网络扩张带来的跨地区时间距离压缩与投资者行为联系在一起，为交通设施的经济效应提供了更丰富的微观解释。从各类投资主体具有“本地信息优势偏好”的现实观察出发，这些研究强调了远距离带来的高信息成本，进而分析了交通网络的扩张所带来的信息优势。例如，基于对风险投资经理的调研，有研究发现新航线的建立降低了风险投资对异地标的公司的管理成本（Shai 等，2016）。另一项研究构建模型说明了时间距离的缩短有助于降低对异地供应商的搜寻成本，从而提高企业绩效（Bernard 等，2019）。利用日本高铁扩张的外生冲击发现，高铁通车后，投入品依赖度高的行业的企业经济绩效显著提高。基于中国近年来的高铁扩张，黄张凯等（2016）、赵静等（2018）、龙玉等（2017）强调高铁通车能够降低投资者对当地信息的获取成本，从而提高了高铁城市 IPO 定价效率，降低了高铁城市上市公司的股价崩盘风险，提升了高铁城市的风险投资规模。

企业是异地投资的重要的参与主体。与投资公司、中小股东等不同，通过在异地设置子公司，企业跨地组织生产活动不仅加强了资本在区域间的流动，也促进了技术在区域间的扩散，最终加强了城市间的经济联系。一项代表性研究构建的经典模型指出（Duranton 和 Puga，2005），企业管理与生产功能的空间分离使得城市的专业分工模式由产业分工变为职能分工，即大城市集聚了企业总部和生产服务业等管理功能，中小城市更多承担了生产功能。该研究强调企业内部远程管理成本的降低是产生这一转变的主要因素。相应的实证研究发现，总部到生产部门的地理距离是影响总部选址的重要因素（Henderson 和 Ono，2008）。另有研究基于服务业及零售业数据发现，总部与子公司距离越远，子公司经营绩效越差、存活时间越短（Kalnins 和 Lafontaine，2013）。类似地，有研究利用意大利的企业并购数据发现，实施并购的可能性与主并方和并购方之间的地理距离负相关（Boschma 等，2016）。这些研究均强调了地理距离带来的高信息成本。也就是说，即便在信息技术高速发展的时代，地理距离仍是跨区域企业活动的重要屏障（Henderson 和 Ono，2008）。

互联网以及通信技术的发展大大降低了企业跨地经营管理的沟通成本，促成了企业组织的空间分散（Ota 和 Puta，1993）。相关研究发现，信息技术的采用显著促进了企业外包业务，企业产品设计电子化程度越高，信息技术的促进效应越强（Fort，2017），这说明信息技术更适用于消除标准化的硬信息（hard information）的跨地传播成本。相较而言，由于企业经营状况的软信息（soft information）不标准化、难以记录和存储，信息传递过程容易失真，因此软信息的传递必须依靠管理者实地调研以及面对面沟通（黄张凯等，2016；龙玉等，2017；

赵静等，2018）。面对面沟通（face-to-face contact）不仅是解释经济集聚的重要机制（Storper 和 Venables，2004），也是地理距离对于跨地经营负向影响持久存在的重要原因。

近年来，若干有影响力的研究提供了交通网络扩张通过影响企业空间组织决策进而影响地区经济发展的理论框架（Duranton 和 Puga，2005；Bernard 等，2019；Gokan 等，2019），但相应的经验证据尚十分有限。有学者借助美国新航线的引入的外生冲击，分析了公司总部与子公司之间时间距离对于子公司投资绩效的影响（Giroud，2013）。研究发现，总部与子公司所在城市引入新航线后，子公司投资以及生产率均有显著提升。另一项研究利用法国高铁扩张的外生冲击发现，高铁通车后，子公司工人数量上升和管理人员下降；而基于控股股东数据的研究发现了相反的结果，从而说明时间距离缩短降低了跨地经营的监管成本（Charnoz 等，2018）。另有学者基于对风险投资经理的研究发现，新航线的建立降低了风险投资对异地标的公司的管理成本（Bernstein 等，2016）。基于中国情景的研究发现，中国高铁开通后，高铁城市的企业被异地主并方收购的数量显著增多（Jin 等，2021），而且城市间的高铁开通显著促进了企业异地投资（Lin 等，2019；马光荣等，2020），这与本章的思路较为接近，在以上研究的基础上，本章分析中国交通网络扩张对上市公司开设异地子公司决策的影响，并重点考察信息成本的作用机制。

第三节　概念框架与研究假说

本部分基于经典的 EK 贸易模型（Eaton 和 Kortum，2002），构建企业异地经营决策的概念框架，并在此基础上形成待检验的研究假说。

如图 7.3 所示，上市公司总部多集中在北京、上海、广州等超级城市。随着企业专业化程度的提高，管理与生产功能得以分开。为了最小化生产成本，上市公司（总部）的目标是找到生产效率最高的城市设置子公司。给定上市公司总部所在城市 n，假定生产一种商品，企业目标是选择城市 i（$i=1$，…，N）设置子公司，以最小化单位成本。

子公司可在本地 n 或异地 i 设立。假定规模报酬不变，若子公司设置在本地，子公司的单位生产成本主要来自两方面，即母公司层面的生产效率、投资目的地（子公司所在地）层面的生产效率。那么，t 时期位于城市 n 的母公司 o 在本地设置子公司的单位成本可写作：$C_{nt}=c_{nt}/z_{not}$。其中，c_{nt} 为 n 城市的平均成本，取决于投入品价格以及城市层面的生产率，z_{not} 为母公司生产技术。若总部与子公司位于不同城市，即 $n\neq i$，此时涉及企业跨地经营。在这种情况下，生产成本还取决于来源地与目的地之间的特定成本，包括信息、沟通和监督等成本。即为及时获取子公司经营信息以制订公司战略或达成业务协作，企业管理者需要频繁往来两地，面临极高的沟通成本。子公司与总部距离越近，则两地经济联系越紧密，这不仅降低了管理者的往来时间成本，也意味着总部管理者更熟悉当地的经济、制度、文化环境，也更容易利用媒体、客户、供应商等渠道获取当地信息。假定总部与子公司空间分离带来的沟通成本是一种冰山成本——为了确保 1 单位的产量，异地子公司的产出量为 d_{ni} 单位，$d_{ni}>1$。d_{ni} 代表跨地经营产生的信息成本，包括事前的信息发现成本，如发现城市投资机会、上下游企业信息等；以及事后的沟通和监督成本，如母公司决策者向子公司的决策传达、绩效监督等。两城市间的距离越远，d_{ni} 越高。因此，在异地经营的情况下，t 时期位于城市 n 的母公司 o 在城市 i 的子公司的单位成本可表示为，

$$C_{niot}=\frac{c_{it}}{z_{not}}\cdot d_{nit} \tag{7.1}$$

其中 z_{not} 代表母公司的生产效率，假定服从第II类极值分布（Frechet）分布（假定满足独立同分布）：

$$F_n(z)=\Pr(z_{not}\leqslant z)=e^{-A_{nt}z^{-\theta}} \tag{7.2}$$

其中 A_{nt} 代表城市 n 的平均生产效率，可以捕捉城市集聚经济等因素。$\theta>1$ 反映了母公司生产效率的离散程度，θ 越小则离散程度越大，即母公司生产效率的异质性越强。

结合式（7.1）和式（7.2），可得到单位生产成本服从以下 Frechet 分布：

$$G_{ni}(c)=\Pr(C_{ni}\leqslant c)=1-F_n\left(\frac{c_{it}}{c}\cdot d_{nit}\right)=1-e^{-[T_{it}(c_{it}d_{nit})^{-\theta}]c^{\theta}} \tag{7.3}$$

上市公司在单位生产成本最低的城市设置子公司。位于城市 n 的上市公司在城市 i 设置子公司的概率满足：

$$\pi_{nit}=\Pr[C_{ni}\leqslant \min C_{ns,s\neq i}]=\int_0^{\infty}\prod_{s\neq i}[1-G_{ns}(C)]dG_{ni}(c) \tag{7.4}$$

可以推出：

$$\frac{X_{nit}}{X_{nt}}=\pi_{nit}=\frac{A_{nt_i}(c_{it}d_{nit})^{-\theta}}{\phi_{nt}} \tag{7.5}$$

其中，$\phi_{nt}=\sum_{i=1}^{N}A_{nt}(c_{it}d_{nit})^{-\theta}$。$X_{nt}$ 是 t 时期位于城市 n 的母公司设置的子公司总量，X_{nit} 是 t 时期总部位于城市 n 的母公司在城市 i 设置的子公司总量。将式（7.5）转换后两边取对数，可得到：

$$\ln X_{nit}=-\theta\ln d_{nit}+\ln X_{nt}-\ln\phi_{nt}+\ln A_{nt}-\theta\ln c_{it} \tag{7.6}$$

式（7.6）提供了经验研究的框架。其中，X_{nt} 反映了规模效应，城市 n 的母公司设置的子公司总量越多，那么在 i 城市设立的子公司也可能更多；ϕ_{nt} 是 n 城市的市场可达性（Market Access）（Donaldson

和 Hornbeck，2016），反映了其投资市场的广度；A_{nt} 反映了城市 n 的平均生产效率；c_{it} 反映了投资目的地 i 的平均生产成本，包括劳动力与土地等要素成本以及集聚经济的大小等。根据这一关系式，在保持城市 n 和 i 的特征不变的情况下，跨地经营的信息成本 d_{ni} 越高，总部位于城市 n 的上市公司在城市 i 设置的子公司总量 X_{ni} 越少，则跨地投资流越少。来源地—目的地之间的成本 d_{nit} 一部分取决于不随时间变化的因素（δ_{ni}），如城市间距离、文化联系、行政壁垒等，另一部分决定于交通基础设施改善带来的交通成本下降（$Time_{nit}$）。

基于这一框架，实证部分关注交通网络扩张带来的城市间时间距离的改变对城市间投资流的影响。交通网络扩张的影响主要通过参数 d_{nit} 起作用，具体地，式（7.6）可写作：

$$\ln X_{nit} = \underbrace{\beta \cdot \ln Time_{nit} + \delta_{ni}}_{-\theta \ln d_{nit}} + \underbrace{u_{nt}}_{\ln X_{nt} - \ln \phi_{nt} + \ln A_{nt}} + \underbrace{\eta_{it}}_{-\theta \ln c_{it}} + \varepsilon_{nit} \tag{7.7}$$

据此提出待检验的研究假说：

假说 1. 城市间时间距离越短，上市公司异地子公司投资规模越高。

若将上述分析拓展到多行业，需要考虑到不同行业跨地经营所面临的信息成本有差异。子公司与总部之间的距离越远，母公司监管者越难获得子公司的经营信息，也无法及时做出管理决策来应对企业经营问题，其决策将依赖于共同知识，即通过外部环境和行业的基本形势推断子公司经营的内部信息。对于中国国企下放的实证研究发现，行业内企业业绩异质性越强，即监管者越难以判断国企绩效，下放的可能性对国企到控制政府的距离越敏感（Huang 等，2017），从而验证了本地信息匮乏导致国企下放的作用机制。黄张凯等（2016）发现，行业经营业绩波动性越大，偏远的地理区位对于当地公司 IPO

发行价格扭曲越高。沿着上述思路，行业内企业经营业绩的不确定性越高，母公司的监管者将越依赖于本地信息，即子公司自身经营状况的信息。因此，考虑到行业差异，跨地经营的信息成本可写作 $\ln d_{nikt}=u_k \cdot \ln Time_{nit}+\delta_{nit}$，其中 u_k 为行业 k 的企业经营业绩的不确定性。在这一设定下，行业业绩的不确定性使得距离带来的信息成本呈现指数级增加。式（7.7）可重新写作：

$$\ln X_{nikt} = \beta \cdot u_k \cdot \ln Time_{nit} + \delta_{ni} + u_{nt} + \eta_{it} + \varepsilon_{nit} \tag{7.8}$$

根据式（7.8），在保持城市 n 和 i 的特征不变的情况下，行业内企业经营业绩不确定性 u_k 越高，跨地投资的规模对于时间距离 t_{ni} 的改变越敏感，即假说 2。这一关系可以用来检验交通网络扩张对于跨地区投资流的信息成本机制。

假说 2. 行业内企业经营业绩越不确定，上市公司异地子公司投资规模的时间距离弹性越高。

第四节　实证思路与数据

一、实证思路

1. 城市对加总层面

实证研究的第一部分将上市公司、异地子公司的微观数据加总至所在城市，分析交通网络扩张带来的城市对时间距离的改变对于城市间异地投资数量及规模的影响。基准回归采用式（7.7）设定，因变量 X_{nit} 是城市 n 的上市公司在城市 i 设立的子公司的数量和注册资本总额，用以衡量跨地投资流动数量和规模。由于因变量存在大量 0

值，即城市之间在特定年份没有投资流，做对数变换时需要做特定处理，以确保数据满足正态分布。文献中常用的变换方式是 ln（$1+X$），但当 X 的数值较小时，这一变化将导致回归结果出现较大误差。为处理这一问题，因变量采用反双曲正弦（Inverse Hyperbolic Sine）变换，其基本形式为：ihs（x）$=\log\left(\sqrt{x^2+1}+x\right)$（类似应用参见 Friedline 等（2015）、Faber 和 Gaubert（2019）、Card 等（2020）等）。

核心自变量 $Time_{nit}$ 表示城市间在国道、高速公路、铁路、高铁 4 种交通方式下的最短通车时间；系数 β 衡量了城市间投资流的时间距离弹性。由于企业跨地区沟通和监督成本更依赖于客运而非货运交通，结合数据的可得性，本章着重分析近年来高速铁路网络的扩张对于上市公司异地投资的影响——$Time_{nit}$ 随年份可变的部分仅受高铁网络扩张的影响，因此 β 捕捉了高铁网络对城市间投资的影响（详见“数据”部分）。

估计交通网络扩张对于企业异地投资的影响时可能面临的主要内生性问题是，交通基础设施的建设（高铁站的设立）可能与城市目前以及未来的经济活力密切相关，而两个城市间建立高铁网络也可能与它们之间的经济联系程度相关。在基准回归中，我们纳入 3 组固定效应，以解决以下遗漏变量问题：

（1）交通网络设置可能与不随时间改变的城市对关系有关，如地理、文化、社会网络等，纳入城市对固定效应（δ_{ni}）以排除这一问题。

（2）每个城市受到随时间变化的经济冲击不同，交通线路的选址决策可能与此有关[①]，这也是大多数交通设施经济效应的研究面临的共同问题。由于本章关注的变异（variation）来自城市对层面，因此可以纳入目的地（子公司所在地级市 i）× 年份（η_{it}）和发起地（母公

① 比如高铁站更有可能设立在未来发展潜力更大的城市。

司所在城市 n）× 年份（u_{nt}）固定效应以排除这一问题。相较于已有文献只控制不随时间变化的城市固定效应，本章的设定可以控制随时间变化的城市固定效应，以最大程度解决交通网络扩张的内生性问题。

（3）对于处于不同距离范围的城市对而言，它们之间的产业联系会有所不同，导致这些城市对不具有直接的可比性，比如上海与南京之间的经济联系紧密度会高于上海与西安，并且随着时间推移，前者的紧密程度会不断加深。为确保城市对的可比性，纳入城市对地理距离与年份虚拟变量的交叉项（λ_{dt}）。具体地，按城市对之间地理距离的十分位数将城市对分为 10 组（d=1，…，10），每一组与每一个年份虚拟变量组成交叉项（共 10 × 13=130 个）。这一设定在估计行政边界对于交通网络扩张的异质性效果时较为重要，因为跨省和同省的城市对在物理距离上存在较大差异，只有在相同的距离范围内比较跨省和同省城市对才更有意义。

此外，考虑到残差项的相关性导致标准误的估计有偏，所有回归采用聚集到城市对的标准误[①]。

2. 子公司层面

第二部分的实证研究在子公司层面展开。为检验信息成本作用机制，基于式（7.7）的设定框架，分析行业经营业绩的不确定性对于异地投资的时间距离效应产生的影响，具体的回归模型设定如下：

$$\mathrm{Ln}X_{st} = \alpha \cdot \mathrm{Ln}\,Time_{nit} \cdot u_k + \beta \cdot \mathrm{Ln}\,Time_{nit} + \gamma \cdot Roe_{ht} + u_{nt} + \eta_{it} + \delta_{ni} + \kappa_t + \kappa_t \cdot d_{ni} + \eta_h + \varepsilon_{st} \tag{7.9}$$

考虑到数据可得性，用以下指标衡量异地子公司 s 的投资规模

① 稳健性检验进一步考虑了残差项在城市对、城市—年份层面的相关性，采用聚集到城市对、出发地 × 年份、目的地 × 年份的标准误（Cameron 等，2011），主要结果保持不变。限于篇幅，此部分结果未做汇报。

X_{st}：子公司注册资本、上市公司对子公司的控制权比例、子公司注册资本与上市公司对子公司的控制权比例的乘积。s 代表子公司，t 代表年份。h 代表子公司所属上市公司，η_h 为上市公司固定效应。上市公司的异地投资规模可能与公司盈利有关，上市公司盈利越高，异地投资规模可能越大。同时，交通网络的改善可能提高公司盈利从而对异地投资产生影响。因此，在公司层面的回归中，纳入上市公司净资产收益率 Roe_{ht} 来控制母公司盈利性。式（7.9）包含了基准回归（式（7.7））中的控制变量。

在式（7.9）中，下标 k 代表上市公司所属行业。根据中国证监会上市公司行业分类指引，确定上市公司所属行业门类（一位数代码）和行业分类（二位数代码）。由于上市公司以制造业为主，属于制造业门类的上市公司采用行业分类（二位数代码）来识别，其他上市公司用行业门类（一位数代码）来识别。在式（7.9）中，u_k 为行业经营业绩不确定性。该指标越高说明通过行业共同知识判断企业的经营业绩更困难。结合数据可得性，采用以下策略衡量行业经营业绩不确定性。用证券分析师对上市公司的业绩预测来代表利用行业共同知识对于公司业绩的预测。分析师充分了解宏观环境和行业走势，但对具体公司的内部运营情况缺乏充分信息，因此分析师预测在一定程度上可以衡量利用共同知识判断子公司运营绩效的可能性。分析师对同一家上市公司的业绩预测误差的离散度越高说明该公司的经营情况越难以有共识性判断，即难以用行业或历史走势判断公司经营绩效，此时管理层决策更依赖于企业具体经营情况的信息。具体地，用每股收益来衡量公司经营绩效，采用 CSMAR 数据库中的股票分析师对每股收益的预测数据，结合真实每股收益，计算每个上市公司的专家预测误差，对每一上市公司计算预测误差标准差。最后求出研究期间（分析师预测数据截至 2014 年）的行业平均每股收益预测误差的标准差（式

（7.10）)，用以衡量行业经营业绩不确定性[①]。若交通网络扩张的信息成本机制成立（研究假说 2），推测城市间最短通行时间和行业经营业绩不确定性的交叉项系数 α 应显著小于 0。

$$行业经营业绩不确定性_k = \sum_{t=2005}^{2014}\sum_{h=1}^{h_k} \mathrm{Std}_{hkt} \tag{7.10}$$

（真实每股收益 − 分析师预测每股收益）

其中，h_k 代表行业 k 中的上市公司数量，t 代表年份，Std 代表标准差。

3. 上市公司层面

由于缺乏子公司层面的管理成本数据，第三部分的实证研究在上市公司层面展开。采用式（7.11）分析子母公司间的通行时间变化对上市公司或子公司管理监督成本的影响。

$$\mathrm{Ln}y_{ht} = \beta \cdot \mathrm{Ln}Ave\_Time_{ht} + \gamma \cdot Roe_{ht} + u_{it} + \kappa_t + \eta_h + \varepsilon_{ht} \tag{7.11}$$

其中因变量 y_{ht} 为上市公司 h 的集团公司和子公司管理费用，数据来源于上市公司合并报表和母公司财务报表。这一指标衡量了企业为组织和管理企业生产经营所发生的管理费用。Ave_Time_{ht} 为上市公司 h 的所有异地子公司到母公司的平均通车时间。若上市公司与异地子公司的平均通行时间缩短降低了上市公司管理费用，那么系数 β 应显著大于 0。控制变量包括上市公司净资产收益率 Roe_{ht}、上市公司所在城市 × 年份固定效应 u_{it}、年份固定效应 κ_t、上市公司固定效应 η_h。

---

① 衡量行业经营业绩不确定性的另一常见方法是，从历史波动趋势的角度，计算研究期的平均行业每股收益的标准差。这一指标隐含着决策者将根据行业业绩的历史信息判断具体公司的经营情况。这一衡量方式存在缺陷，因为上市公司的管理层所拥有的信息来源远比历史信息更为丰富，相较而言，分析师拥有的行业信息更接近上市公司的管理层，因此分析师预测误差的离散程度作为公司业绩不确定性指标更贴近本研究的研究目的。

二、数据

1. 交通网络

根据截至2017年底的中国高铁线路图，本研究收集了“四纵四横”、城际快速客运系统共64条线路的沿线高铁站信息，通车时间分布在2005—2017年，分布在185个地级市（包含直辖市、地区）。基于百度API确定高铁站经纬度信息，在此基础上使用ArcGIS软件，生成历年高铁线路图。高速铁路运行时速设置为运营时速，在200 km/h到350 km/h之间。2010年的国道、高速公路、铁路线路数据来自Baum-Snow等（2017），3种交通方式的通行时速分别设定为60 km/h、100 km/h、100 km/h。基于百度API确定各地级市火车站经纬度以及地级市经济中心（市政府所在地）。基于上述线路数据，利用ArcGIS软件中的OD Cost Matrix分别计算4种交通方式下的地级市经济中心（市政府所在地）或铁路站、高铁站之间的最短通行时间。最后，在4种交通方式中选取通行时间最小值作为地级市间最短通车时间。对于国道、高速公路、铁路或高速铁路没有直接通车的城市对，最短通行时间设置为100小时。限于数据，交通网络的构造过程可能存在下列问题：第一，不能考虑不同交通方式间的换乘，鉴于换乘将为商务出行带来较高的时间成本，这一问题对实证结果的影响较小；第二，未考虑国道、高速公路和普通铁路网络等随时间可变，即本研究构造的城市对最短通行时间随年份可变的部分仅受高铁网络扩张的影响，可能导致城市间的可达性被低估①；第三，航空可能受到安检时间、飞行延误等不确定因素的影响，造成实际通行时间的增加，因此

① 基于中国交通年鉴数据，从2005年到2016年，铁路客运量（含高铁）上升了143%，公路客运量下降了0.09%。因此推断高速公路扩张对于本研究的研究结果影响不大。

在城市对通行时间的构造中，未考虑城市间航线的影响。实证部分的稳健性检验将专门分析航空的影响，实证结果将证明考虑航空后并不影响本研究的基本结果。

2. 上市公司数据

上市公司数据来自国泰安数据库的“上市公司子公司基本情况”以及“上市公司关联交易基本情况”，在 2005—2017 年间共计 379552 个存量子公司。根据上市公司年报附录中股权投资信息中披露的子公司信息，匹配辅以手动搜索确定子公司所在地级市。去掉同城样本以及跨国样本后，跨地投资的子公司数量共计 225143 个。根据上市公司（即母公司）和子公司所在的地级市信息，将子公司数量和注册资本加总至地级市城市对层面，形成母公司地级市—子公司地级市—年份面板数据，时间跨度为 2005—2017 年。城市对的界定体现投资方向，即每一城市对样本为由投资发起地到目的地。值得注意的是，38% 的子公司缺失注册资本信息，这使得城市对层面的注册资本加总结果存在较大误差。对于无投资流动的城市对，子公司投资数量、注册资本等变量设置为 0，在样本期间约 90% 的城市对始终没有投资关系。

3. 描述性统计

图 7.4 展示了城市对互通高铁的年份分布，高铁通车的高峰发生在 2013 年和 2014 年。以城市对是否互通高铁（截至 2017 年）作为分组标准，表 7.1 从城市对层面、母公司层面、子公司层面比较了主要变量的均值。根据城市对层面的加总数据（Panel A）显示，互通高铁的城市对的子公司数量和注册资本规模均显著高于无高铁互通的城市对，同时，前者的平均最短通行时间比后者快 25 小时。在母公司层面（Panel B），若母公司所在城市开通高铁，母公司对于子公司的平均控股比例、子公司注册资本规模、母公司控股比例 × 子公司注册资本均高于未开通高铁城市。类似地，在子公司层面（Panel C），若子母公

司所在的城市对互通高铁，那么3类投资指标均高于未互通高铁的城市对。总的来看，上述数据特征与基本直觉一致，后文将利用更严谨的实证模型展开分析。

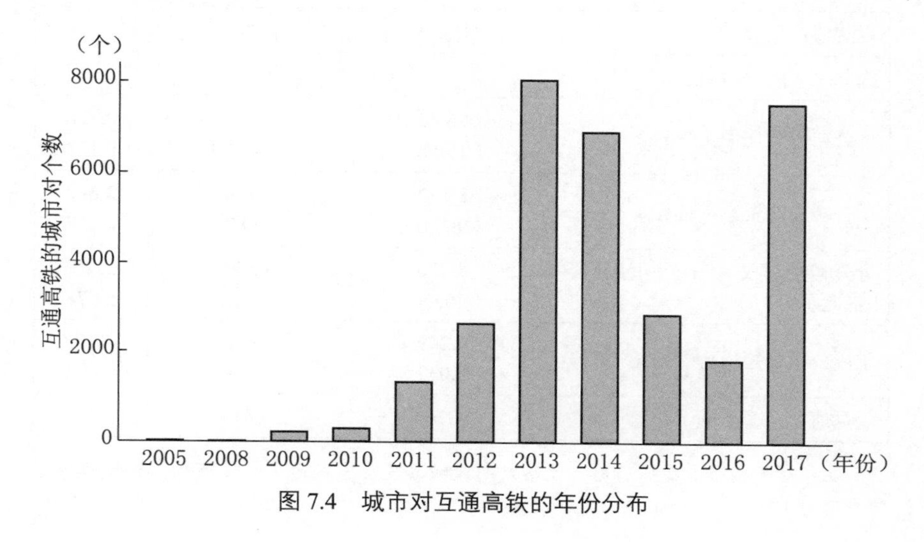

图 7.4　城市对互通高铁的年份分布

表 7.1　描述性统计

	高铁互通城市对	无高铁互通城市对	差值
Panel A. 城市对层面			
城市对子公司数量（个）	0.231 （208）	0.028 （0.384）	0.202 （0.002）
城市对子公司注册资本加总（亿元）	1.369 （384.8）	0.110 （77.33）	1.259 （0.396）
城市对最短通行时间（小时）	14.17 （14.88）	39.55 （35.91）	−25.38 （0.0580）
观测值	414232	1040338	—
Panel B. 母公司层面			
母公司平均控股比例（%）	8.893 （16.89）	7.689 （12.22）	1.204 （0.299）
子公司注册资本加总（亿元）	52.82 （3073）	29.43 （1282）	23.40 （51.43）
母公司控制权 × 子公司注册资本加总（亿元）	42.81 （2400）	17.66 （655.9）	25.15 （39.51）

续表

	高铁互通城市对	无高铁互通城市对	差值
子母公司平均通行时间（小时）	8.169 （7.830）	15.54 （19.72）	−7.373 （0.229）
观测值	12478	2095	—
Panel C. 子公司层面			
母公司控股比例（%）	86.40 （19.58）	86.17 （19.36）	0.226 （0.132）
子公司注册资本（亿元）	8.520 （904.0）	5.718 （559.7）	2.802 （6.777）
母公司控制权 × 子公司注册资本（亿元）	6.926 （769.9）	3.509 （286.2）	3.417 （5.578）
子母公司最短通行时间（小时）	7.249 （8.033）	19.11 （26.14）	−11.86 （0.098）
观测值	93760	28819	—

注：对于国道、高速公路、铁路或高速铁路没有直接通车的城市对，最短通行时间设置为100；括号中汇报的是标准差。

第五节　时间距离对城市对投资流的影响

为考察交通网络的扩张在多大程度上促进了中国要素市场一体化，本节分析城市间的时间距离变化对于上市公司异地投资规模的影响。

一、基本结果

表7.2汇报了城市对层面的交通网络扩张对于城市对投资流的影响的基本结果。根据式（7.7）的设定，因变量是城市 n 的上市公司（母公司）在城市 i 设立的子公司数量和注册资本总额（取对数），核心自变量是城市 n 与 i 之间的最短通车时间（对数）。表7.2第（1）列和第（2）列仅控制了城市对固定效应，结果显示，子母公司所在地

级市之间的时间距离越短，城市对层面的子公司数量及规模越大，时间距离弹性分别为 0.092 和 0.356。也就是说，城市间的最短通行时间每降低 10%，城市间的子公司投资数量和规模分别显著增加 0.92% 和 3.56%。

由于交通线路的选址决策与城市特征有关，已有研究大多通过限定样本范围、寻找工具变量等方式试图缓解这一问题。与多数研究不同，由于采用了城市对层面的研究样本，本章可以控制投资目的地（子公司所在地级市 i）× 年份和发起地（母公司所在城市 n）× 年份固定效应，能够完全排除城市层面的交通线路选址问题。纳入这两组固定效应后，表 7.2 第（3）列和第（4）列显示，城市对层面的子公司投资数量和规模的时间距离弹性分别缩小至 0.053 和 0.21，但依然高度显著。为控制不同距离的城市对之间的市场一体化趋势差异，第（5）列和第（6）列纳入了城市对距离分组哑变量 × 年份固定效应。这一设定使得回归的对照组限定在地理距离差距接近的城市对之间，在更大程度上确保了城市对间的可比性。结果显示，城市对层面的子公司投资数量和规模的时间距离弹性分别缩小至 0.043 和 0.175，但显著性不受影响。为更直接地考察高铁连通的作用，第（7）列和第（8）列估计了城市间是否开通高铁对于投资流的影响。城市对互通高铁后，相较于通车前以及未通车城市对，上市公司子公司投资数量上升了 4.1%，注册资本总量上升了 17.2%。

总体而言，上述结果验证了交通网络扩张通过破除企业跨地经营的地理障碍，显著推动了企业异地投资规模的提升。值得特别指出的是，表 7.2 的回归结果一致表明，总投资规模对于城市间时间距离的弹性要大于投资数量。这说明由高铁推动的交通网络扩张不仅提高了异地设立子公司的数量，而且提升了投资强度。上述发现的意义在于，一方面，企业投资是资本流动的重要载体，要素跨地流动成本的降低

表 7.2　城市对交通扩张与上市公司异地子公司投资

	（1）	（2）	（3）	（4）	（5）	（6）	（7）	（8）
	Ln（数量）	Ln（资本）	Ln（数量）	Ln（资本）	Ln（数量）	Ln（资本）	Ln（数量）	Ln（资本）
Ln（城市对最短通车时间）	−0.0921*** （0.00286）	−0.356*** （0.0207）	−0.0526*** （0.00280）	−0.209*** （0.0263）	−0.0428*** （0.00270）	−0.175*** （0.0261）		
城市对通高铁后							0.0411*** （0.00238）	0.172*** （0.0246）
城市对、年份固定效应	是	是	是	是	是	是	是	是
子公司所在城市 × 年份	否	否	是	是	是	是	是	是
母公司所在城市 × 年份	否	否	是	是	是	是	是	是
城市距离 × 年份	否	否	否	否	是	是	是	是
观察值	1454570	1454570	1454570	1454570	1444194	1444194	1454570	1454570
R^2	0.737	0.669	0.789	0.685	0.791	0.685	0.791	0.685

注：研究样本为地级市城市对；因变量为城市 n 的上市公司（母公司）在城市 i 设立子公司的数量和注册资本总额（取对数）；第（1）—（6）列的核心自变量是城市间在国道、高速公路、铁路、高铁 4 种交通方式下的最短通车时间（取对数），第（7）列和第（8）列的核心自变量为高铁通车事件，若城市 n 和城市 i 在 t 年有高铁连通，等于 1，否则等于 0；固定效应包括目的地（子公司所在地级市 i）× 年份、发起地（母公司所在城市 n）× 年份、城市距离 × 年份以及城市对固定效应；其中城市距离 × 年份固定效应，指的是城市对距离按十分位数分组的虚拟变量乘以年份固定效应；括号中是聚类到城市对层面的标准误；*** $p<0.01$，** $p<0.05$，* $p<0.1$。

将进一步带来配置效率的改善；另一方面，企业跨地组织生产活动也促进了技术在区域间的扩散，最终加强城市间的经济联系，推动市场一体化发展。

二、稳健性检验

基准回归分别控制了子、母城市所在城市 × 年份固定效应，从而排除了城市层面的内生性问题。进一步，城市对固定效应能够控制不随时间改变的城市对投资关系特征（如城市对之间特定的经济联系），距离分组哑变量 × 年份固定效应在一定程度上控制了随时间改变的特征。然而，未控制的其他时变因素仍可能导致结果产生偏误。本章的内生性问题集中体现在高铁线路走向决策上。例如，从推动地区间经济联系的角度，交通线路更可能连通历史上投资关系密切的城市对，或为了发展城市间投资关系而改善交通网络，或从区域经济平衡发展的角度，交通线路更可能连通投资关系并不密切的城市对。前两种情况可能导致基准回归结果高估，后一种情况可能导致低估。

处理上述问题的一种思路是，去掉处于同一高铁线路的城市对样本，这时的处理组为间接连通高铁网络的城市对样本。考虑到某一高铁线路走向较少受到途经城市与线路外城市的投资关系的影响，这一处理可进一步缓解潜在的内生性问题。图 7.5 给出了这一思路的示意图，以京广高铁（2012 年全线通车）和沪昆高铁（2016 年全线通车）为例，考察两条线路上的 4 个城市，即邢台、邯郸、抚州、鹰潭。同一高铁线路连通的城市对为京广高铁线上的邢台—邯郸和沪昆高铁线上的抚州—鹰潭。我们在接下来的回归中将去掉邢台—邯郸、抚州—鹰潭，处理组为间接连通高铁的城市对——邢台—抚州、邢台—鹰潭、邯郸—抚州、邯郸—鹰潭。在 2016 年沪昆高铁开通后，上述城市对的最短通车时间由 2015 年的 12.14 小时、12.52 小时、11.65 小时、12 小时分别缩短至 2016 年的 5 小时、4.86 小时、4.81 小时、4.67 小时。我们将利用以上变异识别企业跨地投资的时间距离弹性。表 7.3 第（1）列和第（2）列的结果表明，城市对层面的投资数量和规模的时间距离弹性分别为 0.0304 和 0.122，这一数值略低于基准回归［表 7.2 的第（5）列和第（6）列］的预测（0.0428 和 0.175），但仍然高度显著。

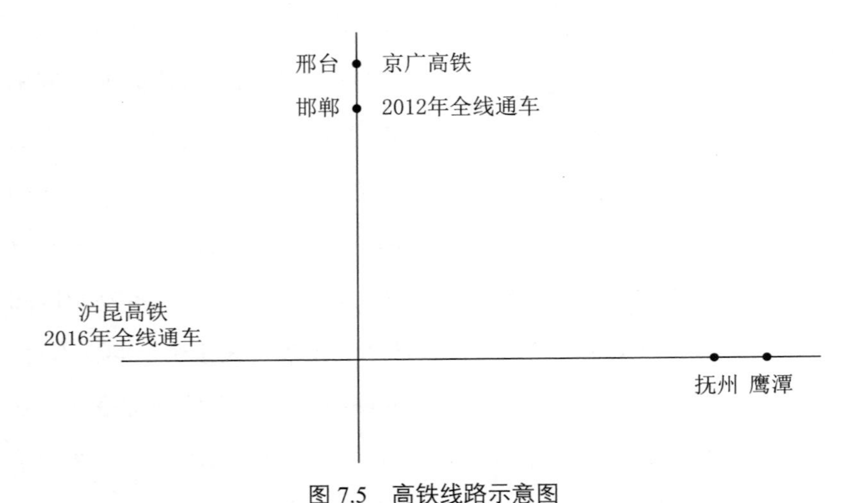

图 7.5　高铁线路示意图

基准回归使用了样本期内未连通高铁的城市对，以及连通高铁城市对在连通之前的样本做控制组。考虑到开通和未开通高铁的城市可能存在其他一些不可观测的异质性特征，为保证处理组和控制组的可比性，表 7.3 的第（3）列和第（4）列只采用样本期内已通高铁的城市对样本，此时控制组变为最终连通高铁但时间晚于处理组的城市对。结果显示，城市对层面的投资数量和规模的时间距离弹性分别为 0.0305 和 0.140，这一数值与第（1）列和第（2）列的结果差异不大，略低于基准回归。

基准回归中并未考虑城市间航空的影响，导致高估部分城市对由于高铁开通带来的时间成本下降，从而低估企业异地投资对于交通成本的弹性。由于控制了城市对固定效应，航空对于本章结果的影响仅存在于研究起点（2005 年）后有新航线开通的城市对。由于缺乏城市间航线数据，为确保结果稳健性，表 7.3 的第（5）列和第（6）列去掉了双边都有机场并且至少一个城市的启用时间为 2005 年后的城市对，其余的研究样本不受航空通行影响。回归结果与基准回归［表 7.2 的第（5）列和第（6）列］基本一致。中国的航空业可能受到安检时间、飞行延误等不确定因素的影响，因此受到高铁网络的巨大冲击，尤其是对于中短途的出行需求。根据本章的结果，虽然高铁网络的形成在时间上落后于航空网络，但对于企业异地投资而言，高铁仍然发挥了不可替代的作用。

表 7.3　内生性处理

	（1）	（2）	（3）	（4）	（7）	（8）
	去掉高铁直接连通		只保留高铁城市对		去掉机场城市对	
	Ln（数量）	Ln（资本）	Ln（数量）	Ln（资本）	Ln（数量）	Ln（资本）
Ln（城市对最短通车时间）	−0.0304*** （0.00234）	−0.122*** （0.0229）	−0.0305*** （0.00513）	−0.140** （0.0553）	−0.0454*** （0.00299）	−0.205*** （0.0301）
城市对、年份、子公司所在城市 × 年份、母公司所在城市 × 年份、城市距离分组 × 年份固定效应均已控制						
观察值	1413308	1413308	414206	414206	1155388	1155388
R^2	0.758	0.660	0.830	0.717	0.800	0.691

注：研究样本为地级市城市对，第（1）列和第（2）列去掉了高铁直接连通的城市对（位于同一条高铁线路上），第（3）列和第（4）列只保留了高铁城市对，第（5）列和第（6）列去掉了双边都有机场且其中之一的启用时间为 2005 年后的城市对；因变量为城市 n 的上市公司（母公司）在城市 i 设立的子公司的数量和注册资本总额（取对数），括号里是聚类到城市对层面的标准误；*** p＜0.01，** p＜0.05，* p＜0.1。

三、异质性分析

1. 距离异质性

时间距离对城市对投资流的影响可能不是线性的。时间距离的水平值较高时，由于地理距离较远的城市对之间不易开展业务，投资流动可能对城市间时间距离的改变不敏感。图 7.6 的 A 和 B 将城市对按地理距离的十分位数划分为 10 组，考察了不同地理距离的城市对之间的投资规模的时间距离效应。与上述猜测一致，地理上越接近，城市对异地投资规模的时间距离效应越强。对于地理距离位于第 1 分位数（460 km 以内）的城市对来说，投资流对于时间距离的改变最为敏感：时间距离缩短 1%，异地投资子公司数量提高约 8%，总注册资本提高约 60%。随城市对地理距离变远，异地投资的时间距离效应逐渐

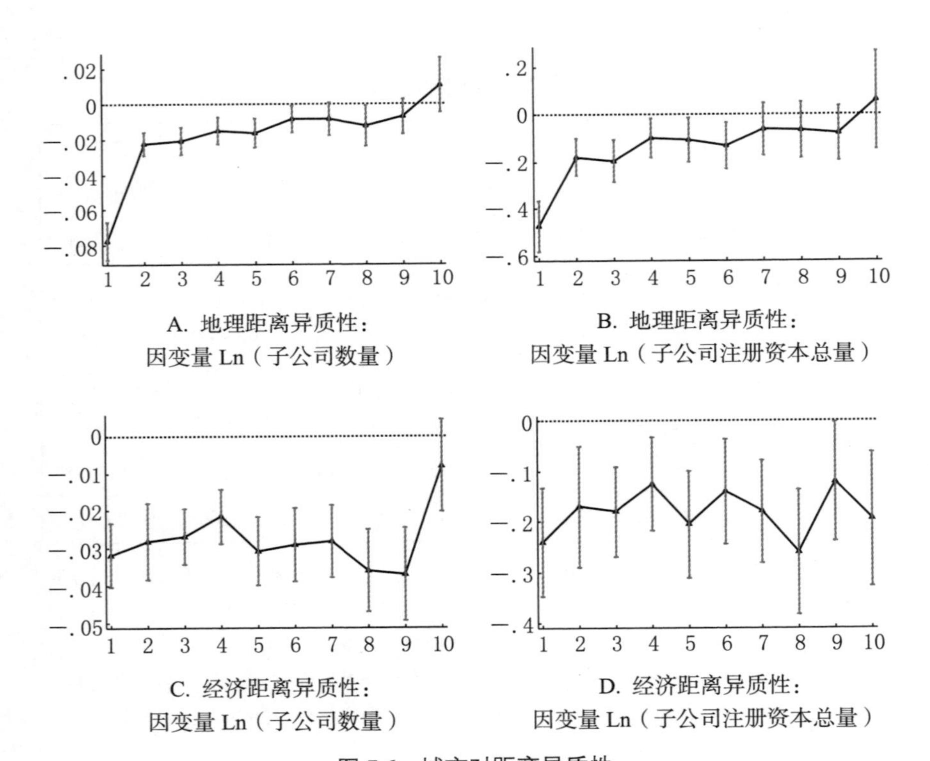

A. 地理距离异质性：
因变量 Ln（子公司数量）

B. 地理距离异质性：
因变量 Ln（子公司注册资本总量）

C. 经济距离异质性：
因变量 Ln（子公司数量）

D. 经济距离异质性：
因变量 Ln（子公司注册资本总量）

图 7.6　城市对距离异质性

注：横轴根据城市对物理或经济距离的十分位数，分为 10 组图中汇报了最短通车时间对于不同分组的城市间子公司投资的影响［即式（7.7）中的系数 β］及其置信区间。为识别地理距离的异质性效应，A 和 B 在基准回归设定的基础上，去掉了城市地理距离 × 年份固定效应。其中，经济距离 = 城市对经济发展差距 = 地级市 2005 年的人均 GDP 之差的绝对值。

缩小，直至在第10分位数处（2615 km—4631 km）衰减为0。图7.6的C和D进一步考察了经济距离的作用。若城市间的经济发展水平更接近，即经济距离更接近，是否意味着时间距离缩短后更可能开展商业合作？类似此前的设定，根据地级市2005年的人均GDP差距的绝对值，将城市对分为10等份。结果显示，对于不同的经济距离分组而言，异地投资规模的时间距离效应并无明显差异。即城市间的经济差距并不影响投资流的时间距离效应。

2. 投资流向异质性

前述的分析并未考虑城市对的投资流向问题。交通网络的扩张更多促进了企业投资从欠发达地区流向发达地区还是相反？基于新经济地理学的中心—外围理论，城市间货物运输成本的降低将促进生产集中分布，体现为要素从欠发达地区向发达地区迁移的虹吸效应（Krugman，1991）。表7.4将基准回归中的时间距离效应按投资流向进行分解，构造了城市对最短通车时间与一系列投资流向虚拟变量的交叉项。第（1）列和第（2）列按城市的相对发达程度区分投资流向，其中从发达到欠发达城市指的是上市公司所在地级市（投资发起城市）2005年人均GDP超过子公司所在地级市（投资目的地）。结果显示，相较于从欠发达到发达城市，时间距离的缩短对发达到欠发达城市的异地投资数量和规模有更强的促进效应。由于城市间的时间距离改变捕捉的是高铁网络扩张的效应，上述结果意味着客运交通网络的发展并未产生明显的虹吸效应，因而在一定程度上能够推动区域平衡发展。与此相对的是，有研究发现区域间货物贸易成本的降低对中心城市发展产生显著推动作用，但对外围城市产生了显著的抑制效应（Faber，2014；Qin，2017；Baum-snow等，2020）。

表7.4的第（3）列和第（4）列根据城市所在区域分为东部、中西部两类，投资流向分为东部到东部、中西部到中西部、东部到中西

部、中西部到东部 4 类。比较 4 类时间距离效应可以发现，交通网络扩张对投资流动的促进效应主要集中在东部城市内部：城市对的通车时间每缩短 1%，东部城市间的子公司投资数量和规模分别提升 9.04% 和 56.8%。东部到中西部的异地投资的时间距离效应次之，但数量上已大大减弱，分别为 1.79% 和 11.4%。中西部城市间的时间距离效应略小于东部到中西部，分别为 1.12% 和 6.66%。交通网络的促进效应在中西部到东部的投资中最弱，异地投资的时间距离效应分别为 0.73% 和 8.92%，这说明客运交通网络的扩张并未产生大量中西部地区的投资被吸入东部地区的虹吸现象。

已有研究发现，资本回报率在城市之间存在显著差异（Dollar 和 Wei，2007；Chen，2017），也就是说，跨越行政区的资本错配广泛存在。资本为何没有配置到效率最高的地区？资本的跨区流动为何受阻？本部分的结果说明，地理距离和行政壁垒因素的作用均不可忽视。总的来说，交通网络的发展促进了投资从经济发展水平较高的地区流向较差的地区，在某种程度上有助于实现地区间经济发展平衡，但该效应主要局限在东部地区或同一省份。这很可能是由于上市公司以制造业为主，制造业子公司倾向于选择在要素成本更低的中小城市，而将总部置于大城市以利用多样化带来的集聚经济（Duranton 和 Puga，2005），因而交通网络的扩张能够促进企业投资由发达地区向欠发达地区转移。然而，由于跨地区投资存在形形色色的行政壁垒，投资流动更可能在同一行政区内部进行。习近平总书记（2019）提出，“要消除歧视性、隐蔽性的区域市场壁垒，打破行政性垄断，坚决破除地方保护主义”。本部分结果表明，尽管交通基础设施的发展为市场一体化提供了推动力，但区域市场壁垒的打破仍任重而道远。城市群规划能够为跨省投资提供协调机制，为行政壁垒问题提供了可行的解决之道。

表 7.4　区分投资流向的时间距离效应

	（1）	（2）	（3）	（4）
	Ln（数量）	Ln（注册资本）	Ln（数量）	Ln（注册资本）
Ln（城市对最短通车时间）× 从欠发达到发达	−0.0241*** （0.00243）	−0.173*** （0.0304）		
从发达到欠发达	−0.0321*** （0.00258）	−0.197*** （0.0300）		
东部—东部			−0.0904*** （0.00601）	−0.568*** （0.0627）
中西部—中西部			−0.0112*** （0.00240）	−0.0666** （0.0301）
东部—中西部			−0.0179*** （0.00286）	−0.114*** （0.0377）
中西部—东部			−0.00731*** （0.00245）	−0.0892*** （0.0321）
城市对与年份、子公司所在城市 × 年份、母公司所在城市 × 年份、城市距离分组 × 年份固定效应均已控制				
观察值	1454570	1454570	1454570	1454570
R^2	0.745	0.645	0.746	0.645

注：研究样本为地级市城市对；因变量为城市 n 的上市公司（母公司）在城市 i 的设立的子公司的数量和注册资本总额（取对数），核心自变量为城市对最短通车时间（取对数）与城市对特征的乘积；若上市公司所在地级市（投资发起城市）的 2005 年人均 GDP 超过子公司所在地级市（投资目的地），则从发达地区到欠发达地区 =1，反之 =0；若上市公司所在地级市（投资发起地）和子公司所在地级市（投资目的地）均位于东部，则东部—东部 =1，否则 =0；中西部—中西部、东部—中西部、中西部—东部等虚拟变量的设定方式以此类推；括号中是聚集到城市对的标准误；*** $p<0.01$，** $p<0.05$，* $p<0.1$。

第六节　机制讨论

本部分从子公司层面检验子母公司之间时间距离的改变对异地子公司投资规模的影响，在此基础上从信息成本的视角说明时间距离效应的作用机制。采用以下指标衡量上市公司对异地子公司的投资规模：子公司注册资本、上市公司对子公司的控制权比例、子公司注册资本与上市公司对子公司的控制权比例的乘积。表 7.5 的（1）—（3）列检验了子母公司所在城市的最短通车时间对于异地子公司投资规模的总体影响。与城市对层面的研究结果一致，子母公司之间的时间距离越短，异地子公司的总体投资规模越大、上市公司控制权比例越高、上市公司对于异地子公司的投资规模越大。上市公司控制权比例变量不显著，可能由于该变量的变异不足——在半数以上的样本中，该变量的数值为 100%。

表 7.6 的（1）—（3）列在表 7.5 的基础上进一步控制了上市公司 × 年份固定效应，关注上市公司的内部资本在其子公司间的配置问题：在公司内部资源保持不变的情况下，上市公司是否将更多资本配置到受益于交通网络扩张的城市，而将更少资本配置到未受益城市？实证结果验证了这一猜测，对于同属一家上市公司（母公司）的子公司而言，在母公司规模保持不变的情况下，位于交通网络扩张的受益城市的子公司获得了更多的资本投入——城市对时间距离每缩短 1%，受益城市的子公司投资规模相对扩大 5%，上市公司对于子公司的投资规模相对扩大 6%。这一结果与表 7.4 的发现一致，说明交通网络的扩张将导致交通网络受益地区和交通劣势地区的发展差距拉大。

现有研究强调了融资约束对于公司内部资源配置决策的重要性（Giroud 和 Mueller，2017），如果母公司融资约束足够低，那么子公司所在地区的需求冲击不会对其他地区的子公司投资产生溢出效应。类似地，对低融资约束的上市公司来说，某地时间距离的变化将不会影响上市公司对于其他地区的子公司投资规模的决策。为检验这一假说，用企业性质来反映企业面临的融资约束。根据现有研究，在金融系统扭曲的背景下，国企相对于其他类型企业具有更弱的融资约束（喻坤等，2014）。表7.6的（4）—（6）列加入子母公司最短通车时间与上市公司股权性质（国企=1，否则=0）的交叉项发现，交叉项系数不显著或显著大于0。这说明国企内部资金的跨地分配对于交通网络的扩张并不敏感，这一结果与文献提出的融资约束假说（Giroud和Mueller，2017）一致。

表7.5的（4）—（6）列进一步探讨交通网络扩张对异地投资的影响机制。根据第三部分的分析，所在行业的经营业绩越不确定，母公司的监管者将越依赖于本地信息，即子公司自身经营状况的信息，此时异地投资对于子母公司之间的时间距离的改变将越敏感（假说2）。沿着这一思路，从专家预测的角度，采用研究期间的平均每股收益预测误差的标准差衡量行业经营业绩不确定性。该指标旨在用股票分析师的预测误差来反映母公司决策者对于子公司业绩的判断准确度。基于这一指标，构建了子母公司所在城市对的最短通车时间与行业经营业绩不确定性指标的交叉项。回归结果验证了研究假说2——行业经营业绩越不确定，异地子公司的投资规模对于子母公司间的时间距离的改变越敏感。经营业绩最不确定的行业（教育，标准化后的业绩不确定性为0.338）相较于业绩最确定的行业（电力、热力生产和供应业，标准化后的业绩不确定性为0.124），异地子公司的总投资规模以及上市公司对于异地子公司的投资规模的时间距离弹性是后者的1.14和1.15倍。这一结果从信息成本角度说明了交通网络扩张的经济效应。相较而言，已有研究多从运输成本的下降带来市场可达性的提升展开分析（如Donaldson和Hornbeck，2016；Donaldson，2018；Lin，2017），本研究的结果是对这一视角的有益补充。

上市公司异地投资的信息成本集中体现在跨地经营的管理费用上。

表 7.5　行业经营业绩不确定性、子母公司时间距离与子公司投资规模

	（1）	（2）	（3）	（4）	（5）	（6）
	Ln（子公司注册资本）	Ln（上市公司控制权比例）	Ln（子公司注册资本 × 上市公司控制比例）	Ln（子公司注册资本）	Ln（上市公司控制权比例）	Ln（子公司注册资本 × 上市公司控制比例）
Ln（子母公司最短通车时间）	−0.0461* （0.0259）	−0.00232 （0.00550）	−0.0514** （0.0261）	−0.0472* （0.0248）	−0.00237 （0.00564）	−0.0537** （0.0250）
Ln（子母公司最短通车时间）× 不确定性				−0.0337** （0.0141）	−0.00205 （0.00179）	−0.0406*** （0.0142）
控制净资产收益率、城市对固定效应、年份固定效应、城市 × 年份固定效应、上市公司固定效应、距离分组 × 年份固定效应						
观察值	85073	119503	83191	85073	119503	83191
R^2	0.566	0.369	0.564	0.567	0.369	0.564

注：研究样本为上市公司异地子公司；因变量为子公司注册资本、上市公司对子公司的控制权比例、子公司注册资本与上市公司对子公司的控制权比例的乘积（均取对数），核心自变量为子、母公司所在地级市的最短通车时间（取对数）；经营不确定性指标已标准化；括号中是聚集到城市对的标准误；*** $p<0.01$，** $p<0.05$，* $p<0.1$。

表 7.6 子母公司时间距离与母公司资源配置决策

	（1）	（2）	（3）	（4）	（5）	（6）
	Ln（子公司注册资本）	Ln（上市公司控制权比例）	Ln（子公司注册资本 × 上市公司控制比例）	Ln（子公司注册资本）	Ln（上市公司控制权比例）	Ln（子公司注册资本 × 上市公司控制比例）
Ln（子母公司最短通车时间）	−0.0503* （0.0271）	−0.00616 （0.00455）	−0.0610** （0.0276）	−0.0492 （0.0328）	−0.00948** （0.00473）	−0.0612* （0.0337）
Ln（子母公司最短通车时间）× 国企				−0.00207 （0.0359）	0.00697** （0.00332）	0.000481 （0.0376）
控制净资产收益率、城市对固定效应、年份固定效应、城市 × 年份固定效应、上市公司固定效应、距离分组 × 年份固定效应控制上市公司 × 年份固定效应						
观察值	83547	118447	81622	83547	118447	81622
R^2	0.613	0.699	0.617	0.613	0.699	0.617

注：研究样本为上市公司异地子公司；因变量为子公司注册资本、上市公司对子公司的控制权比例、子公司注册资本与上市公司对子公司的控制权比例的乘积（均取对数），核心自变量为子、母公司所在地级市的最短通车时间（取对数）；若上市公司股权性质为国企，则哑变量国企 =1，否则 =0；括号中是聚集到城市对的标准误；*** $p<0.01$，** $p<0.05$，* $p<0.1$。

针对美国上市公司的已有研究发现，子公司在地理上越分散，公司估值和投资回报率越低（Gao 等，2008；García 和 Norli，2012）。基于服务业及零售业数据，有研究发现并购或总部迁移引起子公司与总公司距离增加后，将引起代理成本和信息不对称程度的上升，从而导致子公司业绩的下降（Kalnins 和 Lafontaine，2013）。曹春方等（2019）发现，子母公司所在城市的地区间信任程度越低，即母公司搜集和处理子公司内部信息的成本越高，异地子公司的管理成本就越高。基于上述研究，若信息成本机制起作用，应当观察到子母公司时间距离的缩短对企业异地经营的管理成本存在抑制效应。表 7.7 检验了上市公司与异地子公司之间的平均通车时间对于公司管理成本的影响。由于缺乏子公司层面的经营绩效数据，此部分回归为上市公司层面。根据第（1）列和第（2）列的结果，在保持集团净资产收益率不变的情况下，上市公司与其下属子公司的平均通车时间每提高 1%，集团公司（来自上市公司合并报表）和子公司（上市公司合并报表数据减去母公司报表数据）的管理费用分别显著提高 4.2% 和 8.36%。随着交通网络的扩张，上市公司可能扩张业务、在更远的城市新设子公司，这导致子母公司平均通车时间的变化减弱，可能造成结果低估。为处理这一问题，第（3）列和第（4）列只考虑上市公司在城市对高铁通车前的存量子公司，重新计算历年子母公司的平均时间距离。结果显示，集团公司、子公司的管理费用的时间距离效应分别提高至 7.6 和 12.8。值得注意的是，由于缺乏子公司层面数据，表 7.7 中的子公司管理费用为上市公司层面的加总，包含了相当数量的本地子公司（根据本研究数据，上市公司本地子公司占比约为 39%）。因此，事实上异地子公司的管理费用的时间距离效应应当更高。总之，上述结果说明子母公司间通行时间的缩短能够显著降低公司异地经营的管理成本，与信息成本机制相一致，这为交通网络扩张对异地投资的推动效应提供了解释。

表 7.7　子母公司时间距离与公司管理费用

	(1)	(2)	(3)	(4)
	所有子公司平均通行时间变化		(高铁通车前)存量子公司平均通行时间变化	
	Ln(集团管理成本)	Ln(子公司管理成本)	Ln(集团管理成本)	Ln(子公司管理成本)
Ln(子母公司平均通车时间)	0.0420*** (0.00756)	0.0836*** (0.0125)	0.0758*** (0.00902)	0.128*** (0.0147)
控制上市公司固定效应、年份固定效应、上市公司所在城市 × 年份固定效应、上市公司集团净资产收益率				
观察值	10839	10756	9323	9241
R^2	0.913	0.865	0.915	0.869

注：研究样本为上市公司。因变量为集团或子公司管理成本（均取对数），前者来自上市公司合并报表，反映母公司和子公司的加总管理费用，后者为合并报表数据减去母公司报表数据，反映上市公司所有子公司的加总管理费用；第（1）列和第（2）列中的核心自变量为上市公司与所有异地子公司之间的平均通车时间（取对数）；为缓解内生性问题，平均通车时间滞后一年；第（3）列和第（4）列只考虑上市公司在城市对高铁通车前的存量子公司，在此基础上计算历年子公司的平均时间距离（取对数）；括号中是聚集到城市对的标准误；*** $p<0.01$，** $p<0.05$，* $p<0.1$。

第七节　本章小结

习近平总书记（2019）提出，“要破除资源流动障碍，使市场在资源配置中起决定性作用，促进各类生产要素自由流动并向优势地区集中，提高资源配置效率”。地理距离是资源跨地流动的天然障碍，因此交通网络的连通对于资源配置效率的提升至关重要。本章从信息成本降低的视角说明了交通网络扩张对于企业资本跨地流动的促进效应。在近年来高铁网络快速扩张的背景下，利用上市公司的异地子公司投资数据构建了投资发起城市—目的地的城市对数据库，结合交通网络数据研究发现，与上市公司所在地级市之间的通车时间越短，地级市的子公司数量及总注册资本越多。交通网络扩张更多推动了从较发达到相对欠发达城市的投资流动。进一步的机制分析为交通网络扩张的信息成本机制提供了证据：所在行业的经营业绩越不确定，上市公司异地投资规模对城市间通行时间的变化越敏感，子母公司间交通时间缩短显著降低了上市公司的管理费用。

结合第六章的结果，高铁连通带来的时空压缩推动了企业内部组织的空间分离，从而促进了资本的空间优化配置。在这一背景下，欠发达地区将迎来新一轮发展机遇。例如，随着哈大高铁的连通，两个城际节点——沈阳市和铁岭市的产业关联得到进一步强化。据《经济日报》统计，铁岭高新区引进的项目有 70% 来自沈阳[①]。随着京沪高铁的开通，安徽省滁州市与长三角其他城市的融合程度不断提升，2011 年，由苏州工业园区和滁州政府合作开发投资约 100 亿元的苏滁现代产业园项目启动，是滁州市迄今为止规模最大的招商项目。综上，数据和现实均证实了交通网络产生的市场一体化效应。然而，这一效应在多大范围内成立？与地方政府的干预政策产生了何种交互效应？下一章将进一步聚焦于这些问题。

① 《“高铁效应”集中显现，沿线地区迎产业转移新机遇》，《经济日报》2013 年 5 月 31 日，http://district.ce.cn/zg/201305/31/t20130531_24437741.shtml。

第八章

无形壁垒的高墙：行政边界与资本市场一体化

第一节　引言

在国际国内经济新形势下，形成高度整合的国内统一市场对于充分利用大国规模优势、形成国内国际双循环的发展格局至关重要。自1992年党的十四大提出社会主义市场经济建设目标以来，中国的商品和要素市场一体化水平逐步提高，资源配置效率得到改善。已有研究主要聚焦于商品、劳动力和土地的市场整合问题①，而对资本要素市场的研究相对不足。与其他要素市场不同，20世纪90年代以来的金融市场改革加强了中央对于金融市场的统一监管②，从中央层面破除了资本跨区域流动的行政障碍。现阶段中国资本要素的空间流动性如何？还存在哪些因素影响着资本的空间配置效率？这一问题的解答对于实现中共中央、国务院2020年提出的完善要素市场化配置体制机制具有重要的政策意义③。

---

① 文献考察了地方保护主义（Poncet，2003，2005）、户籍制度（蔡昉等，2001；Ngai等，2019）、建设用地使用制度（邵挺等，2011；陆铭，2011）等对商品和要素市场的影响。

② 如中央撤销省级分行、设立跨省界的九大分行系统等政策实践。

③ 2020年发布的《中共中央、国务院关于构建更加完善的要素市场化配置体制机制的意见》明确提出要“破除阻碍要素自由流动的体制机制障碍，促进要素自主有序流动，提高要素配置效率”。

在前一章的框架下，本章从上市公司的跨地投资出发，考察中国资本要素市场一体化的变化趋势以及决定因素。上市公司每年异地投资的子公司数量以及投资距离逐年上升，与此同时，更多的城市之间开始建立投资联系（图 8.1），这反映出资本的空间流动性和市场一体化程度不断提高，根据前文的结果，这一趋势与交通网络的快速扩张有关。然而，如果区分同省和跨省投资[①]，图 8.2 表明跨地投资的增长主要来自同省投资，而跨省投资在这一时期并没有显著提升。什么因素导致了中国资本市场一体化程度不断提高？又如何解释要素流动性在省内和跨省之间的分化呢？

在现有文献中，影响市场一体化的因素可以分为两类，即市场摩擦和政策扭曲。市场摩擦与地理距离等因素造成的交通与信息成本有关，可视为要素流动的有形壁垒；政策扭曲与地方政府设置的行政壁垒有关，成为要素跨区流动的无形壁垒。已有文献分别强调了这两类因素对于商品或要素的空间流动的影响——前一类文献验证了交通基础设施产生的市场一体化效应（Donaldson，2015），后一类文献聚焦于资源跨区流动面临的行政边界效应（Poncet，2003；2005）。然而，尚缺乏研究讨论交通发展和行政壁垒这两类因素产生的交互效应。在经济转型背景下分析市场一体化问题时，交通发展和地方行政干预的互动对于要素空间配置和地区经济发展的影响不可忽视。具体而言，如果两者存在替代效应，持续的交通基础设施投资将不断削弱行政壁垒的影响，最终实现市场整合；如果存在互补效应，两者的效果相互加强，而仅改善单一因素的政策不足以完全打破市场分割。两种因素在决定市场一体化程度时是存在替代效应还是互补效应？这一问题的

① 图 8.2 控制了地理距离对于投资的影响，因此结果反映了在同等距离条件下同省和跨省投资规模的差别。

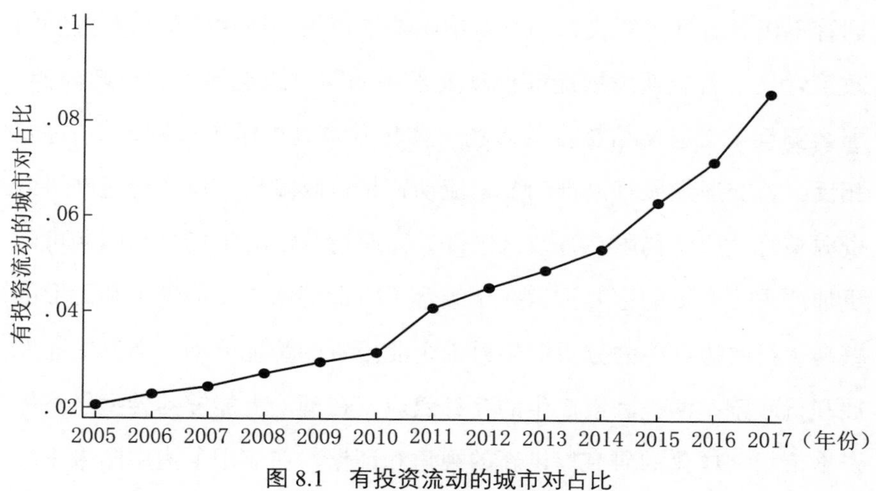

图 8.1　有投资流动的城市对占比

注：图中显示的是有上市公司—子公司投资关系的城市对占比（考虑城市间跨地投资的方向，即由投资发起地到目的地的上市公司子公司投资）。

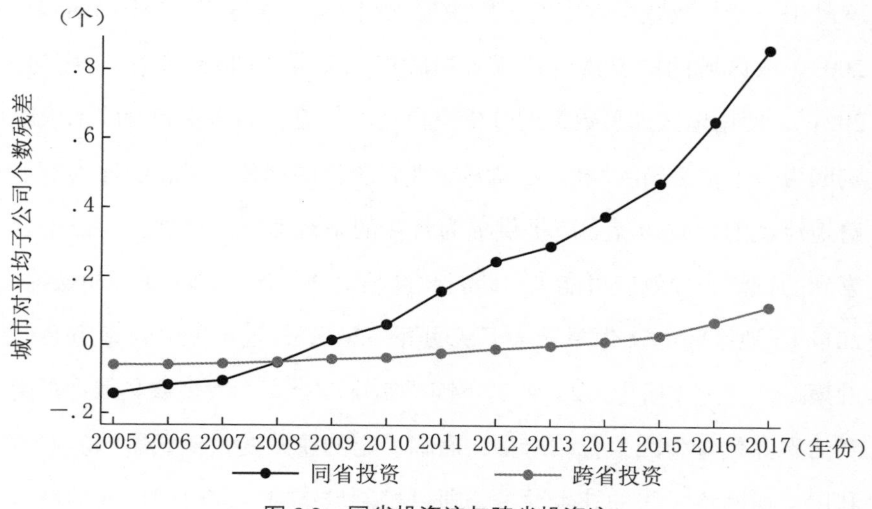

图 8.2　同省投资流与跨省投资流

注：根据上市公司（即母公司）和子公司所在的地级市信息，将子公司数量和规模加总至城市对层面（不包括同一地级市的子公司）可得到城市对平均子公司个数。为保证省内和跨省投资的比较不受到城市对距离和城市特征的影响，将城市对平均子公司个数对城市间距离、上市公司和子公司所在地级市固定效应回归，纵轴为回归的残差值。

回答不仅具有理论意义，同时对中国要素市场一体化改革具有重要的政策含义。若交通发展能够推动要素流动同时跨越地理和行政障碍，那么侧重于交通网络扩张的市场一体化政策是中国未来的政策方向。相反，若交通发展难以推动要素流动跨越行政障碍，那么交通网络的资源整合效应将局限在行政区内部，而跨行政区的市场分割问题可能更加严重。本章的主要贡献在于结合了有形的壁垒（地理）和无形的壁垒（行政边界）的分析框架讨论企业投资的跨地流动，强调交通发展和行政壁垒两类因素产生的互补效应，在理论上能够为转型经济体资本市场一体化的研究提供新的视角和证据，在应用上为中国未来的市场一体化政策提供依据。

此外，本章的研究设计和数据结构更好地识别了行政边界效应。文献中对于行政壁垒效应的识别主要依赖于省际贸易流数据（Poncet，2003）或区域间的要素价格或者边际产出差异（Chen，2017；唐为，2021），使用地区加总数据的分析使得资本的流动如何受到行政干预影响成为一个“黑箱问题”。本章从企业投资流的视角出发，能够为资本跨地流动的行政边界效应提供更为直接的微观证据。此外，实证中观察到的行政边界效应可能来自跨行政区的交通不便（刘生龙和胡鞍钢，2011）、地区间的文化差异（丁从明等，2018），也可能来自地方政府的策略性行为（唐为，2019），不同机制难以分离。大多数文献将观测到的省界效应归因为行政壁垒，面临一定的遗漏变量偏误影响。本章利用交通网络扩张的外生冲击，通过控制城市对、随时间可变的城市固定效应等，有效应对了不可观测的遗漏变量偏误问题。进一步地，通过考察在地方政府干预的激励与能力不同时省界效应有何差异，从而提供了行政壁垒机制存在的证据。

为了识别资本流动的规模和方向，本章利用中国2005—2017年的上市公司异地子公司投资数据，构建了投资发起城市—目的地的城市对数据库。由于跨地信息流动更依赖客运而非货运交通，结合数据的可得性，本章着重分析近年来中国高速铁路网络的扩张对于上市公司异地投资的影响。在此基础上探讨交通网络扩张效应在省内和跨省间的差异及其来源，从而说明交通发展与行政壁垒产生的交互效应。研究结果显示，地理障碍和行政边界在企业跨地投资流动中均扮演了重要角色。交通网络的扩张显著推动了地级市间的投资流动，但该促进效应主要局限于省份内部，而且，政府干预的激励和能力越强，省界效应越强。这说明行政壁垒的存在使得交通网络的市场一体化效应被大大削弱，随着交通网络的扩张，行政边界内外的经济发展差异可能进一步拉大。

第二节　文献综述

对于转型经济体而言，地理距离在很多情况下不是跨地投资的关键性障碍。在财政分权和地方政府竞争的背景下，地方政府倾向于保护辖区内的经济利益，致使要素跨地流动面临着各种形式的行政障碍（周黎安，2004）。由此贸易文献提出了边界效应的概念（McCallum，1995），此后的相关文献多从商品流角度估计了行政区域间和区域内的贸易量差异。如代表性研究发现1987年、1992年和1997年中国省际贸易存在明显的边界效应（Poncet，2003）。尽管有研究发现近年来商品市场一体化的程度已有明显改善（Bai 等，2004），但现有研究指出中国地方保护的对象已从商品市场转向资本市场（Zhang 和 Tan，2007）。利用区域间要素边际产出的差异来衡量要素市场一体化程度研究发现，资本市场的一体化程度有变差的趋势。若干相关研究发现，资本回报率在城市之间存在显著差异（Dollar 和 Wei，2007；

Chen 等，2017），也就是说跨越行政区的资本错配广泛存在。这意味着要素跨地流动中存在不可忽视的行政干预。随着交通网络的不断扩张，生产要素的空间流动性增强，对于流出地官员而言，生产要素的流出将带来直接的效用损失。为了将税源留在本地，地方政府对辖区内的企业实施干预，为跨行政区投资设置了行政壁垒（周黎安，2004；曹春方等，2015；曹春方等，2017）。利用跨国和境内的企业并购数据，近期的一项研究发现了境内并购的数量与价值量是跨国并购的 5 倍，但在欧盟 15 国范围内，上述国界效应大幅减少（Carril-Caccia 等，2021）。但该文并未区分国界效应来自文化差异、地理障碍还是政府干预。曹春方等（2015）基于地区商品和要素价格差异测算省份市场分割程度，发现市场分割越严重的省份，上市公司省外子公司占子公司总数的比重越低。叶宁华和张伯伟（2017）发现，地方保护显著降低了本地企业进入异地市场的概率，而且进入跨地市场的企业所承担的税负显著高于那些只在本地经营销售的企业。

综合上述研究，前一类文献强调，交通网络通过破除企业跨地投资的地理障碍、降低跨地经营的信息成本而推动了资本的跨度流动；关注转型经济体的另一类文献则聚焦于商品和要素跨行政区流动面临的行政型障碍，从地区加总视角给出了行政边界效应的初步证据。然而，尚缺乏研究讨论交通发展和行政壁垒这两类因素产生的交互效应。若两者存在替代效应，那么交通网络对于跨越行政边界的企业投资的促进效应将进一步加强；若两者是互补关系，那么行政壁垒的存在将大大削弱交通网络对于跨行政区的投资流的促进效应。为丰富已有研究，本章将结合有形的壁垒（地理）和无形的壁垒（行政边界）的分析框架讨论企业投资的跨地流动，着重探讨交通发展和行政壁垒两类因素对企业跨地投资产生的交互效应。

第三节 实证思路

行政边界对于资本跨地流动的影响可分为两个层次。首先，行政边界可能以制度成本的形式直接影响企业跨地投资的成本（即第七章式（7.6）中的 d_{ni}）。为了检验这一猜想，在前章式（7.7）的基础上构建以下城市对加总层面的回归方程：

$$\mathrm{Ln}X_{nit} = \alpha \cdot P_{ni} + u_{nt} + \eta_{it} + X'_{nit} \cdot \gamma + \varepsilon_{nit} \tag{8.1}$$

与式（7.7）一致，因变量 X_{nit} 是城市 n 的上市公司在城市 i 设立的子公司的数量和注册资本总额。鉴于大部分边界效应的研究都集中在省级层面，为确保结果与相关研究可比，本研究关注企业投资流的省级边界效应。因此式（8.1）的核心自变量为跨省投资哑变量——若城市 n 和 i 不属于同一省份，即跨省投资，则 $P_{ni}=1$；若城市 n 和 i 属于同一省份，即省内投资，则 $P_{ni}=0$。为排除遗漏变量问题，沿用式（7.7）中的处理，纳入以下固定效应：目的地（子公司所在地级市 i）× 年份（η_{it}）和发起地（母公司所在城市 n）× 年份（u_{nt}）。由于 P_{ni} 不随时间改变，式（8.1）不再控制城市对固定效应，而是加入一系列不随时间改变的城市对特征及其与年份变量的交叉项作为控制变量 X'_{nit}，包括地理距离（地理距离与年份虚拟变量的交叉项）和文化差异（城市对是否属于同一方言大区、中区和小区的虚拟变量 × 年份固定效应）。给定地理和文化距离，若跨省投资仍面临更高的障碍，即系数 α 显著为负，即企业跨地投资的行政边界效应。

行政边界可能产生的第二个层次的影响是，由于行政壁垒的存在，行政边界会侵蚀交通网络扩张对企业异地投资的积极作用。为了检验这一可能性，重点考察行政边界与交通网络扩张的交叉效应。在式（8.1）的基础上，引入投资是否跨越行政边界与城市对通行时间的交叉项：

$$\begin{aligned}\mathrm{Ln}X_{nit} = \beta_1 \cdot \ln Time_{nit} + \beta_2 \cdot \ln Time_{nit} \cdot P_{ni} + u_{nt} + \eta_{it} + \\ \delta_{ni} + X'_{nit} \cdot \gamma + \varepsilon_{nit}\end{aligned} \quad (8.2)$$

自变量 $Time_{nit}$ 表示城市间在国道、高速公路、铁路、高铁 4 种交通方式下的最短通车时间。纳入与是否跨省 P_{ni} 的交叉项后，系数 β_1 衡量了企业省内投资的时间距离弹性。根据前章的结论，随着时间距离的缩短，城市间投资规模将扩大，即系数 β_1 小于 0。β_2 是企业跨省相对于省内投资的时间距离弹性的差异。若行政边界效应主要缘于跨行政区的交通不便（刘生龙和胡鞍钢，2011），由高铁开通导致的交通网络改善（即 $Time_{nit}$ 减少）对于跨省的城市对的正面影响更大，因此系数 β_2 将显著小于 0；若行政边界效应由行政干预主导，则行政边界可能导致跨省投资对于城市间时间距离的改变更为不敏感，预计系数 β_2 显著大于 0。为尽可能排除城市对层面的遗漏变量问题，纳入城市对固定效应（δ_{ni}），此时，关键回归系数不再受不随时间改变的城市对关系影响，如地理、文化、社会网络等，行政边界对企业跨地投资的第一个层次的影响也被该项完全吸收。

本章的数据来源及结构与前章相同。以城市对是否同省以及是否互通高铁（截至 2017 年）作为分组标准，表 8.1 从城市对层面比较了主要变量的均值。城市对层面的加总数据显示，互通高铁的城市对的子公司数量和注册资本规模均显著高于无高铁互通的城市对，前者的平均最短通行时间比后者快 20 至 25 小时。同时，跨省城市对的高铁通车效应的数值远小于同省城市对。

表 8.1　描述性统计

变　量	同省城市对			跨省城市对		
	高铁互通	无高铁互通	差值	高铁互通	无高铁互通	差值
城市对子公司数量（个）	1.689 （5.818）	0.435 （1.889）	1.254 （0.033）	0.349 （3.390）	0.040 （0.537）	0.310 （0.003）
城市对子公司注册资本加总（亿元）	3.015 （192.256）	0.465 （11.315）	2.549 （1.001）	0.431 （15.069）	0.037 （1.512）	0.394 （0.015）
城市对最短通行时间（小时）	2.867 （9.302）	23.762 （38.332）	−20.896 （0.287）	14.698 （14.884）	40.136 （35.683）	−25.437 （0.059）
观测值	18356	37154	—	395876	1003184	—

注：对于国道、高速公路、普通铁路或高速铁路没有直接通车的城市对，最短通行时间设置为 100；括号中汇报的是标准差。

第四节　省级行政边界对资本市场一体化的影响

本部分聚焦于行政边界在企业跨地投资中的作用。由于使用的是地级市间的投资数据，研究关注省级边界的影响。第一部分首先估计企业跨地投资的省级边界效应，第二部分进一步考察省界是否限制了交通网络扩张对跨地投资的促进效应。

一、企业跨地投资的省界效应

表 8.2 估计了省级行政边界对城市间跨地投资流的影响，表中各列控制了年份、子公司所在城市 × 年份、上市公司所在城市 × 年份、城市距离分组 × 年份固定效应。根据第（1）列和第（2）列的结果，上市公司异地投资具有显著的省界效应：跨省城市对的子公司数量、注册资本总量分别比同省城市对低 28.6% 和 282.2%。这一省界效

应可能来自行政干预，也可能反映了不同地区间的文化差异、地理距离以及经济发展差距等因素造成的投资障碍。为尽可能剔除行政干预以外的因素的影响，第（3）列和第（4）列进一步控制了城市对地理距离及经济距离的对数，以及城市对是否同一方言大区、中区、小区等虚拟变量，省界效应略有缩小，但显著性不受影响：省界对子公司数量、注册资本总量的抑制效应分别缩小至 18.5% 和 193.7%。与这一发现相一致，曹春方等（2015）基于地区商品和要素价格差异测算省份市场分割程度，发现市场分割越严重的省份，上市公司省外子公司占子公司总数的比重越低。基于第（3）列和第（4）列的结果，可以进一步对比无形的壁垒（行政壁垒）与有形的壁垒（地理距离）对跨地投资的抑制效应的数值大小。城市对的平均地理距离为 1407 公里，结合“是否跨省”和“城市对地理距离”的估计结果，行政边界的作用与 417 公里（$=e^{(0.154\times\ln(1406.733)/0.185)}$）的地理距离相当。这意味着，省界的“宽度”为 417 公里：跨越省界相当于跨越 417 公里的物理距离。

在表 8.2 第（3）列和第（4）列回归设定的基础上，图 8.3、图 8.4 展示了省界效应随时间的演变趋势，基准年份为 2005 年。对于城市对异地子公司总数而言，省界效应随时间有明显的扩大趋势；除 2015 年和 2016 年外，城市对总注册资本的省界效应有类似的趋势。许多文献使用早期数据［主要在本章数据所处时期（2005 年）之前］发现，自 20 世纪 90 年代以来，中国市场化水平不断提升（Bai 等，2004；Poncet，2003，2005；唐为，2021）。而另一些文献使用较为近期的数据（与本章研究时期较为一致）则发现，中国的要素市场化水平有一定的恶化趋势（Brandt 等，2013；Bai 等，2016；Hao 等，2020）。本章使用更加微观的企业投资数据，给出了补充性的证据。

表 8.2　跨地子公司投资的省界效应

	(1)	(2)	(3)	(4)	(5)	(6)
	Ln（数量）	Ln（资本）	Ln（数量）	Ln（资本）	Ln（数量）	Ln（资本）
跨省	−0.286*** （0.0106）	−2.822*** （0.0941）	−0.185*** （0.0141）	−1.937*** （0.123）	−0.178*** （0.0155）	−1.897*** （0.149）
跨省 × 书记任期					−0.0121** （0.00473）	−0.0612 （0.0472）
跨省 × 书记任期 ^{2}					0.000852* （0.000504）	0.00465 （0.00525）
不同方言大区			−0.0374*** （0.00681）	−0.278*** （0.0550）	−0.0368*** （0.00617）	−0.282*** （0.0532）
不同方言中区			0.00639 （0.00531）	0.0492 （0.0479）	0.00652 （0.00504）	0.0550 （0.0466）
不同方言小区			−0.0322* （0.0186）	−0.143 （0.151）	−0.0223 （0.0171）	−0.0973 （0.148）
Ln（城市对地理距离）			−0.154*** （0.0154）	−1.354*** （0.126）	−0.143*** （0.0145）	−1.309*** （0.126）
Ln（城市对经济距离）			−0.0291*** （0.00163）	−0.230*** （0.0128）	−0.0243*** （0.00135）	−0.204*** （0.0120）
年份、子公司所在城市 × 年份、上市公司所在城市 × 年份、城市距离分组 × 年份固定效应均已控制						
观察值	1454570	1454570	1015508	1015508	1001000	1001000
R^2	0.323	0.228	0.366	0.261	0.318	0.220

注：研究样本为地级市城市对。因变量为城市 n 的上市公司（母公司）在时间 t 城市 i 设立子公司的数量和注册资本总额（取对数）。核心自变量跨省是虚拟变量，若跨省投资，则等于 1；若同省投资，则等于 0。书记任期为上市公司所在省的省委书记的任期，上任时间在上半年的，当年为任期第 1 年，上任时间在下半年的，当年为任期第 0 年。各地级市所属方言区数据来自许宝华和宫田一郎编著的《汉语方言大词典》（1999），分成 10 种方言大区、25 种方言区、109 种方言片。若城市对属于不同方言大区，则变量“不同方言大区”等于 1，否则等于 0。“不同方言中区”、“不同方言小区”等变量的定义方式类似。城市对地理距离是地级市政府位置的直线距离，城市对经济距离等于地级市 2005 年的人均 GDP 差距的绝对值。由于核心自变量不随时间改变，表 8.2 未纳入城市对固定效应。括号里是聚类到城市对层面的标准误；*** $p < 0.01$，** $p < 0.05$，* $p < 0.1$。

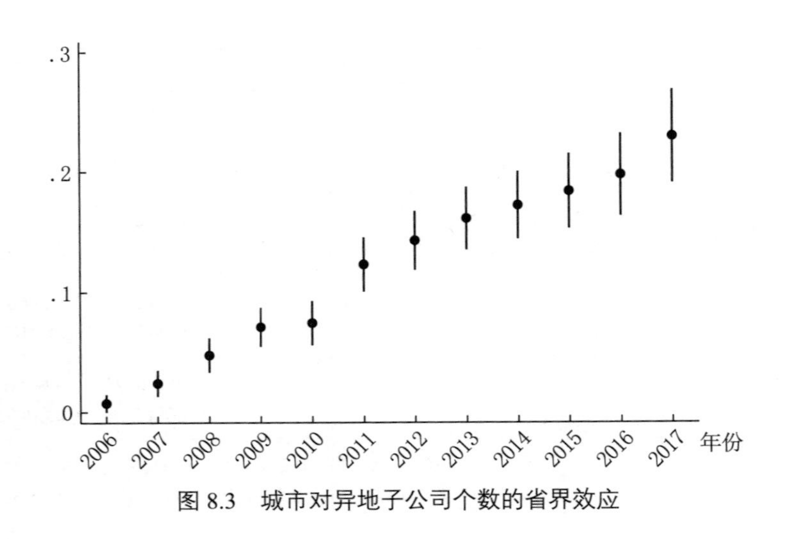

图 8.3　城市对异地子公司个数的省界效应

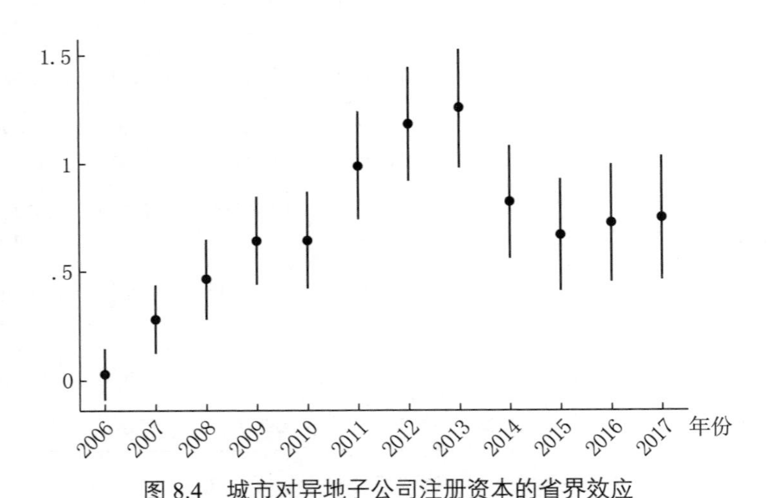

图 8.4　城市对异地子公司注册资本的省界效应

注：图中汇报了省界效应与年份的交叉项系数 α_t，以及 95% 的置信区间。回归方程的设定为，$\mathrm{Ln}X_{nit}=-\sum_{t=2006}^{2017}\alpha_t\cdot year_t\cdot P_{ni}+\gamma\cdot A_{ni}+u_{nt}+\eta_{it}+\kappa_t+\lambda_{dt}+\varepsilon_{nit}$，其中，$X_{nit}$ 代表城市对异地子公司个数和注册资本的对数，基准年为 2005 年。P_{ni} 表示公司投资是否跨省，跨省 =1，同省 =0。u_{nt}、η_{it}、λ_{dt}、κ_t 分别表示目的地（子公司所在地级市 i）× 年份、发起地（母公司所在城市 n）× 年份、城市距离分组 × 年份固定效应和年份固定效应。A_{ni} 是一组控制变量，包括了城市对是否属于不同方言大区、中区、小区、城市对地理距离及经济距离（对数）。系数 α_t 衡量了当年省界效应（同省与跨省投资规模的差值）与 2005 年（作为基准年份略去）的差值。

地方政府对于要素或商品跨区流动的干预是出于保护地方经济利益（周黎安，2004）。特别地，对于资本流动的干预主要是出于留住地方税源（曹春方等，2017）。若我们观察到的省界效应与地方保护有关，那么投资流出地的省级官员的晋升激励应对跨省投资流动产生显著影响。大量研究基于地方官员在任期内的职业前景预期差异，检验了官员的政治晋升激励对地区经济发展的影响。多数研究发现经济增长、政府公共品投资等随地方官员任期呈现倒U形变动（王贤彬和徐现祥，2008；王媛，2016），也就是说，在晋升的关键时点，地方官员将加大干预经济的力度，以最大化晋升概率。沿着类似思路，表8.2的第（5）列和第（6）列纳入了上市公司所在地的省委书记的在任年数（一次项、二次项）和城市对是否跨省的交叉项。结果显示，投资发起地的官员晋升激励显著影响了省界效应：投资数量和总注册资本的省界效应随省委书记任期呈倒U形关系，倒U形的顶点分别是省委书记在任的第7.1年和第6.6年。上述结果表明，省委书记自任职初期逐渐增加对辖区内上市公司跨省投资的干预，直至第6年左右干预力度达到峰值，这与官员晋升的关键时期大致吻合：党章规定了党的地方各级委员会的每届任期为5年。与前述推测一致，这说明企业跨省投资面临的障碍与地方官员晋升激励下的行政干预以及地方保护主义有关。

二、省级行政边界对交通网络的一体化效应的影响

第七章以及表8.2的回归结果表明，交通网络和行政边界是影响企业异地投资的重要因素，由此引申出本研究试图回答的重要问题——交通网络的扩张能否突破行政边界的限制，从而在更大的地理范围内实现要素市场一体化。表8.3在第七章中的表7.2第（5）列和第（6）列的基础上，将跨地投资流的时间距离效应分解为同省与跨省。第（1）列和第（2）列的结果显示，同省城市对的跨地投资对于时间距离的改

变更为敏感：子公司投资数量和规模的时间距离弹性分别为 0.176 和 0.656。相较而言，跨省的投资流的时间距离弹性显著低于同省，仅为 0.024（=0.176－0.152）和 0.104（=0.656－0.552）。与行政壁垒效应的理论预测一致，行政边界的存在抑制了交通网络扩张的市场整合作用，交通网络扩张的投资促进效应在很大程度上局限在省级行政边界内部。

值得注意的是，上述结果是在控制了城市对地理距离分组 × 年份固定效应后得出的。也就是说，表 8.3 观测到的省界效应已剔除了地理因素的影响，结果反映的是地理距离接近的同省或跨省城市对的时间距离效应差异。为控制省际文化壁垒的效应，用城市对是否处于同一方言区来衡量地区间的文化一致性，第（3）列和第（4）列纳入了城市对是否属于同一方言大区、中区和小区的虚拟变量 × 年份固定效应。控制了文化因素后，省级行政边界的影响基本不变。第（5）列和第（6）列旨在比较交通网络的投资促进效应在跨越行政边界和跨越文化边界时的相对差异，进一步加入最短通车时间与城市对是否属于不同方言区的交叉项，结果显示行政边界的影响明显大于文化边界。

为了更为直观地反映行政边界效应的大小，作如下测算：在研究期间（2005—2017 年），高铁网络扩张带来全国城市对最短通行时间平均降低了 17%。若不存在省界效应，即企业跨省投资的时间距离效应与同省相同，根据表 8.3 的第（3）列和第（4）列的结果，上市公司子公司投资数量和注册资本总量因高铁网络扩张能够提升 2.7%（=0.159 × 17%）和 8.48%（=0.499 × 17%），而在包含省界效应时计算得到的结果分别为 0.425%（=（0.159－0.134）× 17%）和 2.006%（=（0.499−0.381）× 17%），也就是说，省界的存在使得高铁网络对企业跨地投资数量和规模的促进效应分别减少了 84% 和 76%。

需要指出的是，表 8.3 的结果不同于刘生龙和胡鞍钢（2011）的研究。他们利用 2008 年的省际交通货运量数据发现，交通扩张对于跨省商品贸易流的提升效应强于省内贸易，从而得出商品贸易中存在的边界效应主要由跨省交通设施缺乏主导。本章的研究对象、时间区间与刘生龙和胡鞍钢（2011）并不可比。近年来中国地方保护主义的对象由商品市场转变为要素市场（Zhang 和 Tan，2007）。本章的结果说明交通设施的改善很难跨越行政边界障碍，这意味着资本的跨区流动中存在着不可忽略的行政壁垒。这导致旨在推动市场一体化的交通基础设施的经济效应在很大程度上局限于省级行政区内部。这也使得在近年来我国交通网络快速扩张后，跨地投资流的省界效应变得更强而非更弱（如图 8.3、图 8.4 所示）。

表 8.3　省界与企业跨地投资的时间距离效应

	(1)	(2)	(3)	(4)	(5)	(6)
	Ln（数量）	Ln（资本）	Ln（数量）	Ln（资本）	Ln（数量）	Ln（资本）
Ln（最短通车时间）	−0.176*** （0.0135）	−0.656*** （0.110）	−0.159*** （0.0144）	−0.499*** （0.121）	−0.220*** （0.0253）	−0.770*** （0.194）
Ln（最短通车时间）× 跨省	0.152*** （0.0136）	0.552*** （0.111）	0.134*** （0.0145）	0.381*** （0.122）	0.123*** （0.0161）	0.333** （0.138）
Ln（最短通车时间）× 不同方言大区					0.00622 （0.00540）	−0.00796 （0.0495）
Ln（最短通车时间）× 不同方言中区					−0.00451 （0.0115）	0.0308 （0.0989）
Ln（最短通车时间）× 不同方言小区					0.0739*** （0.0268）	0.304 （0.215）
城市对、年份、子公司所在城市 × 年份、母公司所在城市 × 年份、城市距离分组 × 年份固定效应均已控制第（3）列和第（4）列控制了方言大区、中区和小区 × 年份固定效应						
观察值	1454570	1454570	1015560	1015560	1015560	1015560
R^2	0.792	0.685	0.805	0.695	0.805	0.695

注：研究样本为地级市城市对。因变量为城市 n 的上市公司（母公司）在城市 i 设立的子公司的数量和注册资本总额（取对数）。核心自变量为城市对最短通车时间（取对数）和城市对是否跨省、是否不同方言区（5、6 列）的乘积。括号里是聚类到城市对层面的标准误；*** p＜0.01，** p＜0.05，* p＜0.1。

第五节　行政边界效应的来源及对企业经营的影响

一、行政边界效应的来源

表 8.3 的设定能够在很大程度上排除文化壁垒和地理壁垒所引起的跨省投资的行政边界效应。将同省相对于跨省投资的时间距离弹性差异视为省界效应，本部分进一步借助城市对和公司层面的异质性检验来探讨省界效应的来源。

首先，表 8.3 发现的行政边界效应可能包含了投资流出省份和目的省份两方面因素共同的影响。一方面，投资流出地的地方政府为留住税源、保护地方经济利益，从而可能为跨省投资设置障碍；另一方面，对于企业而言，跨省投资意味着要同新的目的省级的行政部门建立联系，造成的交易成本提升可能对跨省投资产生限制。为了区分投资流出地和目的地省份对于跨省投资的边界效应的影响，在表 8.3（3）列设定的基础上构造了投资流出地和目的地省份虚拟变量与城市对最短通车时间、跨省虚拟变量的三项交叉项。若某省份存在投资壁垒，则相应的交叉项应大于 0。回归结果显示（如文末附录所示），纳入回归的 30 个省级单位在作为投资流出地时，平均省界效应（即三项交叉项的系数）为 0.13，其中 23 个省级单位的边界效应显著（交叉项显著大于 0）；作为投资目的地时，三项交叉项的系数平均值为 −0.04，仅有 1 个省级单位有显著的边界效应。系数的概率密度分布如图 8.5 所示，总的来看，投资流出省份带来的省界效应远高于投资目的地。表 8.4 采用《中国分省份市场化指数报告》中的分省份市场化指数的相关指标，分析了分省的边界效应（即交叉项的系数）与市场化水平的关

表 8.4　市场化水平与分省省界效应

	(1)	(2)	(3)	(4)	(5)	(6)	(7)	(8)
	投资目的省份的省界效应				投资流出省份的省界效应			
市场化指数	−0.0212** (0.00875)				−0.0166*** (0.00381)			
政府与市场关系		−0.0195 (0.0137)				−0.0173** (0.00631)		
减少政府对企业干预			−0.00968* (0.00545)				−0.00864*** (0.00252)	
要素市场发育				−0.0224*** (0.00575)				−0.0151*** (0.00230)
观察值	26	26	26	26	27	27	27	27
R^2	0.196	0.078	0.116	0.387	0.432	0.231	0.320	0.631

注：因变量为各省份的边界效应。在表 8.3 第（3）列设定的基础上构造了投资流出地和目的地省份虚拟变量与城市对最短通车时间、跨省虚拟变量的三项交叉项。交叉项的系数视为各省份造成的投资边界效应，作为因变量，自变量选取基期（2005 年）市场化水平的相关指标，数据来源于王小鲁等《中国分省份市场化指数报告》。括号里是标准误；*** $p<0.01$，** $p<0.05$，* $p<0.1$。

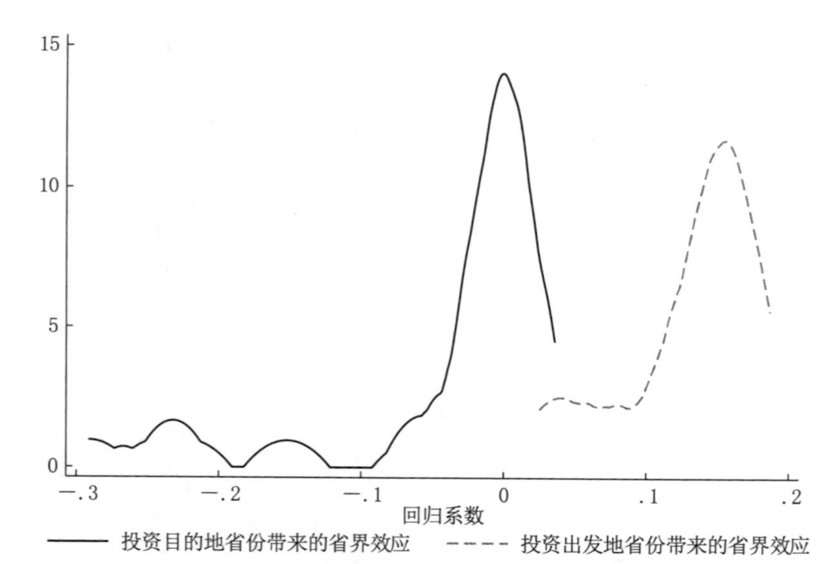

图 8.5　分省份省界效应的概率密度分布

注：在表 8.3（3）列设定的基础上构造了投资流出地和目的地省份虚拟变量与城市对最短通车时间、跨省虚拟变量的三项交叉项，图中展示了该三项交叉项回归系数（即省界效应）的核密度图像。

系。采用的市场化水平指标包括市场化指数、政府与市场关系、减少政府对企业干预和要素市场发育。总的来看，省界效应与市场化水平呈现负相关关系，再次说明投资的省界效应与政府行政干预有关。对比投资流出省份和目的省份的结果差异，发现投资流出省份的边界效应与市场化水平的各项指标的关系更为紧密，说明投资流出省份的行政干预对于理解省界效应的来源更为重要。因此接下来着重从投资流出地的行政壁垒的角度进行异质性检验。

为了说明投资流出地官员的政治晋升激励的影响，在表 8.3 的第（3）列和第（4）列模型设定的基础上，表 8.5 考察了省级官员的任期效应。结果显示，投资发起地的省委书记处于第一任期（0—5 年）时，同省与跨省的时间距离弹性差异显著大于第二任期的情况，而到了第二任期，该差异不再显著。一方面，第一任期的省委书记更努力地推动省内的企业投资流动（即同省投资的时间距离弹性高于第二任期时），辖区内资源配置效率得以提升；另一方面，第一任期的省委书记对于跨省的投资流出实施了行政干预，体现为跨省投资的时间距离弹性远低于第二任期。总之，由于第一任期的官员往往面临较强的晋升激励，上述结果印证了地方官员晋升激励在企业异地投资的省界效应中扮演的重要作用。

表 8.5　投资发起地省委书记任期、省界与企业跨地投资的时间距离效应

	（1）	（2）	（3）	（4）
	Ln（数量）		Ln（资本）	
	第一任期	第二任期	第一任期	第二任期
Ln（最短通车时间）	−0.150*** （0.0145）	−0.130*** （0.0476）	−0.458*** （0.124）	0.191 （0.490）
Ln（最短通车时间）× 跨省	0.129*** （0.0147）	0.0343 （0.0492）	0.343*** （0.124）	−0.515 （0.512）
城市对、年份、子公司所在城市 × 年份、母公司所在城市 × 年份、城市距离分组 × 年份、方言大区、中区和小区 × 年份固定效应均已控制				
观察值	867969	127503	867969	127503
R^2	0.787	0.911	0.689	0.820

注：回归设定与表 8.3 的（3）、（4）列相同，在此基础上，以 5 年为界区分了投资发起地所在省份的党委书记的任期分组回归，党委书记上任 0—5 年视为第一任期，大于 5 年视为第二任期。括号里是聚类到城市对层面的标准误；*** $p<0.01$，** $p<0.05$，* $p<0.1$。

考虑到投资流出地的地方政府对于不同公司实施干预的激励和能力存在差异，接下来将研究层次聚焦于子公司层面，选取若干公司特征指标，分析行政边界效应的异质性。在此部分的研究设定中，因变量为异地子公司注册资本（对数），用以衡量跨地投资规模，核心自变量为子公司与上市公司所在城市的最短通车时间（对数）与城市对是否跨省的交叉项。与前文的回归设定聚焦于城市对层面不同，子公司层面的回归设定主要反映了交通网络发展对企业投资的集约边际（intensive margin）。表 8.6 和表 8.7 的控制变量包含了基准回归的所有变量。此外，纳入子公司所属上市公司的固定效应以控制公司层面特征。上市公司的异地投资规模还可能与公司盈利有关，上市公司盈利越高，异地投资规模可能越大。同时，交通网络的改善可能提高公司盈利从而对异地投资产生影响。因此，纳入上市公司净资产收益率来控制母公司盈利性。

投资流出地政府阻碍投资流出的主要顾虑是税源和 GDP 流失，因此若上市公司能够为当地提供更高税费贡献或公司规模更大，则推测其跨省投资受到的行政障碍可能越高。为检验这一推测，表 8.6 各列分别按子公司所属上市公司的应交税费、就业人数、总资产的平均值，分为高税和低税、高就业与低就业、高资产与低资产子公司样本。第（1）列和第（2）列的结果显示，对于税收贡献高的上市公司而言，跨地投资面临着显著的省界效应——交通改善对子公司投资的促进效应主要限定在同一省份内部，跨省投资对交通改善并不敏感，其效应接近于 0。而对于税收贡献低的上市公司而言，跨地投资不存在显著的省界效应——跨省或同省投资的时间距离效应并没有显著差异。结合前文的发现，这一结果进一步验证了设置省级行政壁垒的主要目的是防止辖区内税源外流。第（3）—（6）列考虑了企业规模的影响。企业的就业与资产规模越大，对于当地经济的重要性也就越高，在异地投资时更可能面临流出地政府设置的行政障碍。回归结果验证了这一推测，就业人数或总资产更高的上市公司面临着显著的省际壁垒，而规模较小的上市公司的跨地投资不存在显著的省界效应。

投资流出地政府为企业的跨省投资设置障碍的能力有差异，若上市公司更依赖当地政府或受地方政府控制，那么推测其跨省投资决策更易受到当地政府的影响。基于这一思路，表 8.7 考察了上市公司接受政府补贴以及股权性质对省界效应的差异性影响。第（1）列和第（2）列按子公司所属上市公司接受的政府补贴的平均值，分为高补贴组和低补贴组。结果显示，获得更高政府补贴的上市公司在跨地投资时面临着显著的省界壁垒，而低补贴的上市公司跨地投资不受省界壁垒影响。第（3）—（6）列按子公司所属上市公司的股权性质分为央企、省国企、城市国企、民营企业4类。国有企业的投资决策更易受地方政府的行政干预影响，推测其跨省投资应存在较大的行政壁垒。与这一推测一致，民营企业的跨省投资不存在显著的行政壁垒效应，而国有企业跨省投资面临的省界效应显著，尤其是省国企的跨省投资面临着更强的投资壁垒。交通改善对国企子公司投资的促进效应主要限定在同一省份内部，跨省投资对交通改善并不敏感，其效应接近于0。

总的来看，上述结果发现，母公司对于投资发起地的经济发展越重要、其投资决策更易受到地方政府影响，则其对外投资将面临更强的省级门槛。与前文的逻辑一致，这进一步说明了跨地投资的省级壁垒与投资流出地的政府为发展当地经济而实施的行政干预有关。

表8.6　子公司注册资本的时间距离效应异质性：地方政府激励

因变量：Ln（子公司注册资本）

	（1）	（2）	（3）	（4）	（5）	（6）
	高税	低税	高就业	低就业	高资产	低资产
Ln（最短通车时间）	−0.232*** （0.0846）	−0.0516 （0.0325）	−0.222*** （0.0610）	−0.0240 （0.0298）	−0.282** （0.119）	−0.0412 （0.0303）
Ln（最短通车时间）×跨省	0.230*** （0.0874）	0.0516 （0.0330）	0.237*** （0.0623）	0.0163 （0.0304）	0.280** （0.125）	0.0433 （0.0308）
净资产收益率、上市公司、城市对、年份、子公司所在城市 × 年份、母公司所在城市 × 年份、城市距离分组 × 年份固定效应均已控制						
观察值	1027508	8672552	2205488	7494908	578377	9120933
R^2	0.429	0.187	0.321	0.197	0.473	0.189

注：研究样本为上市公司异地子公司。因变量为上市公司（母公司）在城市i的设立的子公司注册资本（取对数）。若上市公司当年在城市i未设立子公司，则生成一条虚拟子公司的记录，注册资本取值为0。各列分别按研究期间（2005—2017年）所属上市公司应交税费、政府补贴、就业人数、总资产的平均值，分为高税和低税、高补贴与低补贴、高就业与低就业、高资产与低资产子公司样本。括号里是聚类到城市对层面的标准误；*** $p<0.01$，** $p<0.05$，* $p<0.1$。

表 8.7　子公司注册资本的时间距离效应异质性：地方政府干预能力

因变量：Ln（子公司注册资本）

	（1）	（2）	（3）	（4）	（5）	（6）
	高补贴	低补贴	央企	省国企	市国企	民营
Ln（最短通车时间）	−0.0992** （0.0431）	−0.0402 （0.0356）	−0.167** （0.0730）	−0.244*** （0.0895）	−0.150*** （0.0441）	0.00508 （0.0460）
Ln（最短通车时间）× 跨省	0.111** （0.0450）	0.0363 （0.0361）	0.177** （0.0732）	0.258*** （0.0914）	0.161*** （0.0452）	−0.000130 （0.0461）
净资产收益率、上市公司、城市对、年份、子公司所在城市 × 年份、母公司所在城市 × 年份、城市距离分组 × 年份固定效应均已控制						
观察值	1949091	7750220	1533079	1243606	2613726	3962847
R^2	0.311	0.205	0.306	0.383	0.301	0.236

注：研究样本和回归设定与表 8.6 一致。（1）和（2）列按研究期间（2005—2017 年）所属上市公司政府补贴的平均值，分为高补贴与低补贴子公司样本；（3）—（5）按子公司所属上市公司的股权性质，区分为央企、省国企、市国企和民营企业三组。括号里是聚类到城市对层面的标准误；*** $p < 0.01$，** $p < 0.05$，* $p < 0.1$。

二、行政边界效应与企业经营绩效

综合前文的经验证据，省级行政壁垒在很大程度上限制了交通网络的投资促进效应，交通网络扩张的一体化效应集中在同一省份内部，而省际的资源配置效率将进一步恶化。为了检验省界效应的效率后果，本部分将比较跨省相对于同省的投资绩效。若不存在跨省投资的行政壁垒，相同条件下跨省与同省的企业投资绩效应没有显著差异。鉴于子公司层面的经营绩效指标缺失严重，本部分尝试从两个方面为省界效应的效率后果提供说明性的证据。第一，考察投资流是否跨省对于子公司经营绩效指标的影响。结合数据可得性，采用营业收入与总资产之比、净利润与总资产之比作为因变量（取对数），在子公司层面展开回归。控制子公司和母公司城市 × 年份固定效应后，表 8.8 的第

（1）列和第（2）列发现，平均而言跨省投资的子公司相对于同省的经营绩效高 7%—10%。这一差异在一定程度上反映了省级行政壁垒带来的效率损失。第二，从上市公司层面，考察跨省子公司数量占比对于上市公司经营绩效的影响。采用净资产收益率（ROE）和总资产收益率（ROA）作为因变量（取对数），表 8.8 的第（3）列和第（5）列显示，跨省子公司占比越高，母公司经营绩效越高。第（4）列和第（6）列进一步考虑了跨省子公司数量占比的线性时间趋势。结果显示，跨省投资占比带来的母公司绩效差异呈现不断加强的趋势，这与高铁网络随时间不断扩张的趋势一致，在一定程度上也说明，交通网络的扩张并没有改善省际的空间配置效率，反而有可能加剧了跨省的资源误配。需要说明的是，限于数据，上述回归不能反映因果关系，但在很大程度上支持了本章的核心观点：由于行政壁垒的存在，交通网络的改善造成了地区市场的分化。

表 8.8　跨省投资与企业经营绩效

	（1）	（2）	（3）	（4）	（5）	（6）
	子公司层面		上市公司层面			
	Ln（营业收入 / 总资产）	Ln（净利润 / 总资产）	Ln（ROE）	Ln（ROE）	Ln（ROA）	Ln（ROA）
跨省	0.0706* （0.0366）	0.101*** （0.0353）				
跨省子公司数量占比			0.218*** （0.0643）	0.0415 （0.104）	0.303*** （0.0655）	0.145 （0.106）
跨省子公司数量占比 × 时间趋势				0.0225** （0.0104）		0.0201* （0.0106）
Ln（子公司总数）			−0.0110 （0.0145）	−0.0127 （0.0145）	−0.114*** （0.0148）	−0.115*** （0.0148）
年份固定效应	是	是	是	是	是	是
子公司所在城市 × 年份	是	是	否	否	否	否

续表

	(1)	(2)	(3)	(4)	(5)	(6)
	子公司层面		上市公司层面			
	Ln（营业收入/总资产）	Ln（净利润/总资产）	Ln（ROE）	Ln（ROE）	Ln（ROA）	Ln（ROA）
母公司所在城市 × 年份	是	是	是	是	是	是
上市公司固定效应	否	否	是	是	是	是
观察值	43362	42193	17910	16289	18015	18015
R^2	0.167	0.157	0.536	0.891	0.583	0.583

注：第（1）列和第（2）列的研究样本为上市公司异地子公司，因变量分别为子公司的营业收入和总资产比值以及净利润和总资产比值（取对数）；第（3）—（6）列的研究样本为上市公司，因变量为上市公司净资产收益率和总资产收益率（取对数）。自变量"跨省"为虚拟变量，若子公司为跨省投资，则该变量等于1，若为同省投资，则该变量为0。"跨省子公司数量占比"为上市公司跨省子公司占异地子公司的比重。"时间趋势"代表线性时间趋势，等于年份变量减去2004。括号里是稳健估计标准误；*** $p<0.01$，** $p<0.05$，* $p<0.1$。

第六节　进一步讨论：城市群的协调机制

为应对生产要素在跨越行政边界时遇到的各类障碍，促进全国要素市场一体化的形成，近年来，国务院密集发布城市群规划，如京津冀协同发展、长三角一体化等一系列城市群经济发展规划（唐为，2021）。中央主导的城市群规划建立了地方政府间协调机制，可能有助于弱化跨地投资面临的行政壁垒。这些政策能否降低边界效应，促进要素流动，对于未来的政策设计和改革方向具有重要意义。本部分将对这一问题进行初步探讨。

2010年国务院发布的《全国主体功能区规划》界定了全国24个城市群所包含的城市名单。基于这一名单，将城市对分为同省同城市群、同省异城市群（包括非城市群城市）、异省同城市群、异省异城市群（包括非城市群城市）4类，表8.9旨在考察4类城市对的企业跨地投资规模差异以及交通扩张对企业跨地投资的影响在不同的组别中有何差异。表中各列均控制了年份、子公司所在城市 × 年份、母公司所在城市 × 年份、城市距离分组 × 年份固定效应。第（1）列和第（2）列在控制了城市对的文化、地理、经济等差异后，考察了是否跨省和是否同城市群对跨地投资流的影响差异。以同省同城市群为基准组的结果显示，在同一城市群内部，异省与同省的跨地投资规模没有显著差异。张学良等（2017）发现，长三角城市群政府协调机制的建立显著提高了城市间商品市场的整合程度。与他们的研究结论一致，本章的结果说明城市群规划有助于提高城市群内部的要素市场一体化程度。类似地，有学者发现在欧盟15国范围内，跨地并购面临的国界效应大幅缩减（Carril-Caccia等，2021）。

表8.9的第（3）列和第（4）列关注企业跨地投资的时间距离效应差异。由于城市对最短通车时间随年份可变，可以在第（1）列和第（2）列基础上进一步控制城市对以及文化 × 年份固定效应，从而尽可能剔除城市对特征对于投资流的影响。类似地，将时间距离效应按是否跨省和是否同城市群分为四种情况。结果显示，交通网络的投资促进效应更多发生在城市群内部，并且在同一城市群内部，同省和异省的交通效应十分接近，约为0.2［见第（3）列］，远高于表7.2第（5）列和第（6）列中基准回归的结果。但同一城市群内子公司注册资本总量的时间距离效应仍存在较大差异，同省和异省的投资时间距离弹性分别为0.55和0.24，且后者不显著，可见交通的投资流促进效应仍然偏向同省。总的来看，表8.9的结果说明城市群经济在一定程度上削弱了跨省投资的行政障碍，从而有助于市场一体化发展。未来的城市

群规划应进一步强化政府间协调，破除要素流动的行政边界效应。

表 8.9　城市群规划与企业跨地投资的省界效应

	（1）	（2）	（3）	（4）
	Ln（数量）	Ln（资本）	Ln（数量）	Ln（资本）
同省异城市群	−0.289*** （0.0342）	−2.401*** （0.287）		
异省同城市群	0.0418 （0.0819）	−0.887* （0.501）		
异省异城市群	−0.440*** （0.0332）	−4.004*** （0.275）		
Ln（城市对最短通车时间）× 同省同城市群			−0.221*** （0.0211）	−0.546*** （0.181）
同省异城市群			−0.107*** （0.0162）	−0.460*** （0.161）
异省同城市群			−0.204*** （0.0361）	−0.244 （0.357）
异省异城市群			−0.0210*** （0.00275）	−0.115*** （0.0271）
	控制是否同一方言（大/中/小）区、城市对地理距离、经济距离		控制城市对、方言大区、中区和小区 × 年份固定效应	
年份、子公司所在城市 × 年份、母公司所在城市 × 年份、城市距离分组 × 年份固定效应均已控制				
观察值	1015508	1015508	1015560	1015560
R^2	0.304	0.223	0.758	0.656

注：研究样本为地级市城市对。因变量为城市 n 的上市公司（母公司）在城市 i 的设立的子公司的数量和注册资本总额（取对数）。若上市公司所在地级市（投资发起地）和子公司所在地级市（投资目的地）位于同一省份同一城市群，则同省同城市群 =1，否则 =0。同省异城市群（包括非城市群城市）、异省同城市群、异省异城市群（包括非城市群城市）等虚拟变量的设定方式以此类推。第（1）列和第（2）列的基准组为同省同城市群。第（3）列和第（4）列的核心自变量为城市对最短通车时间（取对数）与上述虚拟变量的乘积。括号里是聚类到城市对层面的标准误；*** $p<0.01$，** $p<0.05$，* $p<0.1$。

第七节　本章小结

交通网络的扩张在多大程度上能够促进全国要素市场一体化的进程？区域间的交通连通可以突破行政边界对于要素流动的限制，还是行政边界的存在抑制了交通网络对于市场整合的积极作用？基于铁路、公路等交通网络数据、2005—2017年高铁网络的扩张以及上市公司的异地子公司投资数据，本章从企业跨地投资的视角说明了交通网络扩张以及行政壁垒对于资本跨地流动的影响。研究发现，剔除了文化以及地理因素后，企业的跨地投资存在显著的省界效应，即省内投资流显著高于跨省。交通网络扩张对企业省内投资的促进效应远高于跨省投资，说明行政边界限制了交通网络的投资促进效应。

本章的结果表明，尽管交通基础设施的发展为市场一体化提供了推动力，但行政壁垒的存在使得交通网络的一体化效应局限在行政边界内部。因此，推动市场一体化的政策设计必须同时考虑交通网络的扩张和行政壁垒的破除。城市群经济作为一项促进要素市场一体化和区域经济协调发展的重要方向，未来的发展规划应重点破除各类行政壁垒，促进生产要素的空间配置效率。

第九章

区域发展中的地方政府角色：问题、转型与出路

第一节　风险与挑战

本书以公共设施的空间配置为切入点，提供了地方政府影响区域经济发展格局的经验证据。财政分权和政治集权的制度框架，构成了中国地方政府干预区域发展的底层逻辑。这一逻辑体系是造就转型期“中国奇迹”的关键，但同时也是当前经济面临的许多重大问题的重要根源。根据本书前面章节的分析，这些问题与矛盾集中表现在：

一、城市发展政策的效率风险

如前文所述，新城市经济学理论为地方政府主导新城开发提供了理论基础。土地财政的显示确保了“补贴性招商引资→企业入驻产生正外部性→地价上涨→补贴性招商引资……”这一机制的可持续性。新城发展初期往往通过大型公共设施吸引要素流入，基于对中国大学城建设的考察，第五章发现了以高等教育引流企业和人才、实现土地增值、最终拉动新城发展的经验证据。然而，需要引起警惕的是，从学理上，新城市经济学理论依赖于城市运营商完全竞争的前提假定——福利经济学第一定律指出，竞争市场是有效的（最优的）。当城市运营商做出了错误的决策，那么后果便是淘汰退出市场（即城市

破产），最终构成了市场的纠错功能。地方政府间虽然存在竞争，但远不是完全竞争，很重要的一点是，城市政府无法退出市场或破产[①]。而且，与企业不同，地方政府决策失误带来的损失并非仅由政府本身承担，更是为城市居民共同承担。上述现实与理论的背离导致城市发展政策面临着高度不确定性，地方政府经营城市的成败高度依赖于地方官员的能力以及地方禀赋。例如，在第五章中，尽管高教园区成为了区域创新增长的引擎，但职教园区周围并未形成显著的经济集聚，这说明高等教育产生的知识溢出效应是大学城经济集聚的关键机制。又如，第三章发现，高铁新城的经济活动密度相对于邻近区域未有显著提升。第四章发现，高铁新城设立后城市内部呈现经济活动的分散化，但这主要是由偏向郊区的城市建设投资所致，而市场主体的空间分布反而在高铁通车后更加集中于中心城区，可谓市场与政府背道而驰。为解释这一现象，第三章指出，对邻近区域集聚经济的利用是影响高铁新城发展的关键因素。尽管高铁带来的城市可达性提升能为站区创造经济集聚，但在高铁站远离市中心的情况下，低水平的城市中心可达性大大限制了高铁新城经济发展。

此外，在招商引资问题上，政府也面临着哈耶克式难题：政府信息获取能力差，以致难以甄别正外部性企业。例如，著名的娱乐圈"阴阳合同"案后边境城市霍尔果斯的影视企业大逃离，背景是2010年后当地出台的一系列产业补贴政策，引来国内主流电影公司在当地注册分公司或工作室，大量企业利用空壳公司实现税收减免，使霍尔果斯成为事实上的避税天堂。2018年，霍尔果斯开始调整税收优惠政策、税收严查，导致大量影视公司注销工作室。据《伊犁日报》统计，当年6月至9月，至少已有102家霍尔果斯影视公司注销。招商引资

① 最近出现的最为接近城市破产概念的是，由于财政危机，2020年底，鹤岗市成为全国第一个财政重整城市。

理论逻辑是引进正外部性企业以带动区域发展，而在此案例中的空壳公司仅仅是税收筹划的工具，地方政府缺乏甄别正外部性企业的能力的后果是大量的税收损失、地区发展错失机遇。

二、金融杠杆放大经营城市软预算约束风险

地方政府主导的新城建设依赖于土地金融模式，金融杠杆的不断拉长导致地方政府预算约束加速软化，使得中国新城规划建设的超前化严重，也出现了诸如鄂尔多斯康巴什新城等的“鬼城”争议。一个值得警惕的指标是，地方政府债务扩张迅速。如图 9.1 所示，地方政府杠杆率（负债 / 名义 GDP）在 2011 年首次超过中央政府杠杆率，且增长速度迅速加快。2022 年底，地方政府杠杆率达 29%，而同期中央政府杠杆率为 21.4%。在此背景下，城市发展存在典型的借短贷长现象。在 2014 年，即使同时考虑了地方预算内收入和土地财政，地方当年的财政收入占地方政府债务余额比重仅为 0.33%，也就是说，即使负债余额和收入流量保持不变，地方政府需要至少三百年才能还清这些债务。与此同时，地区之间的偿债能力呈现较大的分化。图 9.2 基于 2015 年的省份一般预算收入与地方政府性债务余额的比值，计算了各省的政府偿债能力指标。数据显示，经济发展水平较高的省份，如天津、广东、上海、北京等，往往偿债能力更强，而经济欠发达的中西部省份，如贵州、青海、云南、辽宁等，偿债能力更低。鉴于地方政府债多投向城市基本建设，上述趋势意味着欠发达地区的城市建设超出了经济发展的基本面，可能面临较严峻的偿债压力。更值得警惕的情况是，根据本书第三章的结果，高铁新城建设并未带来新城区域的显著土地增值。鉴于新城建设的融资主要以土地未来升值能力为抵押，这些地方的债务偿还问题将面临危机。在疫情后的经济（尤其是房地产业）下行期，各地已开始出现多起城投债违约事件。在此背景

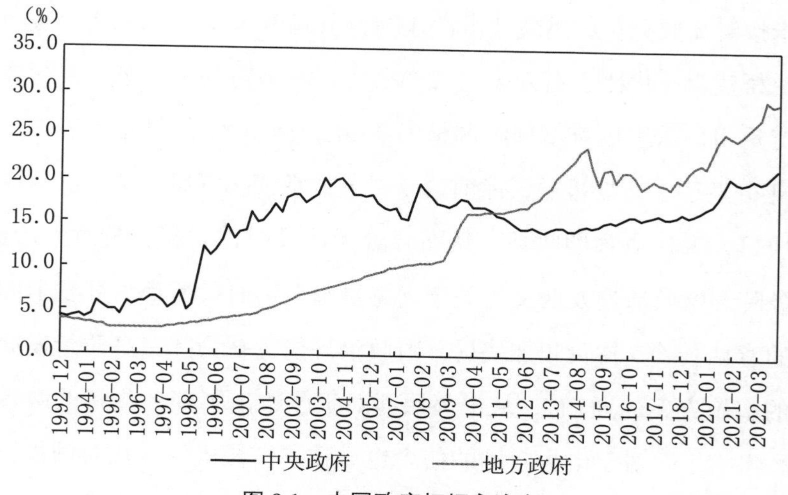

图 9.1　中国政府杠杆率演变

注：杠杆率＝各部门债务 ×100/ 名义 GDP。
数据来源：国家资产负债表研究中心（CNBS）。

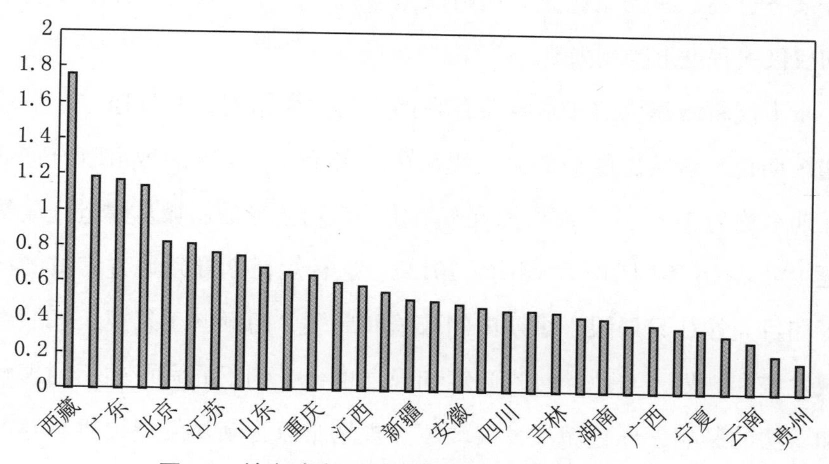

图 9.2　地方政府性债务偿债能力排序（2015 年）

注：偿债能力指标＝省份一般预算收入 / 地方政府性债务余额。
数据来源：CEIC 全球经济数据库。

下，2022 年的中央经济工作会议将地方债风险列为 2023 年需要着力化解的风险，并要求“坚决遏制增量、化解存量”。例如，2022 年初，兰州城投担保的非标融资违约后，同年 8 月底，兰州城投定向融资工具未按时完成兑付、出现技术性违约，引起市场关注。2022年底，遵义道桥建设（集团）有限公司发布公告，宣布对约156亿元银行贷款进行重组，重组后贷款期限调整为20年，前10年仅付息不还本，后10年分期还本。据报道，此前该公司大量举债投资城市基建以及产业园项目，未达成预期收益，从而导致无法及时偿付银行贷款。为此，国务院和财政部连发两文《关于支持贵州在新时代西部大开发上闯新路的意见》、《支持贵州加快提升财政治理能力奋力闯出高质量发展新路的实施方案的通知》，从中央层面对贵州给出了债务化解的政策支持。事实上，对于中央救助的信念也导致了信托机构往往对城投公司持有很强的刚兑“信仰”[①]，从而进一步积累风险。然而，这并不意味着贵州政策在其他地区是可复制的。2021年底，黑龙江鹤岗市由于地方债务过高，成为全国第一座财政重整城市，地方政府的经济发展主动权极大程度上受到限制。

不仅新城建设的成本收益存在严重的时期错配，而且地方官员任期短期化与新城发展长期化之间存在内在矛盾。中国的城市政府官员任期平均为3—4年，而根据现有经验，政府主导的新城从建造到成熟至少需要10年周期（陈瑞明，2013）。这种短任期导致地方官员的视野和目光往往只局限于短期内的政绩和成绩，而倾向于忽视长远的新城发展和规划，与此同时，政策和规划也会受到不同官员的不同理解和看法的影响，导致城市发展政策和规划难以为新城发展提供足够的连续性和稳定性。在新城的融资方面，新城建设的初期阶段需要大量的资金投入，而这些资金需要通过地方政府的引导和支持才能得到。在短任期的情况下，地方官员的更替导致新城建设的资金来源不稳定，进而影响新城的发展和建设。一个典型的案例是山西大同的新城

① 《遵义道桥百亿化债路》，《经济观察报》2023年1月6日，https://finance.sina.com.cn/wm/2023-01-07/doc-imxzkcmq2691754.shtml。

建设。2008年起，大同市前任市长耿彦波推动了规模空前的造城计划，该项目计划投资500亿，拆迁约10万户。2013年，耿彦波调任太原市，新任市长对大同的发展有不同设想，耿彦波曾经力推的125项工程一度被叫停，数十个施工队被拖欠工程款、许多城建工程出现停工潮，“山西大同负债超百亿，欲托管云冈石窟救急”的消息将大同推入舆论风波①。兰州大学城建设是另一典型案例。2001年，兰州政府决定城市向东拓展开辟新城，兰州大学领命搬往47公里外的榆中县，即榆中大学城。但在2007年，榆中县被甘肃确定为省财政直管县。于是2014年，兰州决定向北削山建城，兰州大学又可能再度搬迁，成为“兰州新城”的发动机②。

三、“行政区经济”造成资源配置扭曲

财政分权和政治集权下的地方政府竞争产生了维护市场的“财政联邦主义”，即各地竞相改善营商环境以吸引外来投资。然而，硬币的另一面是，在体制不完善的情况下，出现了诸如“地方保护主义”“诸侯经济”“逐底竞争”等恶性竞争问题，即为了维护辖区内利益，地方政府利用非正式或正式政策工具阻碍投资流出、保护本地企业，或牺牲地方长期税收利益换取短期投资提升等行为。这些行为的共同结果是造成了资源的空间配置扭曲，使得资源无法流向高效率地区，从而造成全国层面上的福利损失。正如本书第七章和第八章所发现的，虽然中国近年来的交通网络发展极大程度上降低了要素的跨地流动成本，然而，鉴于企业投资的流出将损害本地税基，因此流出地政府为辖区

---

① 《大同造城背后的债务包袱》,《民主与法制时报》2013年10月6日，http://www.mzyfz.com/cms/minzhuyufazhishibao/zaixian/html/1261/2013-09-29/content-878530.html。

② 《城市东拓北上，大学一搬再搬　兰州大学：城建盛宴“发动机”》,《南方周末》2014年6月30日，http://www.planning.org.cn/news/view?id=475&page=1。

内的企业跨地投资制造了相当强的障碍，这使得交通的一体化效应局限在省域内部。在此情况下，交通连通反而会造成地区内外发展差距扩大。这种国内贸易壁垒与国际贸易壁垒的道理相通，本书的结果说明即使在一国内部，要素流动的制度性成本仍然十分高昂。为突破全国统一大市场面临的这一瓶颈问题，2020 年发布的《中共中央、国务院关于构建更加完善的要素市场化配置体制机制的意见》明确提出要“破除阻碍要素自由流动的体制机制障碍，促进要素自主有序流动，提高要素配置效率”。

除了设置贸易壁垒外，地方政府往往对辖区内企业实施偏向性的优惠政策，从而干扰了市场秩序，引起资源错配问题。汽车行业的本地保护提供了一个典型案例。例如，1999 年上海出台了一项政策，规定上海产的汽车牌照起拍价 2 万元，而所有在上海以外生产的汽车牌照起拍价则为 10 万元。不久之后，拥有东风汽车公司的湖北省制定对策，对购买桑塔纳汽车（上海产）的车主征缴额外的 7 万元，作为“下岗职工解困基金”。近期的一项研究统计了各地关于汽车行业的政府文件，发现针对本地企业的政府补贴是汽车消费的本地偏爱的潜在原因（Barwick 等，2020）。2020 年以来，国家市场监管局近年来公布了若干地方政府滥用行政权力排除、限制竞争的案例。例如，在政府采购中，多地明确要求企业申请准入条件之一是本地注册的企业。汉阴县印发的《2022 年工业稳增长十条措施》中明确规定“在同质同价条件下，政府性投资项目优先使用本地产品”，厦门翔安区《关于印发翔安区必须招标限额以下工程项目招投标管理办法的通知》中，要求投标人应具备资格条件“企业法人工商注册地在翔安区”，要求限额以下工程“同等条件下应当优先选择本区企业”①。

---

① 《官方公布一批制止滥用行政权力排除、限制竞争案》,《中新经纬》2023 年 1 月 11 日，https://www.jwview.com/jingwei/html/01-11/522150.shtml。

在围绕着 GDP 的晋升锦标赛中，也产生了许多短期行为，对高质量经济增长形成阻碍。例如，地区间竞争导致行政区边界地区的负外部性行为过多、正外部性行为过少。有研究发现，污染性的行业更多出现在靠近省份边界的地区（Cai 等，2016）。周黎安和陶婧（2011）发现，处于省份边界上的县人均 GDP 显著更低。唐为（2019）发现省份边界县的经济产出显著低于其他县、成为贫困县的概率越高。这是由于地方政府策略性地减少辖区边界的公共品投资，以防止正外部性溢出至其他辖区。他的研究发现，由中央统筹投资国道和铁路，不存在边界效应；而主要由省政府投资决策的高速公路和省道存在着显著的省界效应，即边界县的路网密度显著低于其他县。

总之，区域间无序竞争导致的“行政区经济”使得地方政府陷入了典型的“囚徒困境”：政府间合作能够带来总体福利水平的提升，但在目前的制度前提下，地方政府仍缺乏合作的激励。

第二节　改革与出路

2020 年《中共中央关于制定国民经济和社会发展第十四个五年规划和二〇三五年远景目标的建议》明确提出了“推进以人为核心的新型城镇化”，“打破行业垄断和地方保护，畅通国内大循环”等区域发展目标。如前所述，地方政府在中国区域发展中发挥了不可或缺的作用，随着经济发展的加速和区域竞争的激化，这一模式也累积了不少风险隐患，如果不妥善解决，将会对十四五规划的实施产生负面影响。基于本书前文分析，提出以下改革思路。

一、外部监督机制的引入

机制体制的完善将对地方政府的行为实现有效约束，外部监督机制的引入可能是一条有益思路。按照监督主体的不同，可以区分为以下情况：

第一，引入市场主体。这种思路充分利用了市场主体的信息优势，对于地方政府实现自下而上的监督。要构建市场主体的监督激励，则必须要设立激励相容的体制机制安排。例如，地方政府债券、政府和社会资本合作（PPP）、政府引导基金等机制的设计，将市场主体变成了地方政府的投资人或合伙人，这使得市场参与者有激励对于政府投资项目的全过程进行监督。与此同时，为了吸引外部投资者，地方政府必须充分披露投融资的相关信息，例如，债券的发行规模、基金的融资规模、投资用途、收益率、期限等，这些信息可以让参与者更好地了解地方政府的财务状况和债务风险，也有助于实现有效监督。此外，这些融资工具的公开性与透明性的特质促进了地方政府间的有效竞争——财务状况越健康、投资标的盈利能力越强的政府融资项目，能获得更多社会资本的青睐；反之，低效率的政府投资项目，如脱离经济基本面的新城扩张等，将失去竞争能力。

第二，引入其他城市政府。这种思路类似于国家间的自由贸易协定。由于地方竞争往往发生在地理邻近城市，如有违反公平竞争行为或政策，势必对相邻城市造成损害，这一事实构成了城市间监督的内在激励。在现阶段，可以依托城市群规划或协定，首先实现一定地域范围内的城市间监督。例如，成渝地区双城经济圈在近年来启动了公平竞争审查第三方交叉互评工作，制定的《川渝市场监管公平竞争审查第三方评估交叉互评实施方案》明确了川渝两地在公平竞争审查工作中的责任分工和合作机制，并提出了对于第三方评估交叉互评工作的具体要求和标准。此外，在现有工作经验基础上，积极推动川渝友好、毗邻城市自主开展公平竞争审查第三方交叉互评。上述实践旨在依靠互相监督破除城市间行政壁垒，打造促进公平竞争的良好营商环境[①]。

第三，引入法律规范。法律规范的建立是在正式制度层面建立对于地方政府的行为约束。党的十九大明确要求“打破行政性垄断”，二十大进一步强调要“破除地方保护和行政性垄断”。在上述背景下，近年来中央颁布了一系列相关法律法规。2016年国务院印发《关于在市场体系建设中建立公平竞争审查制度的意见》，要求“建立公平竞争审查制度，以规范政府有关行为，防止出台排除、限制竞争的政策措施，逐步清理废除妨碍全国统一市场和公平竞争的规定和做法”。2021年该条例进行了修订，进一步提高了审查标准并明确了政府间协调的具体举措：“强化部际联席会议、地方各级人民政府及联席会议职能作用”。2020年国务院发布《优化营商环境条例》要求，“有效预防和制止滥用行政权力排除、限制竞争”，“最大限度减少政府对市场资源的直接配置，最大限度减少政府对市场活动的直接干预”。2021年，市场监管总局等五部门印发《公平竞争审查制度实施细则》，落实了审查制度的具体流程。此后四川攀枝花、安徽淮北、宣城等多地将公平竞争审查纳入政府考评。2022年修订的《中华人民共和国反垄断法》专设一章——“滥用行政权力排除、限制竞争”，强调了反行政性垄断行为，规定“妨碍商品在地区之间的自由流通构成滥用行政权力排除、限制竞争行为”，“滥用行政权力，实施排除、限制竞争行为”的主管人员需要接受依法处分。国家市场监管局自2020年开始公布反垄断处罚案件，图9.3展示了近三年的案件数量变化。从案件累计总量来看，经营者集中案件最多，其次为行政垄断案件（即滥用行政权力排除、限制竞争），共计106件。值得注意的是，相较而言，市监局公布的行

---

① 四川省市场监管局：《四川省深化与重庆市公平竞争审查协作　推进川渝第三方交叉互评》，2022年10月27日，https://www.samr.gov.cn/jzxts/sjdt/dfdt/202210/t20221027_351064.html。

政垄断案件的数量一直保持着快速增长的态势，体现了中央对于破除行政壁垒方面的决心。

然而，在引入更多外部监督机制并提升审查标准的同时，需要指出，在实践中，排除竞争的政策与地方产业政策的协调难度也进一步增大，也就是说，监管尚存在模糊地带。在理论上，赋予地方政府更多自由裁量权还是用更严格细致的规则限制政府行为，这本身是一个争议性问题（Aghion 和 Tirole，1997）。如本书开篇所述，分权的优势是能够充分利用地方政府对于辖区内企业的信息优势，从而寻找到效率更高的企业。例如在政府采购领域的本地企业偏好也可能是出于对本地企业的熟悉或是政企协作成本的考虑。基于发达市场经济的若干研究发现，在规范、公开的体制下，适当放松对于地方决策的审查有助于实现更有效的政府决策（Decarolis 等，2021）另一方面，在地方政府的目标与社会利益激励不相容或地方机构能力不足时（Bosio 等，2022），向地方分权也将产生巨大的成本，例如腐败或地方保护（Carril，2021）。因此，对地方政府监督的力度面临着权衡（tradeoff），并非越严格的政策效率越高。

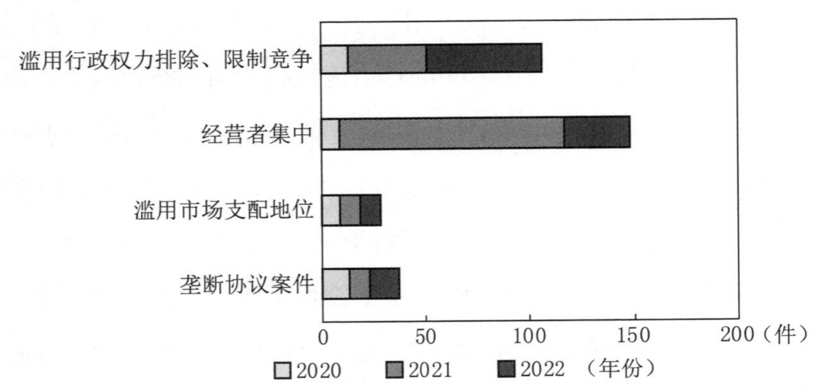

图 9.3　国家市场监管局公布的反垄断行政处罚案件数量

数据来源：国泰安数据库。

二、构建激励相容的官员考核体系

由于地方政府与监督者（中央政府或市场参与者）之间信息不对称，当两者目标不相同的情况下，依赖外部监督面临着经典的委托代理问题。在出现目标冲突时，地方政府往往选择有利于自身利益最大化的行动组合，违背或象征性秩序上级行政命令（周黎安，2017）。正如本书第八章发现的，企业跨地投资面临的行政壁垒与流出地政府的晋升激励有关，地方官员晋升激励越强、企业就业与应交税费规模越大，则跨地投资面临的省界效应越强。笔者此前的一篇论文发现，在2010年左右的房地产市场高涨时期，当来自中央的房价督查的可能性加强，地方政府将实施更为严格的短期地价干预；当中央督察组撤离后，地方政府立即放弃地价干预措施（Wang和Hui，2017）。另有文献发现，在党代会以及随后的两会时期，地方官员更倾向于追求民生目标，如降低煤矿事故（Nie等，2013）、改善空气质量（石庆玲等，2016），而两会结束后，上述指标恢复与平时相当的水平。因此，在构建监督机制之余，未来的改革还需要考虑重构地方官员内在的行为逻辑，即做对地方政府的激励。我国自20世纪90年代以来的官员考核体系侧重于经济增长，这一指标的优势是可观测且评定标准统一。然而，不计社会成本地追求经济增长催生出一系列地方短期行为，如本书发现的政府主导的新城建设过快扩张，又如污染性GDP、民生投资滞后于生产性公共品投资等。

如何设计最优契约（即官员考核指标体系）使得代理人（地方政府）与委托人（社会整体）的激励相容，是未来官员考核改革面临的关键问题。2013年，中央组织部发布《关于改进地方党政领导班子和领导干部政绩考核工作的通知》，明确“中央有关部门不能单纯以地区生产总值及增长率来衡量各省（自治区、直辖市）发展成效”，要求“设置各有侧重、各有特色的考核指标”。政策的初衷是为了解决单一化目标的弊端，但改革后央地关系面临着新的多任务委托代理问题（周黎安，2017）。即当代理人需要履行多个任务时，由于不同任务之间存在着冲突或者协同关系，会导致代理人在履行任务时面临着权衡和选择的难题——由于中央政府对于不同工作的监督能力不同，代理人（地方政府）倾向于完成最易被监督到的工作组合，导致有些任务少被执行或不被执行。例如，据《半月谈》报道，基层的考核指标体系过于繁杂，而“基层的许多工作很难体现在纸面上，更难通过精准的量化数据加以考核”，因此多目标考核反而鼓励“形象工程”的出现。又如，2012 年中央提出做好造林绿化的工作目标，同年 3 月新上任的青岛市市长提出了大规模的“植树增绿”工程，当年拟投入逾 40 亿元造林。据《中国新闻周刊》报道，“当时青岛海边也种满了树，树不容易活，都打上营养液”[①]。为了解决由信息不对称带来的监管难题，现有的选择包括自上而下的约谈、问责、负面清单等行政措施。虽然这些举措能够在一定程度上产生震慑效应，但制度运行成本同样很高。因此，未来的地方官员激励重构仍然任重道远。

三、城市内协调机制的优化

新城市经济学理论强调，竞争性的城市政府能够起到组织协调作用——通过用未来的土地增值提前补贴居民和企业，使得外部性内部化，从而克服市场失灵、达到有效城市规模。由此，我国的土地财政制度成为了行之有效的制度保证。这一模式在城市化初期、城市内有大量未开发用地的情况下更为有效。随着城市化加速，大城市逐步迈入存量房时代。我国长期以来一直缺乏全国性的房产税，只有流转环

① 《三天打两虎：“种树市长”张新起落马，曾花 40 亿搞绿化遭质疑》，《澎湃新闻》2021 年 2 月 27 日，https://www.thepaper.cn/newsDetail_forward_11488949。

节的土地使用税和房地产交易税。一方面，城市财政缺乏稳定的现金流，从而导致短任期的地方官员透支未来土地收入建造新城，而下任官员将面临地方债务攀升以及新增建设用地降低。通过征收财产税和土地税，可以减少地方政府对于土地收入的依赖，从而避免地方政府过度借贷和透支未来收入。另一方面，由于缺乏持有环节的税收，地方政府无法捕获公共设施修建以及正外部性企业集聚带来的既有城市用地增值（即资本化效应），“补贴性招商引资→企业入驻产生正外部性→土地出让收入上升→补贴性招商引资……”这一闭环也就难以达成，导致地方政府主导的城市发展策略面临可持续性问题。我国目前仅在重庆、上海开展了房产税试点，未来有进一步加速推进的可能性。十四五规划明确提出要“推进房地产税立法”，房产税的开征将重塑未来城市开发的协调机制。

四、城市间协调机制的构建

破除区域间竞争的“囚徒困境”、促进城市间协调发展需要适当的集权化改革。在收入方面，中央近些年开展了若干尝试，进一步规范了地方政府的财政收支。2018 年国务院印发的《深化党和国家机构改革方案》将省级和省级以下国税地税机构合并，具体承担所辖区域内的各项税收、非税收入征管等职责。国税地税机构合并后，实行以国家税务总局为主与省（区、市）人民政府双重领导管理体制，从中央层面优化了税收管理的协调问题，也在很大程度上限制了地方政府利用税收优惠吸引外来投资的自由裁量权。2021 年，财政部将四项政府非税收入划转税务部门征收，最引人关注的是国有土地使用权出让收入，这意味着地方政府对于土地出让金的使用受到了更为严格的监管。

在发达国家的经验中，城市群经济可以成为城市间协调机制的有效载体。2006 年国家“十一五”规划已提出，把城市群作为推进城镇化的主体形态。近年来，国务院密集发布城市群规划，将京津冀协同发展、长三角区域一体化、粤港澳大湾区等一系列城市群经济发展规划上升至国家战略。例如，在产业对接协作方面，2017 年财政部和税务总局制定了《京津冀协同发展产业转移对接企业税收收入分享办法》，从而构建了跨城市合作的财政激励。在公共设施投资方面，北京与河北省签署了《关于共同推进河北雄安新区规划建设战略合作协议》，推动了公共品投资、新城发展的跨地区合作。早在 1992 年长三角 15 个城市建立了协作部门主任联席会议制度，即 1997 年的长江三角洲城市经济协调会的前身，成为协调城市间发展的重要载体。2022 年长三角市场监管部门联合推动城市群内的市场准入一体化，沪苏浙皖四地签署了《长三角地区市场准入体系一体化建设合作协议》，旨在进一步破除城市群内部的地方保护与市场分割。本书第八章的结果显示，在同一城市群内部，企业跨地投资面临的行政壁垒效应消失，验证了城市群规划在建立统一大市场方面的先锋作用。迄今为止，城市群内部的协调制度的制定还处于各自探索阶段，也导致城市群内部仍然存在着更具隐藏性的市场分割。未来的城市群协作规则制定或可参照国际上的多边贸易协定，建立有效的跨区贸易争端解决机制，即当城市之间出现贸易或投资纠纷时，可以通过协商、调解、仲裁等方式解决争端；对于破坏规则的政府行为，由中央政府直接问责。

参考文献

［1］习近平:《国家中长期经济社会发展战略若干重大问题》,《求是》2020年第21期。

［2］习近平:《推动形成优势互补高质量发展的区域经济布局》,《求是》2019年第24期。

［3］蔡昉、都阳:《转型中的中国城市发展——城市级层结构，融资能力与迁移政策》,《经济研究》2003年第6期。

［4］蔡庆丰、田霖、郭俊峰:《民营企业家的影响力与企业的异地并购——基于中小板企业实际控制人政治关联层级的实证发现》,《中国工业经济》2017年第3期。

［5］曹春方:《异地商会与企业跨地区发展》,《经济研究》2020年第4期。

［6］曹春方、夏常源、钱先航:《地区间信任与集团异地发展——基于企业边界理论的实证检验》,《管理世界》2019年第1期。

［7］曹春方、张婷婷、范子英:《地区偏袒下的市场整合》,《经济研究》2017年第12期。

［8］曹春方、周大伟、吴澄澄、张婷婷:《市场分割与异地子公司分布》,《管理世界》2015年第9期。

［9］常晨、陆铭:《新城：造城运动为何引向债务负担?》,《学术月刊》2017年第10期。

［10］常晨、陆铭:《新城之殇——密度、距离与债务》,《经济学（季刊）》2017年第4期。

［11］陈林、夏俊:《高校扩招对创新效率的政策效应——基于准实验与双重差分模型的计量检验》,《中国人口科学》2015年第5期。

［12］陈瑞明:《城镇化的透支与变局（基于10城镇调查）》，海通证券研究报告，2013年，https：//max.book118.com/html/2022/0716/6201002102004212.shtm。

［13］陈胜蓝、刘晓玲:《最低工资与跨区域并购：基于劳动力成本比较优势的视角》,《世界经济》2020年第9期。

［14］丁从明、吉振霖、雷雨、梁甄桥:《方言多样性与市场一体化：基于城

市圈的视角》,《经济研究》2018 年第 11 期。

[15] 董艳梅、朱英明:《高铁建设能否重塑中国的经济空间布局——基于就业、工资和经济增长的区域异质性视角》,《中国工业经济》2016 年第 10 期。

[16] 范子英、张航、陈杰:《公共交通对住房市场的溢出效应与虹吸效应:以地铁为例》,《中国工业经济》2018 年第 5 期。

[17] 高超、黄玖立、李坤望:《方言、移民史与区域间贸易》,《管理世界》2019 年第 2 期。

[18] 高璐敏:《集聚、辐射与创新:大学城对其周边区域经济的影响——以上海松江大学城为个案》,《东北师大学报:哲学社会科学版》2014 年第 1 期。

[19] 高相铎、李诚固、高艳丽、韩守庆:《西部大学城对未来西安市城市空间扩散的影响》,《人文地理》2005 年第 5 期。

[20] 谷一桢、郑思齐:《轨道交通对住宅价格和土地开发强度的影响——以北京市 13 号线为例》,《地理学报》2010 年第 2 期。

[21] 胡凯、吴清:《省际资本流动的制度经济学分析》,《数量经济技术经济研究》2012 年第 10 期。

[22] 黄张凯、刘津宇、马光荣:《地理位置、高铁与信息:来自中国 IPO 市场的证据》,《世界经济》2016 年第 10 期。

[23] 吉赟、杨青:《高铁开通能否促进企业创新:基于准自然实验的研究》,《世界经济》2020 年第 2 期。

[24] 兰峰、达卉莉:《住房价格分异、公共基础设施与城市空间重构——基于西安市的时空演化视角》,《管理世界》2018 年第 3 期。

[25] 李红阳、邵敏:《城市规模、技能差异与劳动者工资收入》,《管理世界》2017 年第 8 期。

[26] 李兰冰、阎丽、黄玖立:《交通基础设施通达性与非中心城市制造业成长:市场势力、生产率及其配置效率》,《经济研究》2019 年第 12 期。

[27] 李力行、黄佩媛、马光荣:《土地资源错配与中国工业企业生产率差异》,《管理世界》2016 年第 8 期。

[28] 李琬、孙斌栋:《城市规模分布的经济绩效——基于中国市域数据的实证研究》,《地理科学》2015 年第 3 期。

[29] 李子彬:《我在深圳当市长》,中信出版社,2020 年。

[30] 林树森:《广州城记》,广东人民出版社,2013 年。

[31] 刘生龙、胡鞍钢:《交通基础设施与中国区域经济一体化》,《经济研究》2011 年第 3 期。

[32] 刘修岩、李松林、秦蒙:《城市空间结构与地区经济效率——兼论中国城镇化发展道路的模式选择》,《管理世界》2017 年第 1 期。

[33] 刘勇政、李岩:《中国的高速铁路建设与城市经济增长》,《金融研究》

2017年第11期。

[34]龙玉、赵海龙、张新德、李曜:《时空压缩下的风险投资——高铁通车与风险投资区域变化》,《经济研究》2017年第4期。

[35]陆铭:《建设用地使用权跨区域再配置:中国经济增长的新动力》,《世界经济》2011年第1期。

[36]陆铭、常晨、王丹利:《制度与城市:土地产权保护传统有利于新城建设效率的证据》,《经济研究》2018年第6期。

[37]陆铭、向宽虎:《地理与服务业——内需是否会使城市体系分散化?》,《经济学(季刊)》2012年第3期。

[38]罗庆、李小建:《基于VIIRS夜间灯光的中国城市中心的分异特征及其影响因素》,《地理研究》2019年第1期。

[39]马光荣、程小萌、杨恩艳:《交通基础设施如何促进资本流动——基于高铁开通和上市公司异地投资的研究》,《中国工业经济》2020年第6期。

[40]潘士远、朱丹丹、徐恺:《中国城市过大抑或过小?——基于劳动力配置效率的视角》,《经济研究》2018年第9期。

[41]彭冲、陆铭:《从新城看治理:增长目标短期化下的建城热潮及后果》,《管理世界》2019年第8期。

[42]钱先航、曹廷求:《钱随官走:地方官员与地区间的资金流动》,《经济研究》2017年第2期。

[43]秦蒙、刘修岩、李松林:《中国的“城市蔓延之谜”——来自政府行为视角的空间面板数据分析》,《经济学动态》2016年第7期。

[44]饶品贵、王得力、李晓溪:《高铁开通与供应商分布决策》,《中国工业经济》2019年第10期。

[45]邵挺、崔凡、范英、许庆:《土地利用效率、省际差异与异地占补平衡》,《经济学(季刊)》2011年第3期。

[46]石庆玲、郭峰、陈诗一:《雾霾治理中的“政治性蓝天”——来自中国地方“两会”的证据》,《中国工业经济》2016年第5期。

[47]世界银行:《1994年世界发展报告(中文版)》,中国财政经济出版社,1994年。

[48]宋渊洋、黄礼伟:《为什么中国企业难以国内跨地区经营?》,《管理世界》2014年第12期。

[49]唐为:《分权、外部性与边界效应》,《经济研究》2019年第3期。

[50]唐为:《要素市场一体化与城市群经济的发展:基于微观企业数据的分析》,《经济学(季刊)》2021年第1期。

[51]陶然、陆曦、苏福兵、汪晖:《地区竞争格局演变下的中国转轨:财政激励和发展模式反思——对改革30年高增长的政治经济学再考察和来自“土地财

政”视角的证据》,《经济研究》2009 年第 6 期。

[52] 陶然、袁飞、曹广忠:《区域竞争、土地出让与地方财政效应：基于 1999—2003 年中国地级城市面板数据的分析》,《世界经济》2007 年第 10 期。

[53] 王凤荣、苗妙:《税收竞争、区域环境与资本跨区流动——基于企业异地并购视角的实证研究》,《经济研究》2015 年第 2 期。

[54] 王家庭、臧家新、卢星辰、赵一帆:《城市私人交通和公共交通对城市蔓延的不同影响——基于我国 65 个大中城市面板数据的实证检验》,《经济地理》2018 年第 2 期。

[55] 王兰、王灿、陈晨、顾浩:《高铁站点周边地区的发展与规划——基于京沪高铁的实证分析》,《城市规划学刊》2014 年第 4 期。

[56] 王贤彬、徐现祥:《地方官员来源，去向，任期与经济增长》,《管理世界》2008 年第 3 期。

[57] 王垚、年猛:《高速铁路带动了区域经济发展吗?》,《上海经济研究》2014 年第 2 期。

[58] 王雨飞、倪鹏飞:《高速铁路影响下的经济增长溢出与区域空间优化》,《中国工业经济》2016 年第 2 期。

[59] 王媛:《市场可达性、空间集聚经济与高铁站区经济发展》,《财贸经济》2020 年第 3 期。

[60] 王媛:《土地运作、政府经营与中国城市化》，华东师范大学出版社，2017 年。

[61] 王媛:《我国地方政府经营城市的战略转变——基于地级市面板数据的经验证据》,《经济学家》2013 年第 11 期。

[62] 王媛、杨广亮:《为经济增长而干预：地方政府的土地出让策略分析》,《管理世界》2016 年第 5 期。

[63] 魏守华、陈扬科、陆思桦:《城市蔓延、多中心集聚与生产率》,《中国工业经济》2016 年第 8 期。

[64] 席强敏、梅林:《工业用地价格、选择效应与工业效率》,《经济研究》2019 年第 2 期。

[65] 夏立军、陆铭、余为政:《政企纽带与跨省投资——来自中国上市公司的经验证据》,《管理世界》2011 年第 7 期。

[66] 夏怡然、陆铭:《跨越世纪的城市人力资本足迹——历史遗产、政策冲击和劳动力流动》,《经济研究》2019 年第 1 期。

[67] 熊柴、邓茂、蔡继明:《控总量还是调结构：论特大和超大城市的人口调控——以北京市为例》,《天津社会科学》2016 年第 3 期。

[68] 徐康宁、陈丰龙、刘修岩:《中国经济增长的真实性：基于全球夜间灯光数据的检验》,《经济研究》2015 年第 9 期。

[69] 徐现祥:《官员偏爱籍贯地的机制研究——基于资源转移的视角》,《经济研究》2019 年第 7 期。

[70] 许闻博、王兴平:《高铁站点地区空间开发特征研究——基于京沪高铁沿线案例的实证分析》,《城市规划学刊》2016 年第 1 期。

[71] 杨继彬、李善民、杨国超、吴文锋:《省际双边信任与资本跨区域流动——基于企业异地并购的视角》,《经济研究》2021 年第 4 期。

[72] 杨其静、彭艳琼:《地方政府为什么出让工业用地》, 中国人民大学国家发展与战略研究院专题研究报告 NPE201403, 2014, http://nads.ruc.edu.cn/upfile/file/20140307171954_97195.pdf。

[73] 杨其静、卓品、杨继东:《工业用地出让与引资质量底线竞争》,《管理世界》2014 年第 9 期。

[74] 叶宁华、张伯伟:《地方保护、所有制差异与企业市场扩张选择》,《世界经济》2017 年第 6 期。

[75] 殷群、谢芸、陈伟民:《大学科技园孵化绩效研究》,《中国软科学》2010 年第 3 期。

[76] 于涛、陈昭、朱鹏宇:《高铁驱动中国城市郊区化的特征与机制研究——以京沪高铁为例》,《地理科学》2012 年第 9 期。

[77] 喻坤、李治国、张晓蓉、徐剑刚:《企业投资效率之谜: 融资约束假说与货币政策冲击》,《经济研究》2014 年第 5 期。

[78] 张军:《分权与增长: 中国的故事》,《经济学(季刊)》2007 年第 1 期。

[79] 张俊:《高铁建设与县域经济发展——基于卫星灯光数据的研究》,《经济学(季刊)》2018 年第 4 期。

[80] 张克中、陶东杰:《交通基础设施的经济分布效应——来自高铁开通的证据》,《经济学动态》2016 年第 6 期。

[81] 张梦婷、俞峰、钟昌标、林发勤:《高铁网络、市场准入与企业生产率》,《中国工业经济》2018 年第 5 期。

[82] 张五常:《中国的经济制度》, 中信出版社, 2009 年。

[83] 张学良、李培鑫、李丽霞:《政府合作、市场整合与城市群经济绩效——基于长三角城市经济协调会的实证检验》,《经济学(季刊)》2017 年第 4 期。

[84] 赵静、黄敬昌、刘峰:《高铁开通与股价崩盘风险》,《管理世界》2018 年第 1 期。

[85] 周黎安:《晋升博弈中政府官员的激励与合作——兼论我国地方保护主义和重复建设问题长期存在的原因》,《经济研究》2004 年第 6 期。

[86] 周黎安:《转型中的地方政府: 官员激励与治理(第二版)》, 格致出版社, 2017 年。

[87] 周黎安、陶婧:《官员晋升竞争与边界效应：以省区交界地带的经济发展为例》,《经济研究》2011 年第 3 期。

[88] 周玉龙、杨继东、黄阳华:《高铁对城市地价的影响及其机制研究——来自微观土地交易的证据》,《中国工业经济》2018 年第 5 期。

[89] A. Colin Cameron and Douglas L. Miller, "A Practitioner's Guide to Cluster-Robust Inference," *Journal of Human Resources* 50 (2015): 317—372.

[90] Abhijit Banerjee, Esther Duflo and Nancy Qian, "On the Road: Access to Transportation Infrastructure and Economic Growth in China," *Journal of Development Economics* 145 (2020): 1—36.

[91] Adam B. Jaffe, "Real Effects of Academic Research," *American Economic Review* 79 (1989): 957—970.

[92] Adelheid Holl, "Highways and Productivity in Manufacturing Firms," *Journal of Urban Economics* 93 (2016): 131—151.

[93] Ajay Agrawal, Alberto Galasso and Alexander Oettl, "Roads and Innovation," *Review of Economics & Statistics* 99 (2017): 417—434.

[94] Alessandro Ruggieri, "Trade and Labor Market Institutions," University of Nottingham research paper series, accessed 2019, https://www.researchgate.net/publication/265888586_Transport_Infrastructure_and_Firm_Location_Choice_in_Equilibrium_Evidence_from_Indonesia%27s_Highways.

[95] Alex Anas, Richard Arnott and Kenneth A. Small, "Urban Spatial Structure," *Journal of Economic Literature* 36 (1998): 1426—1464.

[96] Alexander D. Rothenberg, "Transport Infrastructure and Firm Location Choice in Equilibrium: Evidence from Indonesia's Highways," working paper, accessed 2011, https://www.researchgate.net/publication/265888586_Transport_Infrastructure_and_Firm_Location_Choice_in_Equilibrium_Evidence_from_Indonesia%27s_Highways.

[97] Alexander Ljungqvist and Michael Smolyansky, "To Cut or Not to Cut? On the Impact of Corporate Taxes on Employment and Income," Finance and Economics Discussion Series. Washington: Board of Governors of the Federal Reserve System, accessed 2016, http://dx.doi.org/10.17016/FEDS.2016.006.

[98] Alexandra L. Cermeño, "Do Universities Generate Spatial Spillovers? Evidence from Us Counties between 1930 and 2010," *Journal of Economic Geography* (2018): 1—38.

[99] Alfonso Irarrazabal, Andreas Moxnes and Luca David Opromolla, "The Margins of Multinational Production and the Role of Intrafirm Trade," *Journal of Political Economy* 121 (2013): 74—126.

[100] Andrei A. Levchenko, "Institutional Quality and International Trade,"

Review of Economic Studies 74 (2007): 791—819.

[101] Andrew B. Bernard, Andreas Moxnes and Yukiko U. Saito, "Production Networks, Geography, and Firm Performance," *Journal of Political Economy* 127 (2019): 639—688.

[102] Anna Valero and John Van Reenen, "The Economic Impact of Universities: Evidence from across the Globe," *Economics of Education Review* 68 (2019): 53—67.

[103] Anne Célia Disdier and Keith Head, "The Puzzling Persistence of the Distance Effect on Bilateral Trade," *Review of Economics & Statistics* 90 (2008): 37—48.

[104] Arnaud Costinot and Dave Donaldson, "How Large Are the Gains from Economic Integration? Theory and Evidence from U.S. Agriculture, 1880—2002," NBER working paper, accessed 2016, https://www.nber.org/papers/w22946.

[105] Arturs Kalnins and Francine Lafontaine, "Too Far Away? The Effect of Distance to Headquarters on Business Establishment Performance," *American Economic Journal-microeconomics* 5 (2013): 157—179.

[106] Asturias Jose, García Santana Manuel and Ramos Roberto, "Competition and the Welfare Gains from Transportation Infrastructure: Evidence from the Golden Quadrilateral of India," *Journal of the European Economic Association* 17 (2019): 1881–1940.

[107] Benjamin Faber and Cecile Gaubert, "Tourism and Economic Development: Evidence from Mexico's Coastline," *American Economic Review* 109 (2019): 2245—2293.

[108] Benjamin Faber, "Trade Integration, Market Size, and Industrialization: Evidence from China's National Trunk Highway System," *Review of Economic Studies* 81 (2014): 1046—1070.

[109] Benjian Yang, Mark D. Partridge and Anping Chen, "Do Border Effects Alter Regional Development: Evidence from a Quasi-Natural Experiment in China," *Journal of Economic Geography* 22 (2022): 103—127.

[110] Camilo Acosta, Lyngemark and Ditte Håkonsson, "The Internal Spatial Organization of Firms: Evidence from Denmark," *Journal of Urban Economics* 124 (2021): 1—48.

[111] Carl Bonander, Niklas Jakobsson, Federico Podestà and Mikael Svensson, "Universities as Engines for Regional Growth? Using the Synthetic Control Method to Analyze the Effects of Research Universities," *Regional Science & Urban Economics* 60 (2016): 198—207.

[112] Changjun Yue, Siyan Yue and Jing Zhang, "The Allocation of China's Higher Education Talent (2003—2013)," *Applied Economics Letters* 24 (2016): 850—853.

[113] Chang-Tai Hsieh and Peter J. Klenow, “Misallocation and Manufacturing TFP in China and India,” *Quarterly Journal of Economics* 124 (2009): 1403—1448.

[114] Charles Hodgson, “The Effect of Transport Infrastructure on the Location of Economic Activity: Railroads and Post Offices in the American West,” *Journal of Urban Economics* 104 (2018): 59—76.

[115] Chenggang Xu, “The Fundamental Institutions of China’s Reforms and Development,” *Journal of Economic Literature* 49 (2011): 1076—1151.

[116] Chong En Bai, Chang Tai Hsieh and Zheng Song, “The Long Shadow of China’s Fiscal Expansion,” *Brookings Papers on Economic Activity* (2016): 129—181.

[117] Chong-En Bai, Yingjuan Du, Zhigang Tao and Sarah Y. Tong, “Local Protectionism and Regional Specialization: Evidence from China’s Industries,” *Journal of International Economics* 63 (2004): 397—417.

[118] Christian Catalini, Christian Fons-Rosen and Patrick Gaulé, “How Do Travel Costs Shape Collaboration,” *Management Science* 66 (2020): 3340—3360.

[119] Chun-Yi Sum, “A Great Leap of Faith: Limits to China’s University Cities,” *Urban Studies* 55 (2018): 1460—1476.

[120] Colin A. Cameron, Jonah B. Gelbach and Douglas L. Miller, “Robust Inference with Multiway Clustering,” *Journal of Business & Economic Statistics* 29 (2011): 238—249.

[121] Colin Clark, “Urban Population Densities,” *Journal of the Royal Statistical Society. Series A* 114 (1951): 490—496.

[122] Csaba G. Pogonyi, Daniel J. Graham and Jose M. Carbo, “Metros, Agglomeration and Displacement. Evidence from London,” *Regional Science and Urban Economics* 90 (2021): 1—24.

[123] Daniel F. Heuermann and Johannes F. Schmieder, “The Effect of Infrastructure on Worker Mobility: Evidence from High-Speed Rail Expansion in Germany,” *Journal of Economic Geography* 19 (2019): 335—372.

[124] Daniel P. McMillen, “Nonparametric Employment Subcenter Identification,” *Journal of Urban Economics* 50 (2001): 448—473.

[125] Daniel P. McMillen, “One Hundred Fifty Years of Land Values in Chicago: A Nonparametric Approach,” *Journal of Urban Economics* 40 (1996): 100—124.

[126] Daniel P. Mcmillen, “The Return of Centralization to Chicago: Using Repeat Sales to Identify Changes in House Price Distance Gradients,” *Regional Science and Urban Economics* 33 (2003): 287—304.

[127] Dara Lee Luca and Michael Luca, “Survival of the Fittest: The Impact of the Minimum Wage on Firm Exit,” NBER working paper, accessed 2019, https://www.nber.

org/papers/w25806.

[128] Dave Donaldson and Richard Hornbeck, "Railroads and American Economic Growth: A " Market Access " Approach," *Quarterly Journal of Economics* 131 (2016): 799—858.

[129] Dave Donaldson, "Railroads of the Raj: Estimating the Impact of Transportation Infrastructure," *American Economic Review* 108 (2018): 899—934.

[130] Dave Donaldson, "The Gains from Market Integration," *Annual Review of Economics* 7 (2015): 619—647.

[131] David Albouy, Ehrlich Gabriel and Shin Minchul, "Metropolitan Land Values," *Review of Economics and Statistics* 100 (2018): 454—456.

[132] David Atkin and Amit K. Khandelwal, "How Distortions Alter the Impacts of International Trade in Developing Countries," *Annual Review of Economics* 12 (2020): 213—238.

[133] David Card, Stefano Dellavigna, Patricia Funk and Nagore Iriberri, "Are Referees and Editors in Economics Gender Neutral?," *Quarterly Journal of Economics* 135 (2020): 269—327.

[134] David Cuberes, Klaus Desmet and Jordan Rappaport, "Urban Growth Shadows," *Journal of Urban Economics* 123 (2021): 1—17.

[135] David Dollar and Shang-Jin Wei, "Das (Wasted) Kapital: Firm Ownership and Investment Efficiency in China," NBER working paper, accessed 2007, https://www.nber.org/papers/w13103.

[136] David Levinson, "Density and Dispersion: The Co-Development of Land Use and Rail in London," *Journal of Economic Geography* 8 (2007): 55—77.

[137] David Neumark and Helen Simpson, "Place-Based Policies," *Handbook of Regional and Urban Economics* 4 (2015): 1—90.

[138] David Rezza Baqaee and Emmanuel Farhi, "Productivity and Misallocation in General Equilibrium," *Quarterly Journal of Economics* 135 (2020): 105—163.

[139] Delina E. Agnosteva, James E. Anderson and Yoto V. Yotov, "Intra-National Trade Costs: Assaying Regional Frictions," *European Economic Review* 112 (2019): 32—50.

[140] Diego García and Yvind Norli, "Geographic Dispersion and Stock Returns," *Journal of Financial Economics* 106 (2012): 547—565.

[141] Donald R. Davis and David E. Weinstein, "A Search for Multiple Equilibria in Urban Industrial Structure," *Journal of Regional Science* 48 (2008): 29—65.

[142] Douglas Woodward, Octavio Figueiredo and Paulo Guimaraes, "Beyond the Silicon Valley: University R&D and High-Technology Location," *Journal of Urban*

Economics 60 (2006): 15—32.

[143] Duncan Black and Vernon Henderson, "Urban Evolution in the USA," *Journal of Economic Geography* 3 (2003): 343—372.

[144] Edward L. Glaeser and Joshua D. Gottlieb, "The Economics of Place-Making Policies," *Brookings Papers on Economic Activity* (2008): 155—253.

[145] Edward L. Glaeser and Matthew E. Kahn, "Sprawl and Urban Growth," *Handbook of Regional and Urban Economics* 4 (2004): 2481—2527.

[146] Edward L. Glaeser, Jed Kolko and Albert Saiz, "Consumer City," *Journal of Economic Geography* 1 (2001): 27—50.

[147] Edward L. Glaeser, Matthew E. Kahn, Richard Arnott and Christopher Mayer, "Decentralized Employment and the Transformation of the American City," *Brookings-Wharton Papers on Urban Affairs* 2001 (2001): 1—63.

[148] Ejaz Ghani, Arti Goswami Goswami and William R. Kerr, "Highways and Spatial Location within Cities: Evidence from India," *World Bank Economic Review* 30 (2017): S97—S108.

[149] Enrico Moretti and Daniel J. Wilson, "The Effect of State Taxes on the Geographical Location of Top Earners: Evidence from Star Scientists," *American Economic Review* 107 (2017): 1858—1903.

[150] Enrico Moretti and Per Thulin, "Local Multipliers and Human Capital in the United States and Sweden," *Industrial and Corporate Change* 22 (2013): 339—362.

[151] Enrico Moretti, "Estimating the Social Return to Higher Education: Evidence from Longitudinal and Repeated Cross-Sectional Data," *Journal of Econometrics* 121 (2004): 175—212.

[152] Enrico Moretti, "Local Labor Markets," *Handbook of Labor Economics* 4 (2011): 1237—1313.

[153] Enrico Moretti, "Local Multipliers," *American Economic Review: Papers & Proceedings* 100 (2010): 373—377.

[154] Enrico Moretti, "Workers' Education, Spillovers, and Productivity: Evidence from Plant-Level Production Functions," *American Economic Review* 94 (2004): 656—690.

[155] Eric Maskin, Yingyi Qian and Chengang Xu, "Incentives, Information, and Organizational Form," *Review of Economic Studies* 67 (2000): 359—378.

[156] Erica Bosio, Simeon Djankov, Edward Glaeser and Andrei Shleifer, "Public Procurement in Law and Practice," *American Economic Review* 112 (2022): 1091—117.

[157] Erik Lichtenberg and Chengri Ding, "Local Officials as Land Developers: Urban Spatial Expansion in China," *Journal of Urban Economics* 66 (2009): 57—64.

[158] Ernest Liu, Yi Lu, Wenwei Peng and Shaoda Wang, "Judicial Independence, Local Protectionism, and Economic Integration: Evidence from China," NBER working paper, accessed 2022, https://www.nber.org/papers/w30432.

[159] Esteban Rossi-Hansberg, "Optimal Urban Land Use and Zoning," *Review of Economic Dynamics* 7 (2004): 69—106.

[160] Evert J. Meijers, Martijn J. Burger and Marloes M. Hoogerbrugge, "Borrowing Size in Networks of Cities: City Size, Network Connectivity and Metropolitan Functions in Europe," *Papers in Regional Science* 95 (2016): 181—198.

[161] F. Carril-Caccia, A. Garmendia-Lazcano and A. Minondo, "The Border Effect on Mergers and Acquisitions," *Empirical Economics* (2021): 1—26.

[162] Filipe Campante and David Yanagizawa-Drott, "Long-Range Growth: Economic Development in the Global Network of Air Links," *Quarterly Journal of Economics* 133 (2018): 1395—1458.

[163] Florian Mayneris, Sandra Poncet and Tao Zhang, "Improving or Disappearing: Firm-Level Adjustments to Minimum Wages in China," *Journal of Development Economics* 135 (2018): 20—42.

[164] Francesco Decarolis, Raymond Fisman, Paolo Pinotti and Silvia Vannutelli, "Rules, Discretion, and Corruption in Procurement: Evidence from Italian Government Contracting," NBER working paper, accessed 2021, https://www.nber.org/papers/w28209.

[165] Gabriel M. Ahlfeldt and Arne Feddersen, "From Periphery to Core: Measuring Agglomeration Effects Using High-Speed Rail," *Journal of Economic Geography* 18 (2017): 1—36.

[166] Gabriel M. Ahlfeldt and Nicolai Wendland, "How Polycentric Is a Monocentric City? Centers, Spillovers and Hysteresis," *Journal of Economic Geography* 13 (2012): 53—83.

[167] Gabriel M. Ahlfeldt, "If Alonso Was Right: Modeling Accessibility and Explaining the Residential Land Gradient," *Journal of Regional Science* 51 (2011): 318—338.

[168] Gabriel M. Ahlfeldt, "Rail Mega-Projects in the Realm of Inter- and Intra-City Accessibility: Evidence and Outlooks for Berlin," *Built Environment* 38 (2012): 71—88.

[169] Gabriel M. Ahlfeldt, Stephen J. Redding, Daniel M. Sturm and Nikolaus Wolf, "The Economics of Density: Evidence from the Berlin Wall," *Econometrica* 83 (2015): 2127—2189.

[170] Gilles Duranton and Diego Puga, "From Sectoral to Functional Urban

Specialisation," *Journal of Urban Economics* 57 (2005): 343—370.

[171] Gilles Duranton and Diego Puga, "Micro-Foundations of Urban Agglomeration Economies," *Handbook of Regional and Urban Economics* 4 (2004): 2063—2117.

[172] Gilles Duranton, Laurent Gobillon and Henry G. Overman, "Assessing the Effects of Local Taxation Using Microgeographic Data," *Economic Journal* 121 (2011): 1017—1046.

[173] Giulia Faggio and Henry Overman, "The Effect of Public Sector Employment on Local Labour Markets," *Journal of Urban Economics* 79 (2014): 91—107.

[174] Gordon H. Hanson, "Market Potential, Increasing Returns and Geographic Concentration," *Journal of International Economics* 67 (2005): 1—24.

[175] Gregor Singer, "Endogenous Markups, Input Misallocation and Geographical Supplier Access," Working paper, accessed 2019, https://gregorsinger.com/files/papers/Singer_JMP.pdf.

[176] Guojun He, Yang Xie and Bing Zhang, "Expressways, Gdp, and the Environment: The Case of China," *Journal of Development Economics* 145 (2020): 1—16.

[177] Hall Dale W. Jorgenson, "Tax Policy and Investment Behavior," *American Economic Review* 57 (1967): 391—414.

[178] Haoyi Wu, Huanxiu Guo, Bing Zhang and Maoliang Bu, "Westward Movement of New Polluting Firms in China: Pollution Reduction Mandates and Location Choice," *Journal of Comparative Economics* 45 (2016): 119—138.

[179] Harald Hau, Yi Huang and Gewei Wang, "Firm Response to Competitive Shocks Evidence from China's Minimum Wage Policy," *Review of Economic Studies* 87 (2020): 2639—2671.

[180] Heng Geng, Yi Huang, Chen Lin and Sibo Liu, "Minimum Wage and Corporate Investment: Evidence from Manufacturing Firms in China," *Journal of Financial and Quantitative Analysis* 57 (2018): 94—126.

[181] Hideaki Ogawa and Masahisa Fujita, "Equilibrium Land Use Patterns in a Nonmonocentric City," *Journal of Regional Science* 20 (1980): 455—475.

[182] Hiroshi Kanasugi and Koichi Ushijima, "The Impact of a High-Speed Railway on Residential Land Prices," *Papers in Regional Science* 97 (2018): 1305—1335.

[183] Hongbin Cai and Daniel Treisman, "Does Competition for Capital Discipline Governments? Decentralization, Globalization, and Public Policy," *American Economic Review* 95 (2005): 817—830.

[184] Hongbin Cai, Yuyu Chen and Qing Gong, "Polluting Thy Neighbor:

Unintended Consequences of China's Pollution Reduction Mandates," *Journal of Environmental Economics and Management* 76 (2016): 86—104.

[185] Hongbin Li and Li-An Zhou, "Political Turnover and Economic Performance: The Incentive Role of Personnel Control in China," *Journal of Public Economics* 89 (2005): 1743—1762.

[186] Hongbin Li, Yueyuan Ma, Lingsheng Meng, Xue Qiao and Xinzheng Shi, "Skill Complementarities and Returns to Higher Education: Evidence from College Enrollment Expansion in China," *China Economic Review* 46 (2017): 10—26.

[187] Huihua Nie, Minjie Jiang and Xianghong Wang, "The Impact of Political Cycle: Evidence from Coalmine Accidents in China," *Journal of Comparative Economics* 41 (2013): 995—1011.

[188] Hunter Clark, Maxim Pinkovskiy and Xavier Sala-i-Martin, "China's GDP Growth May Be Understated," *China Economic Review* (2020): 1—18.

[189] J. Vernon Henderson and Anthony J. Venables, "Dynamics of City Formation," *Review of Economic Dynamics* 12 (2009): 233—254.

[190] J. Vernon Henderson and Arindam Mitra, "The New Urban Landscape: Developers and Edge Cities," *Regional Science and Urban Economics* 26 (1996): 613—643.

[191] J. Vernon Henderson and Randy Becker, "Political Economy of City Sizes and Formation," *Journal of Urban Economics* 48 (2000): 453—484.

[192] J. Vernon Henderson and Yukako Ono, "Where Do Manufacturing Firms Locate Their Headquarters?" *Journal of Urban Economics* 63 (2008): 431—450.

[193] J. Vernon Henderson, Adam Storeygard and David N. Weil, "Measuring Economic Growth from Outer Space," *American Economic Review* 102 (2012): 994—1028.

[194] J. Vernon Henderson, John Quigley and Edwin Lim, "Urbanization in China: Policy Issues and Options," China Economic Research and Advisory Programme, accessed 2009, http://www.econ.brown.edu/Faculty/henderson/FinalFinalReport-2007050221.pdf.

[195] J. Vernon Henderson, Tim L. Squires, Adam Storeygard and David N. Weil, "The Global Spatial Distribution of Economic Activity: Nature, History, and the Role of Trade," *Quarterly Journal of Economics* 133 (2018): 357—406.

[196] James Siodla, "Razing San Francisco: The 1906 Disaster as a Natural Experiment in Urban Redevelopment," *Journal of Urban Economics* 89 (2015): 48—61.

[197] Jennifer Roback, "Wages, Rents, and the Quality of Life," *Journal of Political Economy* 90 (1982): 1257—1278.

[198] Jevan Cherniwchan, "Trade Liberalization and the Environment: Evidence

from Nafta and U.S.Manufacturing," *Journal of International Economics* 105 (2017): 130—149.

[199] Jiating Wang and Siyuan Cai, "The Construction of High-Speed Railway and Urban Innovation Capacity: Based on the Perspective of Knowledge Spillover," *China Economic Review* 63 (2020): 1—20.

[200] Jie Bai and Jiahua Liu, "The Impact of Intranational Trade Barriers on Exports: Evidence from a Nationwide Vat Rebate Reform in China," NBER working paper, accessed 2019, http://www.nber.org/papers/w26581.

[201] Jin Wang, "The Economic Impact of Special Economic Zones: Evidence from Chinese Municipalities," *Journal of Development Economics* 101 (2013): 133—147.

[202] Joel Garreau, *Edge City: Life on the New Frontier* (New York: Anchor Books, 2011).

[203] John F. Mcdonald and H. Woods Bowman, "Land Value Functions—a Reevaluation," *Journal of Urban Economics* 6 (1979): 25—41.

[204] John Knight, Quheng Deng and Shi Li, "China's Expansion of Higher Education: The Labour Market Consequences of a Supply Shock," *China Economic Review* 43 (2017): 127—141.

[205] John T. Mccallum, "National Borders Matter: Canada-Us Regional Trade Patterns," *American Economic Review* 85 (1995): 615—623.

[206] John Yinger, "Estimating the Relationship between Location and the Price of Housing," *Journal of Regional Science* 19 (1979): 271—286.

[207] Jonathan Eaton and Samuel Kortum, "Technology, Geography, and Trade," *Econometrica* 70 (2002): 1741—1779.

[208] Jonathan I. Dingel, Antonio Miscio and Donald R. Davis, "Cities, Lights, and Skills in Developing Economies," *Journal of Urban Economics* 125 (2021): 1—20.

[209] Jong Hyun Chung, "Firm Heterogeneity, Misallocation, and Trade," Auburn University Department of Economics Working Paper Series, accessed 2020, https://web.stanford.edu/～chungjh/Jonghyun_Chung_JMP.pdf.

[210] Jongkwan Lee, "The Local Economic Impact of a Large Research University: Evidence from Uc Merced," *Economic inquiry* 57 (2019): 316—332.

[211] Jongkwan Lee, "The Role of a University in Cluster Formation: Evidence from a National Institute of Science and Technology in Korea," *Regional Science and Urban Economics* 86 (2021): 1—13.

[212] Joshua Drucker, "Reconsidering the Regional Economic Development Impacts of Higher Education Institutions in the United States," *Regional Studies* 50 (2016): 1185—1202.

[213] Julia Bird and Stéphane Straub, "The Brasilia Experiment: Road Access and the Spatial Pattern of Long-Term Local Development in Brazil," The World Bank Documents & Reports, accessed 2014, https://documents.worldbank.org/en/publication/documents-reports/documentdetail/543031468232762756/the-brasilia-experiment-road-access-and-the-spatial-pattern-of-long-term-local-development-in-brazil.

[214] Jun-Koo Kang and Jin-Mo Kim, "The Geography of Block Acquisitions," *Journal of Finance* 63 (2008): 2817—2858.

[215] Junyan Jiang and Yuan Mei, "Mandarins Make Markets: Leadership Rotations and Inter-Provincial Trade in China," *Journal of Development Economics* 147 (2020): 1—21.

[216] Kaiji Chen, Haoyu Gao, Patrick C. Higgins, Daniel F. Waggoner and Tao Zha, "Monetary Stimulus Amidst the Infrastructure Investment Spree: Evidence from China's Loan-Level Data," NBER working paper, accessed 2020, http://www.nber.org/papers/w27763.

[217] Kazunobu Hayakawa, "Domestic and International Border Effects: The Cases of China and Japan," *China Economic Review* 43 (2017): 118—126.

[218] Kose John, Anzhela Knyazeva and Diana Knyazeva, "Does Geography Matter? Firm Location and Corporate Payout Policy," *Journal of Financial Economics* 101 (2011): 533—551.

[219] L. Rachel Ngai, Christopher A. Pissarides and Jin Wang, "China's Mobility Barriers and Employment Allocations," *Journal of the European Economic Association* 17(2019): 1617—1653.

[220] Laura Abramovsky and Helen Simpson, "Geographic Proximity and Firm—University Innovation Linkages: Evidence from Great Britain," *Journal of Economic Geography* 11 (2011): 949—977.

[221] Leah Brooks and Byron F. Lutz, "Vestiges of Transit: Urban Persistence at a Micro Sale," *Review of Economics and Statistics* 101 (2019): 385—399.

[222] Lei Dong, Rui Du, Matthew Kahn, Carlo Ratti and Siqi Zheng, "'Ghost Cities' Versus Boom Towns: Do China's HSR New Towns Thrive?" *Regional Science and Urban Economics* 89 (2021): 1—17.

[223] Lei Dong, Xiaohui Yuan, Meng Li, Carlo Ratti and Yu Liu, "A Gridded Establishment Dataset as a Proxy for Economic Activity in China," *Scientific Data* 5 (2021): 1—9.

[224] Lei Wang, Ransford A. Acheampong and Sanwei He, "High-Speed Rail Network Development Effects on the Growth and Spatial Dynamics of Knowledge-Intensive Economy in Major Cities of China," *Cities* 105 (2020): 1—13.

[225] Linda Harris Dobkins and Yannis M. Ioannides, "Spatial Interactions among Us Cities: 1900—1990," *Regional Science and Urban Economics* 31 (2001): 701—731.

[226] Longfei Zheng, Fenjie Long, Zheng Chang and Jingsong Ye, "Ghost Town or City of Hope? The Spatial Spillover Effects of High-Speed Railway Stations in China," *Transport Policy* 81 (2019): 230—241.

[227] Loren Brandt, Trevor Tombe and Xiaodong Zhu, "Factor Market Distortions across Time, Space and Sectors in China," *Review of Economic Dynamics* 16 (2013): 39—58.

[228] Lucas Costa-Scottini, "Firm-Level Distortions, Trade, and International Productivity," working paper, accessed 2018, https://economics.brown.edu/academics/job-market-candidates/sites/brown.edu.academics.economics.candidates/files/Costa-Scottini_JMP.pdf.

[229] Luigi Pascali, "The Wind of Change: Maritime Technology, Trade, and Economic Development," *American Economic Review* 107 (2017): 2821—2854.

[230] Maarten Bosker and Eltjo Buringh, "City Seeds: Geography and the Origins of the European City System," *Journal of Urban Economics* 98 (2017): 139—157.

[231] Maggie Xiaoyang Chen and Chuanhao Lin, "Geographic Connectivity and Cross-Border Investment: The Belts, Roads and Skies," *Journal of Development Economics* 146 (2020): 1—13.

[232] Marco Gonzalez-Navarro and Matthew A. Turner, "Subways and Urban Growth: Evidence from Earth," *Journal of Urban Economics* 108 (2018): 85—106.

[233] Maria P. Roche, "Taking Innovation to the Streets: Micro-Geography, Physical Structure and Innovation," *Review of Economics and Statistics* 102 (2020): 912—928.

[234] Marius Brülhart, Klaus Desmet and Gian-Paolo Klinke, "The Shrinking Advantage of Market Potential," *Journal of Development Economics* 147 (2020): 1—25.

[235] Marius Brülhart, Mario Jametti and Kurt Schmidheiny, "Do Agglomeration Economies Reduce the Sensitivity of Firm Location to Tax Differentials?" *Economic Journal* 122 (2012): 1069—1093.

[236] Mark D. Partridge, Dan S. Rickman, Kamar Ali and M. Rose Olfert, "Do New Economic Geography Agglomeration Shadows Underlie Current Population Dynamics across the Urban Hierarchy?" *Regional Science* 88 (2009): 445—466.

[237] Markus Eberhardt, Zheng Wang and Zhihong Yu, "From One to Many Central Plans: Drug Advertising Inspections and Intra-National Protectionism in China," Journal of *Comparative Economics* 44 (2015): 608—622.

[238] Marta A. Santamaría, Jaume Ventura and Uğur Yeşilbayraktar, "Borders within Europe," NBER working paper, accessed 2020, https://www.nber.org/papers/w28301.

[239] Masahisa Fujita and Tomoya Mori, "The Role of Ports in the Making of Major Cities: Self-Agglomeration and Hub-Effect," *Journal of Development Economics* 49 (1996): 93—120.

[240] Masahisa Fujita, Jacques-François Thisse and Yves Zenou, "On the Endogenous Formation of Secondary Employment Centers in a City," *Journal of Urban Economics* 41 (1997): 337—357.

[241] Masahisa Fujita, Paul Krugman and Tomoya Mori, "On the Evolution of Hierarchical Urban Systems," *European Economic Review* 43 (1999): 209—251.

[242] Matthew Gentzkow, "Television and Voter Turnout," *Quarterly Journal of Economics* 121 (2006): 931—972.

[243] Mi Diao, Yi Zhu and Jiren Zhu, "Intra-City Access to Inter-City Transport Nodes: The Implications of High-Speed-Rail Station Locations for the Urban Development of Chinese Cities," *Urban Studies* 54 (2017): 2249—2267.

[244] Michael Andrews, "Local Effects of Land Grant Colleges on Agricultural Innovation and Output," NBER working paper, accessed 2019, http://www.nber.org/papers/w26235.

[245] Michael P. Devereux, Rachel Griffith and Helen Simpson, "Firm Location Decisions, Regional Grants and Agglomeration Externalities," *Journal of Public Economics* 91 (2007): 413—435.

[246] Michael Storper and Anthony J. Venables, "Buzz: Face-to-Face Contact and the Urban Economy," *Journal of Economic Geography* 4 (2004): 351—370.

[247] Ming Yin, Luca Bertolini and Jin Duan, "The Effects of the High-Speed Railway on Urban Development: International Experience and Potential Implications for China," *Progress in Planning* 98 (2015): 1—52.

[248] Mingzhi Xu, "Riding on the New Silk Road," working paper, accessed 2018, https://www.semanticscholar.org/paper/RIDING-ON-THE-NEW-SILK-ROAD%3A-QUANTIFYING-Xu/f8b0f203de941dcb7b90c74fb53d5e5c31ae6da4.

[249] Miquel Ángel Garcia-López, Adelheid Holl and Elisabet Viladecans-Marsal, "Suburbanization and Highways in Spain When the Romans and the Bourbons Still Shape Its Cities," *Journal of Urban Economics* 85 (2015): 52—67.

[250] Miquel Ángel Garcia-López, Camille Hémet and Elisabet Viladecans-Marsal, "Next Train to the Polycentric City: The Effect of Railroads on Subcenter Formation," *Regional Science and Urban Economics* 67 (2017): 50—63.

[251] Miquel-Ángel Garcia-López, "Urban Spatial Structure, Suburbanization and Transportation in Barcelona," *Journal of Urban Economics* 72 (2012): 176—190.

[252] Mitsuru Ota and Masahisa Fujita, "Communication Technologies and Spatial Organization of Multi-Unit Firms in Metropolitan Areas," *Regional Science and Urban Economics* 23 (1993): 695—729.

[253] Mohammad Arzaghi and J. Vernon Henderson, "Networking Off Madison Avenue," *Review of Economic Studies* 75 (2008): 1011—1038.

[254] N. Edward Coulson, "Really Useful Tests of the Monocentric Model," *Land Economics* 67 (1991): 299—307.

[255] N. Crafts and A. Klein, "Geography and Intra-National Home Bias: U.S. Domestic Trade in 1949 and 2007," *Journal of Economic Geography* 15 (2014): 477—497.

[256] Naomi Hausman, "University Innovation, Local Economic Growth, and Entrepreneurship," SSRN Electronic Journal, accessed 2013, http://dx.doi.org/10.2139/ssrn.2097842.

[257] Nathaniel Baum-Snow, "Did Highways Cause Suburbanization?" *Quarterly Journal of Economics* 122 (2007): 775—805.

[258] Nathaniel Baum-snow, "Urban Transport Expansions, Employment Decentralization, and the Spatial Scope of Agglomeration Economies," working paper, accessed 2013, www.econ.brown.edu/Faculty/Nathaniel_Baum-Snow/baumsnow_emp_decent.pdf.

[259] Nathaniel Baum-Snow, J. Vernon Henderson, Matthew A. Turner, Qinghua Zhang and Loren Brandt, "Does Investment in National Highways Help or Hurt Hinterland City Growth," *Journal of Urban Economics* 115 (2020): 1—19.

[260] Nathaniel Baum-Snow, Loren Brandt, J. Vernon Henderson, Matthew A. Turner and Qinghua Zhang, "Roads, Railroads and Decentralization of Chinese Cities," *Review of Economics and Statistics* 99 (2017): 435—448.

[261] Neil Bania, Randall W. Eberts and Michael S. Fogarty, "Universities and the Startup of New Companies: Can We Generalize from Route 128 and Silicon Valley?" *Review of Economics and Statistics* 70 (1993): 761—766.

[262] Oscar Choi and Marco Sze, "China Property: Ghost Towns and Property Bubbles," Citi research, accessed 2013, http://citivelocity.com/.

[263] Panle Jia Barwick, Shengmao Cao and Shanjun Li, "Local Protectionism, Market Structure, and Social Welfare: China's Automobile Market," *American Economic Journal: Economic Policy* 13 (2021): 112—151.

[264] Paolo Zacchia, "Knowledge Spillovers through Networks of Scientists,"

Review of Economic Studies 87 (2020): 1989—2018.

[265] Patrick Kline and Enrico Moretti, "People, Places, and Public Policy: Some Simple Welfare Economics of Local Economic Development Programs," *Annual Review of Economics* 6 (2014): 629—662.

[266] Paul Krugman, "Increasing Returns and Economic Geography," *Journal of Political Economy* 99 (1991): 483—499.

[267] Pauline Charnoz, Claire Lelarge and Corentin Trevien, "Communication Costs and the Internal Organization of Multi-Plant Businesses: Evidence from the Impact of the French High-Speed Rail," *Economic Journal* 128 (2018): 949—994.

[268] Petra Todorovich, Daniel Schned and Robert Lane, "High Speed Rail: International Lessons for Us Policy Makers," Lincoln institute of Land Policy-Policy Focus Report, accessed 2011, https://searchworks.stanford.edu/view/10235341.

[269] Philippe Aghion and Jean Tirole, "Formal and Real Authority in Organizations," *Journal of Political Economy* 105 (1997): 1—29.

[270] Pierre-Philippe Combes, Gilles Duranton and Laurent Gobillon, "The Costs of Agglomeration: Land Prices in French Cities," *Review of Economic Studies* 86 (2019): 1556—1589.

[271] Qun Wu, Yongle Li and Siqi Yan, "The Incentives of China's Urban Land Finance," *Land Use Policy* 42 (2015): 432—442.

[272] Ran Tao, Fubing Su, Mingxing Liu and Guangzhong Cao, "Land Leasing and Local Public Finance in China's Regional Development: Evidence from Prefecture-Level Cities," *Urban Studies* 47 (2010): 2217—2236.

[273] Rana Hasana, Yi Jiang and Radine Michelle Rafolsc, "Place-Based Preferential Tax Policy and Industrial Development: Evidence from India's Program on Industrially Backward Districts," *Journal of Development Economics* 150 (2021): 1—16.

[274] Richard Hornbeck and Martin Rotemberg, "Railroads, Reallocation, and the Rise of American Manufacturing," NBER working paper, accessed 2019, https://www.nber.org/papers/w26594.

[275] Richard J. Arnott and Joseph E. Stiglitz, "Aggregate Land Rents, Expenditure on Public Goods, and Optimal City Size," *Quarterly Journal of Economics* 93 (1979): 471—500.

[276] Robert Dekle and Jonathan Eaton, "Agglomeration and Land Rents: Evidence from the Prefectures," *Journal of Urban Economics* 46 (1999): 200—214.

[277] Robert E. Lucas Jr and Esteban Rossi-Hansberg, "On the Internal Structure of Cities," *Econometrica* 70 (2002): 1445—1476.

[278] Robert E. Lucas Jr, "Externalities and Cities," *Review of Economic*

Dynamics 4 (2001): 245—274.

[279] Robert E. Lucas Jr, "On the Mechanics of Economic Development," *Journal of Monetary Economics* 22 (1988): 3—42.

[280] Rodrigo Carril, "Rules Versus Discretion in Public Procurement," Barcelona GSE Working Paper Series, accessed 2021, https://bse.eu/research/working-papers/rules-versus-discretion-public-procurement.

[281] Roland Andersson, John M. Quigley and Mats Wilhelmson, "University Decentralization as Regional Policy: The Swedish Experiment," *Journal of Economic Geography* 4 (2004): 371—388.

[282] Roland Andersson, John M. Quigley and Mats Wilhelmsson, "Urbanization, Productivity, and Innovation: Evidence from Investment in Higher Education," *Journal of Urban Economics* 66 (2009): 2—15.

[283] Roland Hodler and Paul A. Raschky, "Regional Favoritism," *Quarterly Journal of Economics* 129 (2014): 995—1033.

[284] Ron Boschma, Emanuela Marrocu and Raffaele Paci, "Symmetric and Asymmetric Effects of Proximities. The Case of M&A Deals in Italy," *Journal of Economic Geography* 20 (2016): 379—382.

[285] Sandra Poncet, "A Fragmented China: Measure and Determinants of Chinese Domestic Market Disintegration," *Review of International Economics* 13 (2005): 409—430.

[286] Sandra Poncet, "Measuring Chinese Domestic and International Integration," *China Economic Review* 14 (2003): 1—21.

[287] Shai Bernstein, Xavier Giroud and Richard R. Townsend, "The Impact of Venture Capital Monitoring," *Journal of Finance* 71 (2016): 1591—1622.

[288] Shawn Kantor and Alexander Whalley, "Knowledge Spillovers from Research Universities: Evidence from Endowment Value Shocks," *Review of Economics and Statistics* 96 (2014): 171—188.

[289] Shawn Kantor and Alexander Whalley, "Research Proximity and Productivity: Long-Term Evidence from Agriculture," *Journal of Political Economy* 127 (2019): 819—854.

[290] Shimeng Liu and Xi Yang, "Human Capital Externalities or Consumption Spillovers? The Effect of High-Skill Human Capital across Low-Skill Labor Markets," *Regional Science and Urban Economics* 87 (2021): 1—18.

[291] Shimeng Liu, "Spillovers from Universities: Evidence from the Land-Grant Program," *Journal of Urban Economics* 87 (2015): 25—41.

[292] Shuai Shao, Zhihua Tian and Lili Yang, "High Speed Rail and Urban

Service Industry Agglomeration: Evidence from China's Yangtze River Delta Region," *Journal of Transport Geography* 64 (2017): 174—183.

[293] Siqi Zheng and Matthew E. Kahn, "China's Bullet Trains Facilitate Market Integration and Mitigate the Cost of Megacity Growth," *Proceedings of the National Academy of Sciences* 110 (2013): 1248—1253.

[294] Siqi Zheng, Weizeng Sun, Jianfeng Wu and Matthew E. Kahn, "The Birth of Edge Cities in China: Measuring the Spillover Effects of Industrial Parks," *Journal of Urban Economics* 100 (2017): 80—102.

[295] Stein Østbye, Mikko Moilanen, Hannu Tervo and Olle Westerlund, "The Creative Class: Do Jobs Follow People or Do People Follow Jobs?" *Regional Studies* 52 (2017): 745—755.

[296] Stephan Heblich, Stephen J. Redding and Daniel M. Sturm, "The Making of the Modern Metropolis: Evidence from London," *Quarterly Journal of Economics* 135 (2020): 2059—2133.

[297] Stephen J. Appold and John D. Kasarda, "The Airport City Phenomenon: Evidence from Large Us Airports," *Urban Studies* 50 (2013): 1239—1259.

[298] Stephen J. Appold, "The Impact of Airports on U.S. Urban Employment Distribution," *Environment and planning A* 47 (2015): 412—429.

[299] Stephen J. Redding and Matthew A. Turner, "Transportation Costs and the Spatial Organization of Economic Activity," *Handbook of Regional and Urban Economics* 5 (2015): 1339—1398.

[300] Stephen J. Redding, "Goods Trade, Factor Mobility and Welfare," *Journal of International Economics* 101 (2016): 148—167.

[301] Stuart S. Rosenthal and William C. Strange, "The Attenuation of Human Capital Spillovers," *Journal of Urban Economics* 64 (2008): 373—389.

[302] Sukkoo Kim, "Changes in the Nature of Urban Spatial Structure in the United States, 1890—2000," *Journal of Regional Science* 47 (2010): 273—287.

[303] Taotao Deng, Chen Gan, Anthony Perl and Dandan Wang, "What Caused Differential Impacts on High-Speed Railway Station Area Development? Evidence from Global Nighttime Light Data," *Cities* 97 (2020): 1—20.

[304] Taotao Deng, Dandan Wang, Yang Yang and Huan Yang, "Shrinking Cities in Growing China: Did High Speed Rail Further Aggravate Urban Shrinkage?" *Cities* 86 (2019): 210—219.

[305] Teresa C. Fort, "Technology and Production Fragmentation: Domestic Versus Foreign Sourcing," *Review of Economic Studies* 84 (2017): 650—687.

[306] Terri Friedline, Rainier D. Masa and Gina A.N. Chowa, "Transforming

Wealth: Using the Inverse Hyperbolic Sine (IJS) and Splines to Predict Youth's Math Achievement," *Social Science Research* 49 (2015): 264—287.

[307] Thierry Mayer and Corentin Trevien, "The Impact of Urban Public Transportation Evidence from the Paris Region," *Journal of Urban Economics* 102 (2017): 1—27.

[308] Thomas G. Rawski, "What Is Happening to China's GDP Statistics?" *China Economic Review* 12 (2001): 347—354.

[309] Timothy Besley and Anne Case, "Unnatural Experiments? Estimating the Incidence of Endogenous Policies," *Economic Journal* 110 (1994): 672—694.

[310] Ting Wang and Areendam Chanda, "Manufacturing Growth and Local Employment Multipliers in China," *Journal of Comparative Economics* 46 (2018): 515—543.

[311] Tongtong Hao, Ruiqi Sun, Trevor Tombe and Xiaodong Zhu, "The Effect of Migration Policy on Growth, Structural Change, and Regional Inequality in China," *Journal of Monetary Economics* 113 (2020): 112—134.

[312] Toshitaka Gokan, Sergey Kichko and Jacques-François Thisse, "How Do Trade and Communication Costs Shape the Spatial Organization of Firms?" *Journal of Urban Economics* 113 (2019): 1—17.

[313] Valentina Tartari and Scott Stern, "More Than an Ivory Tower: The Impact of Research Institutions on the Quantity and Quality of Entrepreneurship," NBER working paper, accessed 2021, https://www.nber.org/papers/w28846.

[314] Wan Li, Bindong Sun, Jincai Zhao and Tinglin Zhang, "Economic Performance of Spatial Structure in Chinese Prefecture Regions: Evidence from Night-Time Satellite Imagery," *Habitat International* 76 (2018): 29—39.

[315] Wei Tang and Geoffrey J. D. Hewings, "Do City–County Mergers in China Promote Local Economic Development?" *Economics of Transition* 25 (2017): 439—469.

[316] Weibo Xing and Shantong Li, "Home Bias, Border Effect and Internal Market Integration in China: Evidence from Inter-Provincial Value-Added Tax Statistics," *Review of Development Economics* 15 (2011): 491—503.

[317] Wenlian Gao, Lilian Ng and Qinghai Wang, "Does Geographic Dispersion Affect Firm Valuation?" *Journal of Corporate Finance* 14 (2008): 674—687.

[318] Wolfgang Keller and Stephen Ross Yeaple, "The Gravity of Knowledge," American Economic Review 103 (2013): 1414—1444.

[319] Xavier Giroud and Holger M. Mueller, "Firm Leverage, Consumer Demand, and Employment Losses During the Great Recession," *Quarterly Journal of*

Economics 132 (2017): 271—316.

[320] Xavier Giroud and Joshua D. Rauh, "State Taxation and the Reallocation of Business Activity: Evidence from Establishment-Level Data," *Journal of Political Economy* 127 (2019): 1262—1316.

[321] Xavier Giroud, "Proximity and Investment: Evidence from Plant-Level Data," *Quarterly Journal of Economics* 128 (2013): 861—915.

[322] Xiaobo Zhang and Kong-Yam Tan, "Incremental Reform and Distortions in China's Product and Factor Markets," *The World Bank Economic Review* 21 (2007): 279—299.

[323] Xiaofang Dong, Siqi Zheng and Matthew E Kahn, "The Role of Transportation Speed in Facilitating High Skilled Teamwork," *Journal of Urban Economics* 115 (2020).

[324] Yan Bai, Keyu Jin and Dan Lu, "Misallocation under Trade Liberalization," NBER working paper, accessed 2019, http://www.nber.org/papers/w26188.

[325] Yatang Lin, "Travel Costs and Urban Specialization Patterns: Evidence from China's High Speed Railway System," *Journal of Urban Economics* 98 (2017): 98—123.

[326] Yatang Lin, Yu Qin and Johan Sulaeman, "Facilitating Investment Flows: Evidence from China's High-Speed Passenger Rail Network," SSRN Electronic Journal, accessed 2019, http://dx.doi.org/10.2139/ssrn.3418227.

[327] Yi Che and Lei Zhang, "Human Capital, Technology Adoption and Firm Performance: Impacts of China's Higher Education Expansion in the Late 1990s (Human Capital, Technology, Firm Performance)," *Economic Journal* 128 (2017): 2282—2320.

[328] Ying Chen, J. Vernon Henderson and Wei Cai, "Political Favoritism in China's Capital Markets and Its Effect on City Sizes," *Journal of Urban Economics* 98 (2017): 69—87.

[329] Yongwei Nian and Chunyang Wang, "Go with the Politician," *American Economic Journal: Economic Policy* 15 (2023): 467—496.

[330] Yu Qin, "'No County Left Behind?' the Distributional Impact of High-Speed Rail Upgrades in China," *Journal of Economic Geography* 17 (2017): 489—520.

[331] Yuan Wang and Chi Man Hui, "Are Local Governments Maximizing Land Revenue? Evidence from China," *China Economic Review* 43 (2017): 196—215.

[332] Yulong Zhou, Jidong Yang, Geoffrey Hewings and Yanghua Huang, "Does High-Speed Rail Increase the Urban Land Price in China: Empirical Evidence Based on Micro Land Transaction Data," SSRN working paper, accessed 2017, 10.2139/ssrn.3082657.

[333] Zhangkai Huang, Lixing Li, Guangrong Ma and Lixin Colin Xu, "Hayek, Local Information, and Commanding Heights: Decentralizing State-Owned Enterprises in China," *American Economic Review* 107 (2017): 2455—2478.

[334] Zhao Rong and Binzhen Wu, "Scientific Personnel Reallocation and Firm Innovation: Evidence from China's College Expansion," *Journal of Comparative Economics* 48 (2020): 709—728.

[335] Zhenhui Xu and Jianyong Fan, "China's Regional Trade and Domestic Market Integrations," *Review of International Economics* 20 (2012): 1052—1069.

[336] Zhi Jin, Yinan Yang and Liguang Zhang, "Geographic Proximity and Cross-Region Merger and Acquisitions: Evidence from the Opening of High-Speed Rail in China," *Pacific-Basin Finance Journal* 68 (2021): 1—20.

[337] Zhi Wang, Qinghua Zhang and Li An Zhou, "To Build Outward or Upward? The Spatial Pattern of Urban Land Development in China," SSRN working paper, accessed 2018, 10.2139/ssrn.2891975.

[338] Zhigang Li and Hangtian Xu, "High-Speed Railroads and Economic Geography: Evidence from Japan," *Journal of Regional Science* 58 (2018): 705—727.

[339] Zhonghua Huang and Xuejun Du, "How Does High-Speed Rail Affect Land Value? Evidence from China," *Land Use Policy* 101 (2021): 1—8.

附录 1

高铁通车效应列表

高铁通车效应（$\alpha+\beta_s$）	高铁站	高铁新城	位置
−5.69433	榕江站		贵州省黔东南苗族侗族自治州榕江县
−4.87603	邵阳北站	邵阳高铁新城	湖南省邵阳市新邵县
−4.69878	三都县站	三都高铁新城	贵州省黔南布依族苗族自治州三都水族自治县
−4.4812	柳园南站		甘肃省酒泉市瓜州县
−3.76072	龙里北站		贵州省黔南布依族苗族自治州龙里县
−3.53955	恭城站		广西壮族自治区桂林市恭城瑶族自治县
−3.4121	怀化南站	怀化高铁新区	湖南省怀化市鹤城区
−3.36873	临泽南站		甘肃省张掖市临泽县
−3.10258	贵定县站		贵州省黔南布依族苗族自治州贵定县
−2.75072	娄底南站		湖南省娄底市娄星区
−2.73603	抚州东站		江西省抚州市东乡县
−2.70766	玉山南站		江西省上饶市玉山县
−2.70461	定远站		安徽省滁州市定远县
−2.46293	都匀东站		贵州省黔南布依族苗族自治州都匀市
−2.40821	醴陵东站		湖南省株洲市醴陵市
−2.28836	芷江站		湖南省怀化市芷江侗族自治县
−2.22914	民乐站		甘肃省张掖市民乐县

续表

高铁通车效应（$\alpha+\beta_s$）	高铁站	高铁新城	位　置
−2.21006	孝感北站	大悟县高铁新区	湖北省孝感市大悟县
−2.09995	红安西站		湖北省黄冈市红安县
−1.94025	鹰潭北站		江西省鹰潭市贵溪市
−1.89076	新晃西站		湖南省怀化市新晃侗族自治县
−1.81915	吐鲁番北站		新疆维吾尔自治区吐鲁番地区吐鲁番市
−1.81038	仙桃西站		湖北省省直辖县级行政区划仙桃市
−1.77659	渭南北站		陕西省渭南市临渭区
−1.73891	文昌站		海南省省直辖县级行政区划文昌市
−1.70496	大荔站	大荔高铁商业新区	陕西省渭南市大荔县
−1.68953	新余北站		江西省新余市渝水区
−1.61848	南城站		江西省抚州市南城县
−1.59786	海阳北站		山东省烟台市海阳市
−1.56151	三江南站		广西壮族自治区柳州市三江侗族自治县
−1.53889	瑞安站		浙江省温州市瑞安市
−1.50042	清水北站		甘肃省酒泉市肃州区
−1.48517	祁东站		湖南省衡阳市祁东县
−1.47368	高台南站		甘肃省张掖市高台县
−1.42077	襄汾西站		山西省临汾市襄汾县
−1.40358	宜春东站		江西省宜春市袁州区
−1.34229	万宁站		海南省省直辖县级行政区划万宁市
−1.33948	温州南站	温州高铁新城	浙江省温州市瓯海区
−1.29627	祁县东站		山西省晋中市祁县
−1.24176	华山北站		陕西省渭南市华阴市
−1.23969	红柳河南站		甘肃省酒泉市敦煌市
−1.19775	温岭站		浙江省台州市温岭市

续表

高铁通车效应（$\alpha+\beta_s$）	高铁站	高铁新城	位　置
−1.1778	民和南站		青海省海东市民和回族土族自治县
−1.06285	桃村北站		山东省烟台市栖霞市
−1.04474	平南南站	平南县高铁新城	广西壮族自治区贵港市平南县
−0.95822	瓦屋山站		江苏省常州市溧阳市
−0.95455	文登东站		山东省威海市文登市
−0.91327	尤溪站		福建省三明市尤溪县
−0.87954	高安站	新余高铁新区	江西省宜春市高安市
−0.84582	霍州东站		山西省临汾市霍州市
−0.83869	桂平站		广西壮族自治区贵港市桂平市
−0.83143	将乐站		福建省三明市将乐县
−0.82096	英德西站		广东省清远市英德市
−0.80302	韶山南站	沪昆高铁新城	湖南省湘潭市韶山市
−0.76364	新化南站	新化高铁新城	湖南省娄底市新化县
−0.7583	乐都南站		青海省海东市乐都区
−0.75172	常州北站	北部新城	江苏省常州市新北区
−0.73653	海东西站	海东工业园区临空综合经济园内高铁新区	青海省海东市平安县
−0.68708	饶平站		广东省潮州市饶平县
−0.68416	苍南站		浙江省温州市苍南县
−0.59852	海宁西站		浙江省嘉兴市海宁市
−0.59498	无锡新区站		江苏省无锡市滨湖区
−0.5757	宿州东站	宿州马鞍山现代产业园区	安徽省宿州市埇桥区
−0.54433	博鳌站		海南省省直辖县级行政区划琼海市
−0.54141	莆田站		福建省莆田市秀屿区
−0.53722	嘉峪关南站	嘉峪关国际港务区	甘肃省嘉峪关市市辖区
−0.52759	绅坊站		浙江省温州市乐清市

续表

高铁通车效应（$\alpha+\beta_s$）	高铁站	高铁新城	位　置
−0.52302	泰宁站		福建省三明市泰宁县
−0.51051	洛阳龙门站		河南省洛阳市洛龙区
−0.47972	永济北站		山西省运城市永济市
−0.47292	汕尾站		广东省汕尾市市辖区
−0.47211	定州东站	东部新区	河北省保定市定州市
−0.4574	天门南站		湖北省省直辖县级行政区划天门市
−0.44577	三明北站		福建省三明市沙县
−0.44045	灵石东站		山西省晋中市灵石县
−0.43914	陵水站		海南省省直辖县级行政区划陵水黎族自治县
−0.4238	鄯善北站		新疆维吾尔自治区吐鲁番地区鄯善县
−0.41165	鳌江站		浙江省温州市平阳县
−0.36493	葵潭站		广东省揭阳市惠来县
−0.35107	苏州园区站		江苏省苏州市吴中区
−0.33792	晋江站	泉州高铁新区	福建省泉州市晋江市
−0.32463	兴安北站		广西壮族自治区桂林市兴安县
−0.32351	滦河站	滦河站高铁新区	河北省唐山市滦县
−0.31852	台州站		浙江省台州市黄岩区
−0.31213	苏州新区站		江苏省苏州市虎丘区
−0.30597	惠山站		江苏省无锡市惠山区
−0.30006	太谷西站		山西省晋中市太谷县
−0.2888	厦门北站		福建省厦门市集美区
−0.28445	珠海北站		广东省珠海市香洲区
−0.28334	韶关站		广东省韶关市武江区
−0.28125	洪洞西站		山西省临汾市洪洞县
−0.26063	三门峡南站		河南省三门峡市陕县
−0.24966	东安东站		湖南省永州市东安县
−0.24879	嘉兴南站	余新高铁新城	浙江省嘉兴市南湖区

续表

高铁通车效应（$\alpha+\beta_s$）	高铁站	高铁新城	位　置
−0.24388	永嘉站		浙江省温州市永嘉县
−0.24292	泰安站	泰安高铁新区	山东省泰安市岱岳区
−0.22598	徐州东站		江苏省徐州市鼓楼区
−0.22195	德清站	德清站场新区	浙江省湖州市德清县
−0.20142	花桥站		江苏省苏州市昆山市
−0.19503	宁德站		福建省宁德市蕉城区
−0.19036	亚龙湾站		海南省三亚市市辖区
−0.17084	金寨站		安徽省六安市金寨县
−0.15609	无锡东站	锡东新城	江苏省无锡市锡山区
−0.14168	铁岭西站		辽宁省铁岭市铁岭县
−0.13509	沧州西站		河北省沧州市沧县
−0.12966	江门站		广东省江门市江海区
−0.11265	蚌埠南站	蚌埠高铁新区	安徽省蚌埠市龙子湖区
−0.10625	宜兴站	宜兴高铁新城	江苏省无锡市宜兴市
−0.08972	藤县站		广西壮族自治区梧州市藤县
−0.08028	丹徒站		江苏省镇江市丹徒区
−0.07548	涵江站		福建省莆田市涵江区
−0.06485	三水南站		广东省佛山市三水区
−0.05914	阳泉北站		山西省阳泉市盂县
−0.05227	北滘站		广东省佛山市顺德区
−0.04746	开原西站		辽宁省铁岭市开原市
−0.04511	邢台东站	邢东新区	河北省邢台市邢台县
−0.03907	建宁县北站		福建省三明市建宁县
−0.03838	中山北站		广东省中山市
−0.03633	苏州北站	阳澄新区	江苏省苏州市相城区
−0.01121	惠东站		广东省惠州市惠东县
−0.00388	海城西站	高铁新城	辽宁省鞍山市海城市
0.004305	鲘门站	鲘门高铁新城	广东省汕尾市海丰县
0.007074	桐乡站	桐乡高铁新城	浙江省嘉兴市桐乡市

续表

高铁通车效应 （$\alpha+\beta_s$）	高铁站	高铁新城	位置
0.010599	嘉善南站	嘉善高铁新城	浙江省嘉兴市嘉善县
0.019498	上虞北站		浙江省绍兴市上虞市
0.021077	虎门站		广东省东莞市
0.025748	祁阳站		湖南省永州市祁阳县
0.03079	新会站		广东省江门市新会区
0.056109	荆州站		湖北省荆州市荆州区
0.063074	新乡东站		河南省新乡市红旗区
0.065148	张掖西站	张掖市滨河新区	甘肃省张掖市甘州区
0.094628	盖州西站	北海新区	辽宁省营口市盖州市
0.09582	德州东站	德州高铁新区	山东省德州市德城区
0.098915	鲅鱼圈站		辽宁省营口市鲅鱼圈区
0.099001	邯郸东站	东部新区	河北省邯郸市邯郸县
0.100354	鹿寨北站		广西壮族自治区柳州市鹿寨县
0.102018	郁南站		广东省云浮市郁南县
0.113058	滕州东站	滕州高铁新区	山东省枣庄市滕州市
0.126263	南靖站		福建省漳州市南靖县
0.129585	安阳东站	安阳新区	河南省安阳市北关区
0.138392	宝华山站		江苏省镇江市句容市
0.139984	营口东站	营东新城	辽宁省营口市老边区
0.143393	云霄站		福建省漳州市云霄县
0.145537	南丰站		江西省抚州市南丰县
0.160368	侯马西站		山西省临汾市侯马市
0.182945	株洲西站	武广新城	湖南省株洲市天元区
0.194745	鹤壁东站	鹤壁新区	河南省鹤壁市浚县
0.229928	潮阳站		广东省汕头市潮阳区
0.230583	鞍山西站	鞍山西站 高铁新区	辽宁省鞍山市千山区
0.247353	湘潭北站	湘潭九华高铁新 城总部经济区	湖南省湘潭市湘潭县
0.29545	曲阜东站		山东省济宁市曲阜市

续表

高铁通车效应（$\alpha+\beta_s$）	高铁站	高铁新城	位　置
0.302856	许昌东站		河南省许昌市许昌县
0.307024	潮汕站	潮州高铁新城	广东省潮州市潮安区
0.32753	陆丰站		广东省汕尾市陆丰市
0.361333	昌图西站	滨湖新区	辽宁省铁岭市昌图县
0.385677	驻马店西站	驻马店新区	河南省驻马店市驿城区
0.393272	全州南站	全州新区	广西壮族自治区桂林市全州县
0.394567	闻喜西站		山西省运城市闻喜县
0.408616	潜江站		湖北省省直辖县级行政区划潜江市
0.440776	漯河西站		河南省漯河市源汇区
0.44381	涿州东站	京涿高铁新城	河北省保定市涿州市
0.445039	泉州站		福建省泉州市丰泽区
0.457909	平遥古城站	双林新城	山西省晋中市平遥县
0.458876	赤壁北站	赤壁生态新城	湖北省咸宁市赤壁市
0.504606	咸宁北站		湖北省咸宁市咸安区
0.545993	灵宝西站		河南省三门峡市灵宝市
0.576705	保定东站	河北白洋淀科技城	河北省保定市清苑县
0.607738	高碑店东站	东部新城	河北省保定市高碑店市
0.611188	绍兴北站		浙江省绍兴市绍兴县
0.627294	滁州站		安徽省滁州市南谯区
0.637236	大庆西站		黑龙江省大庆市让胡路区
0.639815	惠州南站		广东省惠州市惠阳区
0.6587	枝江北站		湖北省宜昌市枝江市
0.674298	岐山站		陕西省宝鸡市岐山县
0.676489	介休东站		山西省晋中市介休市
0.700084	诏安站		福建省漳州市诏安县
0.721684	淮南东站		安徽省淮南市大通区
0.732585	郴州西站		湖南省郴州市北湖区
0.743851	长兴站	长兴太湖新城	浙江省湖州市长兴县

续表

高铁通车效应（$\alpha+\beta_s$）	高铁站	高铁新城	位　置
0.745436	漳浦站		福建省漳州市漳浦县
0.782085	汨罗东站	汨罗高铁新城	湖南省岳阳市汨罗市
0.788632	岳阳东站		湖南省岳阳市岳阳楼区
0.800397	广宁站		广东省肇庆市广宁县
0.807248	公主岭南站	岭西新城	吉林省四平市公主岭市
0.830709	霞浦站		福建省宁德市霞浦县
0.875341	渑池南站		河南省三门峡市渑池县
0.890284	临海站		浙江省台州市临海市
0.892467	防城港北站		广西壮族自治区防城港市防城区
0.944454	福安站		福建省宁德市福安市
0.946153	广汉北站		四川省德阳市广汉市
0.967148	门源站		青海省海北藏族自治州门源回族自治县
0.973314	大冶北站		湖北省黄石市大冶市
1.011642	萍乡北站		江西省萍乡市上栗县
1.023519	四平东站	东南生态新城	吉林省四平市铁东区
1.026029	葛店南站		湖北省鄂州市华容区
1.056846	钦州东站		广西壮族自治区钦州市钦南区
1.120422	杨陵南站		陕西省咸阳市杨陵区
1.125463	三门站		浙江省台州市三门县
1.133167	普宁站	普宁东部新城	广东省揭阳市普宁市
1.135227	云浮东站	西江新城中央商务区	广东省云浮市云城区
1.176896	太姥山站		福建省宁德市福鼎市
1.210333	溆浦南站	北斗溪高铁新区	湖南省怀化市溆浦县
1.227287	牟平站		山东省烟台市牟平区
1.301754	从江站		贵州省黔东南苗族侗族自治州从江县
1.345583	咸阳秦都站		陕西省咸阳市秦都区
1.34865	唐山站		河北省唐山市路北区

续表

高铁通车效应（$\alpha+\beta_s$）	高铁站	高铁新城	位　置
1.358482	建始站		湖北省恩施土家族苗族自治州建始县
1.407567	来宾北站		广西壮族自治区来宾市兴宾区
1.467744	运粮河站		河南省开封市金明区
1.569501	宝鸡南站	宝鸡高铁新城	陕西省宝鸡市渭滨区
1.635386	大英东站		四川省遂宁市大英县
1.661055	耒阳西站	耒阳武广新城	湖南省衡阳市耒阳市
1.7056	扶余北站		吉林省松原市扶余市
1.735864	梧州南站		广西壮族自治区梧州市龙圩区
1.753144	晋中站		山西省晋中市榆次区
2.085223	军马场站		甘肃省张掖市山丹县
2.101091	麻城北站		湖北省黄冈市麻城市
2.144178	运城北站	运城高铁商务区	山西省运城市盐湖区
2.26129	乐山站	乐山青江新区	四川省乐山市市中区
2.33778	衡山西站	黄花新区	湖南省衡阳市珠晖区
2.371232	利川站		湖北省恩施土家族苗族自治州利川市
2.475249	明港东站		河南省信阳市平桥区
2.510682	恩施站		湖北省恩施土家族苗族自治州恩施市
2.614969	合浦站		广西壮族自治区北海市合浦县
2.675742	临汾西站	河西新城	山西省临汾市尧都区
2.747436	怀集县站		广东省肇庆市怀集县
2.765774	黄石北站		湖北省黄石市下陆区
2.780755	汉川站		湖北省孝感市汉川市
2.841398	烟台南站		山东省烟台市莱山区
3.153048	荣成站		山东省威海市荣成市
3.183345	眉山东站		四川省眉山市东坡区
3.490023	峨眉山站		四川省乐山市峨眉山市

注：表中高铁通车效应是基于式（3.9）的估计结果，按从小到大的顺序排序。

附录 2

分省省界效应估算结果

	（1）	（2）
	Ln（数量）	Ln（投资）
Ln（最短通车时间）	−0.158*** （0.0146）	−0.504*** （0.121）
投资流出省（北京）× Ln（最短通车时间）× 跨省	0.0285 （0.0567）	1.009* （0.591）
投资流出省（天津）× Ln（最短通车时间）× 跨省	0.0251 （0.0492）	−0.149 （0.504）
投资流出省（河北）× Ln（最短通车时间）× 跨省	0.162*** （0.0233）	0.795*** （0.241）
投资流出省（山西）× Ln（最短通车时间）× 跨省	0.187*** （0.0251）	0.815*** （0.252）
投资流出省（辽宁）× Ln（最短通车时间）× 跨省	0.113*** （0.0237）	0.469* （0.245）
投资流出省（吉林）× Ln（最短通车时间）× 跨省	0.139*** （0.0292）	0.566** （0.282）
投资流出省（黑龙江）× Ln（最短通车时间）× 跨省	0.164*** （0.0251）	0.672** （0.267）
投资流出省（上海）× Ln（最短通车时间）× 跨省	0.0587 （0.0475）	0.0789 （0.540）
投资流出省（江苏）× Ln（最短通车时间）× 跨省	0.130*** （0.0266）	0.463* （0.262）
投资流出省（浙江）× Ln（最短通车时间）× 跨省	0.0879*** （0.0249）	0.277 （0.252）
投资流出省（安徽）× Ln（最短通车时间）× 跨省	0.163*** （0.0225）	0.472** （0.237）

续表

	（1）	（2）
	Ln（数量）	Ln（投资）
投资流出省（福建）× Ln（最短通车时间）× 跨省	0.133*** （0.0240）	0.593** （0.240）
投资流出省（江西）× Ln（最短通车时间）× 跨省	0.178*** （0.0221）	0.741*** （0.232）
投资流出省（山东）× Ln（最短通车时间）× 跨省	0.151*** （0.0233）	0.575** （0.247）
投资流出省（河南）× Ln（最短通车时间）× 跨省	0.162*** （0.0215）	0.594*** （0.225）
投资流出省（湖北）× Ln（最短通车时间）× 跨省	0.136*** （0.0236）	0.422* （0.244）
投资流出省（湖南）× Ln（最短通车时间）× 跨省	0.147*** （0.0224）	0.453* （0.232）
投资流出省（广东）× Ln（最短通车时间）× 跨省	0.0919*** （0.0240）	0.415* （0.242）
投资流出省（广西）× Ln（最短通车时间）× 跨省	0.169*** （0.0228）	0.827*** （0.240）
投资流出省（重庆）× Ln（最短通车时间）× 跨省	0.0480 （0.0832）	0.644 （0.852）
投资流出省（四川）× Ln（最短通车时间）× 跨省	0.128*** （0.0275）	0.794*** （0.300）
投资流出省（贵州）× Ln（最短通车时间）× 跨省	0.174*** （0.0222）	0.677*** （0.221）
投资流出省（云南）× Ln（最短通车时间）× 跨省	0.178*** （0.0293）	0.674** （0.318）
投资流出省（山西）× Ln（最短通车时间）× 跨省	0.144*** （0.0241）	0.670*** （0.247）
投资流出省（甘肃）× Ln（最短通车时间）× 跨省	0.150*** （0.0233）	0.681*** （0.244）
投资流出省（青海）× Ln（最短通车时间）× 跨省	0.159*** （0.0215）	0.611*** （0.217）
投资流出省（新疆）× Ln（最短通车时间）× 跨省	0.151*** （0.0318）	0.416 （0.315）

续表

	（1）	（2）
	Ln（数量）	Ln（投资）
投资目的省（北京）× Ln（最短通车时间）× 跨省	−0.243*** （0.0588）	0.00487 （0.508）
投资目的省（天津）× Ln（最短通车时间）× 跨省	−0.291*** （0.0462）	−1.373*** （0.514）
投资目的省（河北）× Ln（最短通车时间）× 跨省	−0.0132 （0.0175）	−0.238 （0.203）
投资目的省（山西）× Ln（最短通车时间）× 跨省	0.0357* （0.0194）	0.0898 （0.212）
投资目的省（辽宁）× Ln（最短通车时间）× 跨省	−0.00427 （0.0186）	0.0166 （0.208）
投资目的省（吉林）× Ln（最短通车时间）× 跨省	−0.00609 （0.0233）	0.156 （0.276）
投资目的省（黑龙江）× Ln（最短通车时间）× 跨省	−0.0270 （0.0219）	−0.269 （0.257）
投资目的省（上海）× Ln（最短通车时间）× 跨省	−0.221*** （0.0482）	0.0991 （0.427）
投资目的省（江苏）× Ln（最短通车时间）× 跨省	−0.0619*** （0.0213）	−0.405* （0.234）
投资目的省（浙江）× Ln（最短通车时间）× 跨省	−0.0231 （0.0189）	−0.436** （0.211）
投资目的省（安徽）× Ln（最短通车时间）× 跨省	−0.00609 （0.0178）	−0.376* （0.209）
投资目的省（福建）× Ln（最短通车时间）× 跨省	0.0171 （0.0181）	−0.191 （0.203）
投资目的省（江西）× Ln（最短通车时间）× 跨省	0.0232 （0.0173）	0.0106 （0.204）
投资目的省（山东）× Ln（最短通车时间）× 跨省	−0.0131 （0.0180）	−0.289 （0.211）
投资目的省（河南）× Ln（最短通车时间）× 跨省	0.0152 （0.0166）	0.0143 （0.195）
投资目的省（湖北）× Ln（最短通车时间）× 跨省	−0.0105 （0.0179）	−0.267 （0.211）
投资目的省（湖南）× Ln（最短通车时间）× 跨省	−0.00257 （0.0169）	−0.229 （0.198）

续表

	(1)	(2)
	Ln（数量）	Ln（投资）
投资目的省（广东）× Ln（最短通车时间）× 跨省	−0.00703 （0.0176）	−0.155 （0.201）
投资目的省（广西）× Ln（最短通车时间）× 跨省	0.0120 （0.0180）	−0.0846 （0.212）
投资目的省（重庆）× Ln（最短通车时间）× 跨省	−0.152 （0.0939）	−0.652 （0.843）
投资目的省（四川）× Ln（最短通车时间）× 跨省	0.00675 （0.0230）	−0.146 （0.254）
投资目的省（贵州）× Ln（最短通车时间）× 跨省	0.0178 （0.0169）	−0.179 （0.193）
投资目的省（云南）× Ln（最短通车时间）× 跨省	−0.0518** （0.0259）	−0.435 （0.289）
投资目的省（山西）× Ln（最短通车时间）× 跨省	−0.0127 （0.0195）	0.0898 （0.215）
投资目的省（甘肃）× Ln（最短通车时间）× 跨省	0.00623 （0.0241）	0.000254 （0.202）
投资目的省（青海）× Ln（最短通车时间）× 跨省	0.0160 （0.0191）	−0.0162 （0.202）
城市对、年份、子公司所在城市 × 年份、母公司所在城市 × 年份、城市距离分组 × 年份、方言大区、中区和小区 × 年份固定效应均已控制		
观察值	1015560	1015560
R^2	0.806	0.696

注：在第 8 章的基准回归设定的基础上构造投资流出地和目的地省份虚拟变量与城市对最短通车时间、跨省虚拟变量的三项交叉项，因变量为城市 n 的上市公司（母公司）在城市 i 的设立的子公司的数量和注册资本总额（取对数）。括号里是聚类到城市对层面的标准误；*** p＜0.01，** p＜0.05，* p＜0.1。

后 记

本书成稿于新冠疫情肆虐之际。后疫情时代，一切静待重启。在经济下滑、需求萎缩的背景下，地方政府对于区域发展需要承担更多的责任，本书提供了过往发展模式的若干反思，希望对未来的转型有些许启发。

本书各章节选入了我近5年来关于中国城市与区域问题的若干研究，感谢对这些成果予以认可的学术期刊以及提供巨大帮助的合作者。本书第三章的主要内容发表于2020年第7期《财贸经济》，题为《市场可达性、空间集聚经济与高铁站区经济发展》；第四章主要内容发表于2022年第6期《中国经济问题》，题为《新设高铁站推动了非中心城市的经济活动分散化吗》，合作者为刘诗瑶；第五章主要内容发表于2020年 *Papers in Regional Science*，题为“Universities and the Formation of Edge Cities: Evidence from China's Government-led University Town Construction”，合作者唐为；第六章主要内容发表于2022年 *Cities*，题为 Access to High-Speed Rail and Land Prices in China's Peripheral Regions，合作者阮皓雅，田传浩；第七章和第八章的主要内容发表于2023年第4期《经济学（季刊）》，题为《交通网络、行政边界与要素市场一体化：来自上市公司异地投资的证据》，合作者唐为。

本书的研究内容获得以下项目资助：国家自然科学基金面上项目（72174065）、教育部人文社会科学研究项目青年基金项目

（21YJC790121）、中央高校基本科研业务费项目华东师范大学新文科创新平台第二轮建设项目（2022ECNU-XWK-SJ08）、上海市“曙光计划”项目（22SG23）。

感谢上海人民出版社的老师们为此书的辛勤工作，感谢杨晨韵、何佳霖、刘新慧的优秀助研工作。

谢谢家人的支持与包容，你们是我的骄傲，也是一切的原动力。

2023年4月于上海

图书在版编目(CIP)数据

空间再塑:高铁、大学与城市/王媛著. —上海:
上海人民出版社,2023
ISBN 978-7-208-18438-1

Ⅰ. ①空… Ⅱ. ①王… Ⅲ. ①城市规划-研究-中国
Ⅳ. ①TU984.2

中国国家版本馆 CIP 数据核字(2023)第 140568 号

责任编辑 罗俊华
封面设计 夏 芳
特约编辑 王丽娟

空间再塑:高铁、大学与城市
王 媛 著

出　　版 上海人民出版社
(201101 上海市闵行区号景路 159 弄 C 座)
发　　行 上海人民出版社发行中心
印　　刷 上海商务联西印刷有限公司
开　　本 635×965 1/16
印　　张 22.5
插　　页 2
字　　数 274,000
版　　次 2023 年 9 月第 1 版
印　　次 2023 年 9 月第 1 次印刷
ISBN 978-7-208-18438-1/D·4170
定　　价 88.00 元